最短経路の本

レナのふしぎな数学の旅

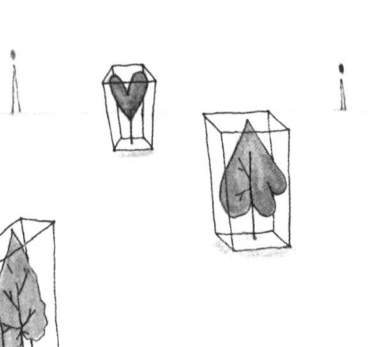

P. グリッツマン
R. ブランデンベルク 著

石田基広 訳

丸善出版

Translation from the German language edition:
Das Geheimnis des kürzesten Weges by Peter Gritzmann and René Brandenberg
Copyright © Springer-Verlag Berlin Heidelberg 2002, 2003, 2005
Springer is a part of Springer Science+Business Media
All Rights Reserved

まえがき

　インターネットはすごいスピードで規模を広げています．ある推計では，現在のインターネット利用者は 5 億人に達するのではないかともいわれています．こうした利用者の多くが自分のホームページを持っています．しかしデータをしっかり管理している人もいれば，なんとなくおざなりにしている人もいます．これは現実世界と何ら変わりもありません．インターネット上のサイトは現れては消えていきます．サイトはネット上から削除されてしまっていたり，あるいはもっと大きなシステムの中に組み込まれているかもしれません．だから人気のあるホームページが，最初は無料だったのに，いつの間にか有料になっているということもあるわけです．現実世界へようこそ！

　この本は，「ルートプラン」に関心のある人のために，たくさんの URL 情報を掲載しています．URL というのはホームページのアドレスです．この本を出版した時点では，これらのホームページはすべてアクセスが可能であり，無料で利用できました．しかし，いつまでも同じとは限りません．明日にはサイトの内容がまったく変わってしまうかもしれませんし，ネットワーク上から消えてしまうかもしれません．また利用するためにお金を払わなければならないかもしれませんし，新たにうっとうしい広告バナーが加えられているかもしれません．マーフィーの法則にあるように，「失敗する可能性のあるものは，失敗する」のです．

　そこで，これらのホームページの情報を http://www-m9.ma.tum.de/ruth/linklist.de.html に公開しました．このページの情報は定期的に更新されています．またクリックすれば，目的のページに飛ぶこともできます．

原著編集部より —— 本書ではインターネット上のサイトについての言及がなされている．残念ながら，それらのページの内容が第三者の著作権を侵害していないかどうかを完全に調査することはできなかった．場合によっては，リンク先のウェブサイトで著作権の侵害が行われているかもしれない．読者の側で，十分な注意を払っていただければ幸いである．

目　次

1. 最初のコンタクト　　　　　　　1
2. ルートプランって何？　　　　　8
3. 突然ですが，グラフです　　　　19
4. 重みは重し　　　32
5. 危なくない爆発　　　37
6. 最短経路をとるか，いなか．それが問題だ！　　　43
7. ローカルに決断して，グローバルに最適化　　　49
8. 始めにインプットがあった　　　57
9. ダメなものはダメ　　　69
10. 良い時間，悪い時間　　　77
11. 女の直観　　　92
12. 仕事の前に一仕事　　　103
13. 木々の合間で鬼ごっこ　　　110
14. 素数ではなくて…　　　121
15. 手に入るだけもらおう　　　133
16. ゼンイキユーコーなんとかって？　　　141
17. 町の散策も勉強　　　149
18. 電流のない電磁誘導　　　157
19. オイラー的か否かという歌　　　164
20. オイラーとサンタクロース　　　172
21. 今日はごみ収集車が散策する　　　180
22. ペアリングの時間　　　190
23. 中国からの手紙　　　199
24. チェックメイト　　　212
25. プラトニックな愛？　　　227

26	表記上の問題	237
27	巡回セールスマンのためだけではなくて	250
28	少ないは多い	264
29	１５０パーセントの	271
30	ボンサイ	279
31	全然，プラトニックでない	291
32	巡回セールスマンの成功物語	301

最後に　313
訳者あとがき　314
索　引　316

≫ 最初のコンタクト　　　　　　　　　　　　　1
Der erste Kontakt

　　レナ ▶ ママ，ただいま．
　　ママ ▶ お帰りなさい．お姉さん．

　レナが15歳の誕生日を迎えてからは，ママはレナを「お姉さん」と呼ぶようになっていました．レナが，自分はいつまでも「おちびさん」ではないと文句をいったからです．

　学校から帰ったばかりのレナはとても機嫌が悪いようでした．レナは決して，できの悪い子ではありませんが，でも学校で習う科目がレナには少しも面白くありません．故郷のハンブルクにいた頃から，すでにそうでしたが，ミュンヘンで暮らすようになると，勉強嫌いはますますひどくなったようです．レナにはミュンヘンで学ぶことに何の意味があるのかまるで分かりませんでした．特にひどかったのが数学です．もともとレナは数学が得意だったのですが，この頃はまったく興味をなくしてしまいました．何のため，こんなわけの分からない記号を覚えなくちゃいけないの？いったい誰がこんな記号で計算するの？ピタゴラスとかタレスとか，使う人がいるの？実はレナのパパは，毎日こうした記号を使っている唯一の例外でした．パパは大学で情報科学とやらを勉強したそうですが，そのパパも，こんなものがどうして必要なのか，レナにちゃんと説明できないようでした．レナは部屋に入っていったかと思うと，すぐに飛び出してきました．

　　レナ ▶ わーい，ママ．信じられない！

　レナはママの仕事部屋に飛び込んでくるなりいいました．

　　レナ ▶ 「あれ」は私の？
　　ママ ▶ いえ，そうじゃなくて，ちょっとあなたの部屋に置かせてもらっているだけだけど…

　でもママは嘘があまりうまくなく，くすくす笑いを抑えきれないようでした．

　　レナ ▶ ママ，本当にありがとう．

ママ▶お礼はパパが帰ってきたらいいなさい．パパが運び込んだのよ．

レナは跳び上がるような気分でした．とうとう自分専用のパソコンが来たのです！レナのクラスメートたちはほとんど全員が，特に男の子たちはみんな，自分のパソコンを持っていました．それでレナも，自分にパソコンがあって，いろいろ自分だけで設定したり，新しいゲームを買ってきてインストールしたいなと，いつもいっていたのです．

そのパソコンがいま部屋にあるのです．パパがすべての設定をやってくれていました．モデムも準備ができています．インターネットも電子メールもニュースグループも，いつでも利用可能でした．本当はレナはパソコンの設定の手伝いをしたかったのです．でもパソコンはもう電源スイッチを押して起動さえすればいいようになっていました．でも，もうそんなこと気になりませんでした．レナはパソコンの起動する音に耳を傾けました．ソフトウェアのインストールも一通り済んでいるようでした．これも本当はレナは自分でやってみたかったのです．こういうのがどうやって動いているのか気になっていたからです．パソコンが起動しましたが，レナは興奮していて，何から始めたらよいか思い浮かびませんでした．たくさんのソフトが用意されていました．とりあえず何かタイプしてみようか？それとも早速メールをしてみようかしら？簡単なゲームをしてみるのも悪くないわね．

するとモニタの画面に，コミュニケーションボックスのスイッチを入れるようにというメッセージが表示されました．パソコンの横に妙な機械があって，こんなもの友達の家では見たことありませんが，これがコミュニケーションボックスに違いありません．スイッチを入れるとコントロールランプが点灯しました．

レナは画面上のいろいろな記号やらアイコンがそれぞれ何であるのか確かめようと思いました．あるアイコンの下には「15歳以上の女の子用」と表示されていました．パパはいつまでもレナを子供扱いするところがあって，レナはそれがとても嫌でした．大人っていうのは，子供が成長したのを認めたがらないのかしら？その表示には腹が立ちましたが，レナはアイコンをクリックしました．すると画面にはいろいろな絵が現れました．その一つには人の顔が描かれています．レナはそれをクリックしてみました．

ビム▶やあ，レナ，こんにちは．

レナ▶ちょっと,「やあ, レナ」なんて気安くいわないでよ.
ビム▶ちょっと待ってくれる？まずは君の声に慣れないといけないんだ.
レナ▶いったいどういうこと？ただの箱がしゃべるだけじゃなくて, 人のいうことを聞くなんて.
ビム▶箱って僕のことかい？
レナ▶決まってるじゃない.
ビム▶僕にはビムって名前があるよ.
レナ▶ビム？あんた正気？箱のくせに私に話しかけてきて. いったい, あんたは誰っていうか, 何なの？それに, 何で私の名前を知っているのよ？
ビム▶困ったなぁ. そんなに続けざまに質問しないでくれよ！実は, 僕はコンピューターのソフトなんだけど, 最新型でね, 人と普通に話すことができるようにプログラムされてるんだよ. これが最初の質問に対する答. 次の質問の答は, レナという名がこのコンピュータシステムのユーザーとして登録されているんだけど, 君がレナだろ？
レナ▶嘘ばっかり. 人と普通に話せるソフトなんて, まだないはずよ.
ビム▶僕は最新型だっていったろ.
レナ▶でも, そんな最新のソフトが何で私のパソコンに入っているのよ.
ビム▶もう入っているんだからさぁ. ねぇ, 友達になろうよ！
レナ▶友達？ただのソフトのくせに. どうやったらソフトと友達になれるのよ？
ビム▶なれるさ. 友達っていうのは, お互いに何でも話し合えるってことだろう. 僕は君の話をじっくり聞いてあげられるし, 話をすることもできるよ.
レナ▶しばらく話しかけないでくれる？

レナはわけが分かりませんでした. コンピュータのソフトとどうやって友達になればいいんでしょう. ビムと友達に？夜, パパと相談しよう. 待って！夜まで待つ必要はないわね？レナは電話をかけに行きました.

パパ▶やあ, レナかい.
レナ▶どうして話す前から私だと分かったの？
パパ▶ここの電話は利口でね, 相手の電話番号を表示してくれるんだよ.
レナ▶でもママだったかもしれないじゃない.

パパ▶でもママじゃなかったじゃないか．

レナは，パパのこういうところが一番大好きで，できればパパに抱き付いていきたいくらいでした．

レナ▶ところで，パパ，すごいパソコンをありがとう！気に入っちゃった．これで学校でもみんなの話に付いていけるわ．ハンブルクの友達にもやっとメールが送れるし．ノラは私からのメールをずっと待っていてくれてるのよ．でもね，ちょっと問題があるんだ．
パパ▶何だい．
レナ▶パソコンに「15歳以上の女の子用」ってソフトがあるでしょ．
パパ▶気付かなかったなぁ．それにパパには関係なさそうじゃないか．
レナ▶まじめに聞いてよ！いつものパパのいたずらなのは分かってるわよ．どうせ私を怒らせようと思って考え付いたことでしょう．
パパ▶おいおい何をいってるんだよ．パパは全然知らないよ．きっとそのソフトはパソコンの付録だよ．最近のパソコンはね，わけの分からないソフトがたくさん付いてくるんだよ．

レナはパパのいうことをまるで信じませんでしたが，でも，このままパパを問い詰めていても時間の無駄であるのも分かっていました．パパが本当のことを認めるはずがありません．それにひょっとすると，パパは本当に何も知らないのかもしれません．それに，その方がずっと面白いことになります．ひょっとしたら，あのソフトは何かの間違いでインストールされていて，実はまだ完全に秘密の製品かもしれません．ビム自身も，自分は最新のソフトだっていっていたではありませんか．それでレナは少し落ち着いて考えることにしました．

レナ▶それならいいわ．さて宿題しなくちゃ．ビックなプレゼントをありがとう．キスを送ってあげる！
パパ▶おおっと，いま，キスが届いたよ．さて，パソコンもいいけど，でもゲームしている間に宿題が勝手に片付いているわけじゃないからね．
レナ▶ご心配には及びません．じゃあ，あとでね．

レナはもちろん，宿題をいつもちゃんとこなす子でした．まあ，サボるこ

ともありましたけど．いまだってレナはすぐに机に向かおうと思っていました．ただ，その前に，ちょっとコンピュータの様子を探ってみてもよいかもしれないと思いました．あの妙なソフトがまだ動いているかしら？さっきの話をまだ覚えているかしら？

ビム▶やあ，レナ．

また「やあ，レナ」か．何だって，今日はみんな，「やあ，レナ」なんだろう．

レナ▶こんにちは，ビム．あんた，さっき，お話ができるっていっていたわね．
ビム▶ああ，話を聞いたり，話したりするのは得意さ．
レナ▶最高ね．じゃあ，お話ししてちょうだい．私は本当は宿題しなければいけないんだけど，その気に全然ならないの．
ビム▶どうして？学校は面白くないのかい？
レナ▶まさか，面白いわよ．クラスは気に入っているし．でも転校はちょっとね．
ビム▶何だい，転校って？
レナ▶驚いた．転校も知らないの？ええっとね，私のパパはね，会社の命令で3年間ミュンヘンに転勤することになったのよ．何かのコンピューターソフトの開発にパパが必要なんだって．それで，私たちは去年ハンブルクから引っ越してきたってわけ．
ビム▶ふーん．ドイツの隠れた首都，世界的に有名なオクトーバーフェスト[1]の故郷へか．
レナ▶ご名答… あら，ミュンヘンの写真じゃない！バックにアルプスも写っているのね．いったい，どこから仕入れたのよ？
ビム▶僕のフォルダのどこかにあったのさ．で，ミュンヘンは気に入ったかい？

---

[1] ［訳注］Oktoberfest はバイエルン州の州都ミュンヘンで，毎年9月中旬から10月上旬に開催される祭りであり，新しいビールの醸造シーズンの幕開けを祝う．

アルプス山脈を背景にしたミュンヘンの光景

レナ▶町は気に入っているわよ．新しい友達もたくさんできたしね．でも学校がねぇ…

ビム▶学校が合わないのかい？

レナ▶何だかくだらないことばかり勉強させるのよ．私はもっと面白いこと勉強したいなぁ．もっと実際に役に立つことなんか．特にひどいのが数学ね．あんなわけの分からない記号を覚えて，いったい何の役に立つっていうのかしら．論理的に物を考えるのにいいんだって．もっと役立つことを教えて欲しいわよ．

ビム▶でも，数学は役に立つけどなぁ！

レナ▶いっておくけど比例算なら，小学校6年生の時にもう教わりましたからね．

ビム▶もっと楽しいことさ．何なら，きっと君の役に立つ数学の話をしてあげてもいいよ．とても簡単な問題を使ってね．それに，これはきっと君の数学の先生も詳しくは知らないはずさ．

レナ▶あんたの話が学校で習うような数学の公式と違うんだったら,そりゃ,ローリヒ先生は知らないでしょうよ.私のクラスのみんながいっているけど,ローリヒ先生の数学は最低だって.実際,そうなのよ.ハンブルクの数学の先生はよかったなぁ.でも,実用的でやさしい数学なんてあるの?
ピム▶数学がやさしいとはいってないよ.問題を理解するのが簡単だっていったんだよ.問題を解くための数学そのものはとても難しかったりするけどね.でもね,そんなに面倒じゃない数学を使った問題もあるんだよ.
レナ▶ふーん.例えば?
ピム▶ルートプランさ.

＞ルートプランって何？ 2

Routenplanung, was ist das?

レナ▶ルートプラン？ 何それ．旅行の話？
ビム▶そうだよ．例えば君が家族といっしょにハンブルクに帰省するとするよ．その時，車を使うか，それとも列車を使うか迷ったりするだろう．
レナ▶普通は車ね．うちはいつも荷物が多いから…
ビム▶車を使うにしても，どうしたら最適に旅行できるか考えるだろ？「最適」っていうのは，ミュンヘンからハンブルクまでできるだけ速く行こうとか，できるだけ快適な近道をしようってことさ．それに途中でおばあちゃんを訪ねたりもするだろ．おばあちゃんはどこに住んでるの？
レナ▶おばあちゃんはハンブルクよ．でもリサおばさんはローテンブルクに住んでるわね．
ビム▶そいつはいいね．じゃあ，それほどの回り道でなければ，おばさんのところに寄っていくことができるわけだ．そうなると選べる道路は自然と限られてくるね．ブラウザを立ち上げてみようか．いまではルートプランのプログラムがオンラインで利用できるんだよ．
レナ▶あんたは他のソフトも使えて，インターネットもできるのね？
ビム▶そんなこと簡単さ．僕が全部やろうか？
レナ▶そうね！
ビム▶了解．例えば www.viamichelin.de というアドレスでルート検索プログラムが出てくるね．

レナ▶ルート検索プログラム？これって道を教えてくれるの？
ビム▶その通り．ほら，この画面で出発地にミュンヘン，目的地にハンブルクを入力すればいいのさ．ただし，最短ルートといっても，時間と距離のどちらを優先するか選ばないといけないけどね．
レナ▶両方見たいわね．
ビム▶そうだね．それじゃ，ウィンドウを二つ用意して，結果を並べようか．他にも選択肢はあるんだけど，まあ，とりあえずこの二つを見てみよう．

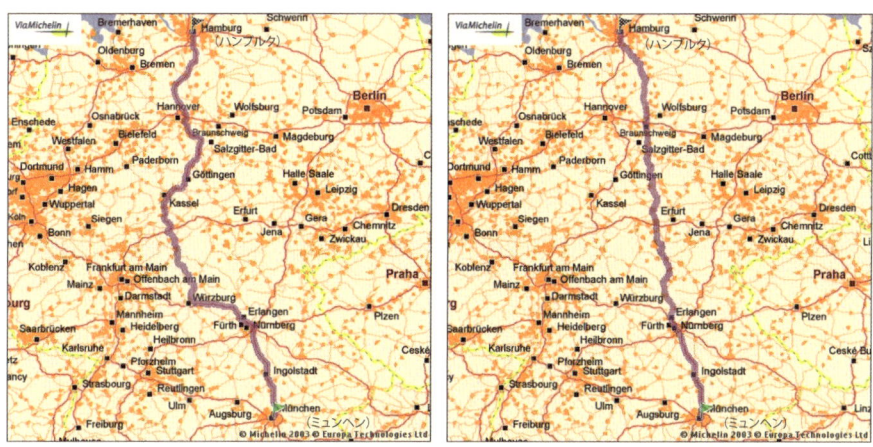

レナ▶わぁ．でも，あっという間ね！この二つはわりと違うのね！
ビム▶時間を優先したルートだと，距離は780キロで，時間は7時間35分だね．距離を優先したルートだと，距離は705キロで…
レナ▶…その代わり12時間22分かかるってことでしょ？
ビム▶このプログラムはね，道路距離に関するデータと，走行に必要な時間を統計的に計算して，ルートを教えてくれるんだよ．どうやら距離が長い方が時間は短くて済むようだね．距離を短くするとアウトバーン[1]をあまり使わないか渋滞に多く出会うからだろうね．．
レナ▶もっと詳しくいうと？
ビム▶それは僕にも分からないよ！オンラインのルート検索プログラムは，どう計算して結果を出したかは教えてくれないんだよ．特に，最短時間の

---

[1] [訳注] Autobahn はドイツ全土にはりめぐらされた自動車高速道路網のことである．速度無制限区間と速度制限区間があり，また一部車種を除いて無料である．

ルートを決定するのに，どんなデータを使ったか，僕らにはまるで分からないんだよ．だって，渋滞とかの道路状況って同じじゃないから，最新の情報が必要だろ．でも，検索中にこういう情報を集めている暇はないよね．だから，代わりにおおまかな予測を立てているんだよ．ここで一つ問題がある．それは最適な結果を出すためのパラメーターをどうやって見つけるかだね．

レナ▶パラメーターっていうのは，数学の授業で何回か聞いたことがあるわよ．で，何だっけ？

ビム▶いい質問だね．それじゃあ，もうブラウザを起動していることだし，オンライン辞書で検索して，意味を調べてみようか．

レナ▶私のクラスメートはいつもグーグルを使っているわよ．確かアドレスは www.google.com だったわね．

ビム▶その通り．それじゃあ，オンライン辞書を検索してみようか．おや，いっぱいあるね．www.xipolis.net っていうのを使ってみようか．キーワードに「パラメーター」を入力してと…

> パラメータ
> 1) 数学：
>   関数や方程式において主たる変数に対して
>   補助的に用いられる変数のこと…
> 2) …

レナ▶それで，もう一度聞くけどパラメーターが何の役に立つの？

ビム▶パラメーターを使うとね，いろいろな問題を同じ式で表したり，解いたりできるようになるんだよ．問題ごとにパラメーターに具体的な値を代入すればいいだけだからね．ほら p,q による式なんかがいい例だよ．二次方程式を解くのに，パラメーターである p,q を使って $x^2 + px + q = 0$ と表される一般式を使うことができるんだね．一般の方程式の解を与えるのが p,q による式というわけだ．

レナ▶その公式なら，学校では正規形って習ったわよ．で，解の公式が $x = -\frac{p}{2} \pm \sqrt{\frac{p^2}{4} - q}$ だってね．

ビム▶$p^2 > 4q$ ならばね．個別の二次方程式を解く場合には，この公式の p,q に具体的な数値を入れればいいよね．何だ，数学が嫌いだというわりには，授業はまじめに聞いているじゃないか．まあ，学校の数学の話は置

いておいて，さっきのルートプランの話に戻ろうか．最短ルートを求める問題であれば，パラメーターの設定は簡単だね．アウトバーンに限定するか，あるいは国道や一般道も含めるかを決めればいいわけだ．
レナ▶アウトバーンだけを走るなら速いに決まっているわ．速度の制限がないしさ．
ビム▶全部じゃないよ．アウトバーンには制限速度の定まった区間もあるのを忘れてはいけないよ．この時には時速100から120キロと決められている．
レナ▶でも，走る道路の種類を増やせば，近道もずっと増えるんじゃない．
ビム▶その通りだよ．さっきの検索結果も，いろいろな道路を使って最短ルートを見つけていたんだ．
レナ▶でもこんなルート，誰も使わないわよ．普通の道を使っていたら時間がかかってしようがないし．
ビム▶君のいうこともまんざら間違いではないね．普通は，時間も距離も短くなるコースを選ぶよね．ルートプランは，そういう要望も考慮しているんだ．こう考えてくると，パラメーターを決めるには，とてもたくさんの条件を検討しなければいけないのが分かるよね．
レナ▶ということは，この検索結果が本当に私が思っていた通りのルートなんだか分からないじゃない．
ビム▶その通りだよ．このルート検索プログラムが，どういう基準でお勧めルートを選んだのか分からないからね．
レナ▶それじゃあ，私の思っている通りの最短コースっていうのは，どうやって調べるのよ？それって，とても難しいのじゃないの？そもそも必要なデータを全部手に入れることなんかできないし，データが手に入ったとしても，そのたびに最短のルートを計算しなければいけないんじゃないの？
ビム▶せっかちだなぁ．データと計算とは別の問題だよ．もちろんデータをどうやって手に入れるかは重要だよ．でもいまは，データはどこかから手に入るものだとしようよ．例えば，道路地図の距離表を使うとか，ADAC[2]社のものを使うとか．で，ルート検索プログラムで重要なのは，君の二つ目の質問の方だよ．データが手に入ったとして，どうやって最適なルートを見

---

[2] [訳注] Allgemeiner Deutscher Automobil-Club（全ドイツ自動車クラブ）の略．日本のJAF（日本自動車連盟）に相当する組織で，道路マップなども公刊している．

つけるか，難しくいうと，どうやって最適な解を見つけるかが問題なんだ．

レナ▶でも，それが数学と何の関係があるの？できるプログラマーを見つければいいだけじゃないの？パパの会社なら，こういう問題を解決してくれるプログラムを書いてくれるプログラマーがたくさんいるわよ．

ビム▶ところが，そんな簡単じゃないんだぁ，これが．最短のルートを調べるためには，いろいろな可能性を検討しなければいけないのだけど，検討すべき事柄はとても多いんだ．だからまともに調べていては時間がかかってしようがない．そこで，できるだけ短い時間で答を見つけるアイデアが必要になるんだ．ところが数学では，そのためのテクニックがすでに開発されているんだ．おかげで，似たような問題であれば，何もかも自分でやらなければいけないってことはないんだ．

レナ▶似たような問題っていうと？

ビム▶そうだね．幾つか例を挙げてもいいけどね．ルートプランの問題に関係するような例もあれば，これが何でルートプランに関係があるのか，君にはさっぱり分からないような例もあるよ．

レナ▶じらさないで欲しいのだけど．

ビム▶それじゃ，英語のスタート start の頭文字をとって，出発地点を s で表そう．そして目的地点は英語のアルファベットの最後の文字 z で示そうか．すると「s から z までへの最短ルートを求めよ」という問題を，数学では「最短経路問題」と呼んでいる．鉄道会社では時刻表を作成する時，列車の接続を決めるのに，最短経路問題を解くアルゴリズムを応用しているんだ．

レナ▶アルゴリズム？それってコンピュータープログラムのことじゃない？

ビム▶正確にいうと違うんだ．そういうプログラムのもとになっている考え方のことをアルゴリズムっていうんだ．ついでにいうと，アルゴリズムそのものはプログラムを書く時に使われるプログラミング言語とも関係ないよ．さらに付け加えると，アルゴリズムは問題を解く部分だけであって，プログラムの中でデータを読み込んだり書き込んだりする部分とも違うんだ．オンライン辞書でアルゴリズムを引いてみよう．

> アルゴリズム：
>   データが入力されると，複数の処理を経て，結果を出力する系統的な計算方法．

レナ▶ふーん．まあ，レシピみたいなもんね．

ピム▶うまいこというね．

レナ▶でも，列車の場合，話は簡単なんじゃないの．だからアルゴリズムにとっては，列車を使うか，車を使うかは，違わないんじゃない？

ピム▶待って，よく考えてご覧．とても大きな違いだよ．列車を使う場合，レナがどの列車に乗ろうが，目的地に黙って向かってくれるわけじゃないだろう．列車はそれぞれ目的地が決められているからね．

レナ▶そりゃそうよ．乗り換えも必要だし．

ピム▶だよね．で，乗り換えには時間がかかるよね．それに乗り換え時間は，目的地との間の距離とは関係ない．するとルートプランは，列車の場合も同じように，最短経路問題として式で表すことが可能になるんだ．

レナ▶なるほどね．でも，どっちの例もそんなに違いがあるようには思えないなぁ．

ピム▶君がそういうのも無理ないよ！どっちの場合も，アルゴリズムなんて難しいこといわなくとも「見れば分かるじゃない」っていうところかな．ちょっと別の例で考えてみようか．人工衛星を使うと，地球の特定の地域の写真を撮ることができるね．じゃあ，衛星写真の上でスタート地点 s からゴール地点 z までの道路を，ソフトが自動的に見つけてくれるようにするには，どうすればいいかな？ええっと，いい衛星写真がないか，僕の中のデータベースを探してみよう．ああ，アメリカのチャールストン市を撮影した衛星写真があった．

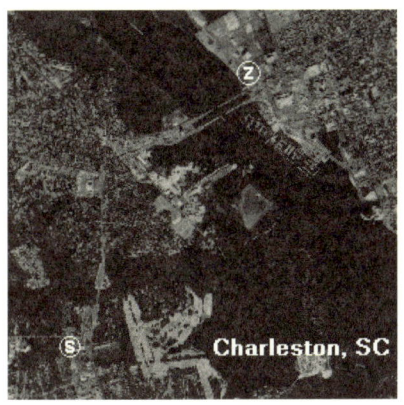 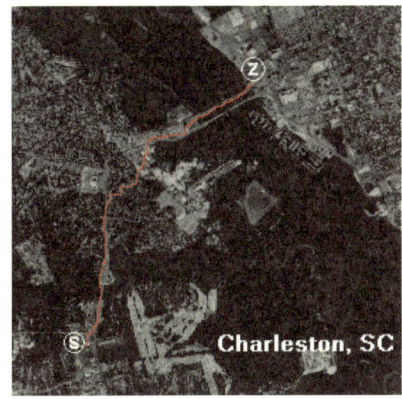

出典：U.S. Geological Survey, EROS Data Center, Sioux Falls, SD

レナ▶ソフトに二つの場所をつなぐ「ルート」を見つけさせようということね．しかし，これが何でルート「プラン」なの？これって「最短」経路でも何でもないじゃない！

ビム▶数学では，そんなに単純に考えてはいけないよ．新しい課題を与えられた時にはね，それをいろいろな角度から考えてみなくちゃ．衛星写真の問題も，見方を変えると最短経路問題として表すことができるんだ．写真にはいろいろな色の点があるよね．ちなみに写真では点をピクセルというけど．この点を場所と考えて，色の違いを距離に置き換えるんだ．

レナ▶うーん．いってることがさっぱり分からない．

ビム▶いまは，いろいろな応用例についてごく簡単に説明しておく方がいいと思うんだよ．それで，もしも興味が湧いてきたら，ルートプランで必要になる基本的な概念を二つか三つ説明しようと思うんだ．

レナ▶そうね．それにしても，何だかもったいぶったいい方をするわね．まあ，いいわ．ルートプランが面白そうなら，自宅でコンピューターから数学の課外授業を受けるのも悪くないかもしれないし．さて，それで？

ビム▶ルートプランはね，他にも都市計画や交通網の整備計画にも応用されている．これは当然だよね．通行がスムーズで，また経路も最短になるようにするには，どこに新しい道路やアウトバーンや線路を建設すべきかを考えなくちゃならないしね．

レナ▶なるほどね．他には？

ビム▶いろいろさ！例えばごみ収集や，郵便の配達，街路清掃や除雪作業の最適ルートの決定など，きりがないさ．

レナ▶みんな重要ね．去年の冬なんか，市がアウトバーンの除雪作業をちゃんとしなかったから，大変だったもんね．あっちこっちで車が立往生してさ．

ビム▶でも，悪いのは市じゃないよ．警報があったのに，多くのドライバーが夏用のタイヤを装着したままだったからだよ．

レナ▶そうなると，もうどんなによいルートプランでも役に立たないわね．

ビム▶その通りだよ．でも救援の手配にもルートプランは使われているよ．例えば固定電話とか携帯電話とか，インターネットなんかにもね．

レナ▶どうして？それがルートプランとどんな関係があるの？

ビム▶君はこれまでインターネットでデータはどうやって送られてくるのかとか，携帯電話の仕組みとか考えてみたことはないかい？インターネッ

トや電話網を通してメッセージが，送り手から受け手まで最適に送られる仕組みを知りたいとは思わない？

レナ▶全然．だって，それは技術的な問題でしょ？ルートプランと何の関係があるの？

ビム▶考えてもご覧よ．君がミュンヘンの自宅のコンピューターからハンブルクに送ったメールがどうやって届くのか．まずメッセージの入ったデータは君のプロバイダーに送られるんだけど，そこからさらに多くの中継地点を経て，ハンブルクの君の友達に届くんだよ．これがドイツの主要なノードと中継網を分かりやすく示した図だよ．

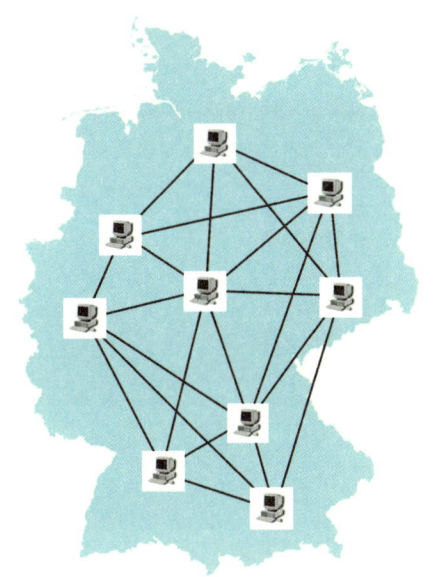

レナ▶この小さいコンピューターは可愛いわね…

ビム▶…図では小さいけど，実際は大型コンピューターなんだ．

レナ▶なるほど．この図を見ると，確かにルートプランの問題になるのが分かるわ．道路じゃなくても，代わりにコンピューターどうしを結ぶ線を考えるわけね．

ビム▶電話をかけた方と受けた方と考えてもいいわけだ．

レナ▶まだまだ例があるの？

ビム▶ルートプランとは一見関係なさそうな例もたくさんあるよ．家を建てることを想像してみようか．

レナ▶また全然関係なさそうね？

ビム▶家を建てる場合，当然たくさんの作業工程があるよね．

レナ▶当たり前ね．地下室を作るのなら，地面に穴を掘って，壁を作ってと．壁紙を貼るまでには，やることがいっぱいあるわ．

ビム▶ その通りだね．で，建てる順番というのは勝手に取り替えていいわけじゃないね．地下室は最初に完成させないといけないね．建物を天井から作り始めるわけにはいかない．建築の工事工程と期間の例を表にまとめてみよう．

番号	工程	期間	前提となる工程
1	土地の整備（地業）	5	—
2	基礎工事	5	1
3	地下室の組積み	10	1,2
4	地下室の天井	5	1,2,3
5	一階の組積み	10	1,…,4
6	一階の天井	5	1,…,5
7	小屋組み	10	1,…,6
8	水回り（粗工事）	5	1,…,6
9	電気回り（粗工事）	5	1,…,6
10	セントラルヒーティング（粗工事）	5	1,…,6
11	庭回り	10	1,…,7
12	屋根	20	1,…,7
13	窓	5	1,…,7,12
14	内装化粧塗り	10	1,…,10,12,13
15	床下地	5	1,…,10,12,…,14
16	床下地の乾燥	10	1,…,10,12,…,15
17	外装化粧塗り	10	1,…,16
18	花壇	10	1,…,17
19	タイル	5	1,…,10,12,…,16
20	塗装	10	1,…,10,12,…,16,19
21	水回り（最終工程）	2	1,…,10,12,…,16,19
22	電気回り（最終工程）	2	1,…,10,12,…,16,19,20
23	セントラルヒーティング（最終工程）	5	1,…,10,12,…,16,19,20
24	表土	5	1,…,10,12,…,16,19,…,23
25	各部屋のドア設置	2	1,…,10,12,…,16,19,…,24
26	入居	5	1,…,25

レナ▶ 私たちがハンブルクからミュンヘンに引っ越してきた時も，この家はまだちゃんと改装できていなくて，私の部屋なんか塗装が済む前に家具が運び込まれたりしたのよ．おかげで，まともに自分の持ち物を取り出すこともできなかった．最初の一週間は本当にメチャクチャだったわよ…

ビム▶そういう問題はね,「プロジェクトプラン」っていわれるんだ. プロジェクトプランの問題もルートプランの問題の一種として考えることができるんだ. ロックコンサートの企画なんかも同じだね.

レナ▶えぇ? ロビー・ウィリアムズ[3]は公演のたびにルートプランをやってるの?

ビム▶彼自身がやっているかは知らないけど, 少なくともツアーマネージャーはね. こういった企画は, コンサートにふさわしいホールの選択と予約や, 広告とチケット販売, 舞台装飾や照明に始まって, コンサートでの演出まで, たくさんの準備が問題になるんだ.

レナ▶分かりにくいわね. 後でちゃんと説明してよ.

ビム▶別の例にいこうか. テレビやコンピューターで使われる電子基板は知っているかい. 最近では洗濯機なんかでも使われているね. それから考古学での年代鑑定もそうだよ. 電子基板なら, ロボットにどういう順番で穴を開けさせるかとか, 考古学なら, 出土品をどうやって時代順に並べるかとかという問題も, ルートプランの問題として表すことができるよ.

レナ▶そうね. でも, 今日のところはそんなところで十分. とにかくルートプランには, いろいろな応用例があることは分かったから, 明日また話してちょうだいよ! いまから友達にメールを送らないと. 私も今日からネットができるってね. じゃあね.

レナは話を終わりにしましたが, ビムの話が退屈だったわけではありません. それどころか, とても面白かったのですが, ただいろいろな話題が次から次へと出てきたので, ちょっと疲れたのです. 学校の数学にはいいところもあって, 毎回の勉強内容はわずかなので, 疲れたりはしません. その代わり, 面白いところもわずかしかありませんが.

レナは台所から飲物を持ってくると, またコンピューターの前に座って, 同級生にメールを書きました. レナはみんなに, やっとコンピューターを手に入れたことを伝えたくてしようがありませんでした. それからもちろん, ハンブルクの親友のノラにも書かなければなりません. もちろん, こっちのメールは少し長くなりました.

---

[3] [訳注] Robbie Williams はイギリスのポップシンガーであるが, ドイツでも高い人気を誇る.

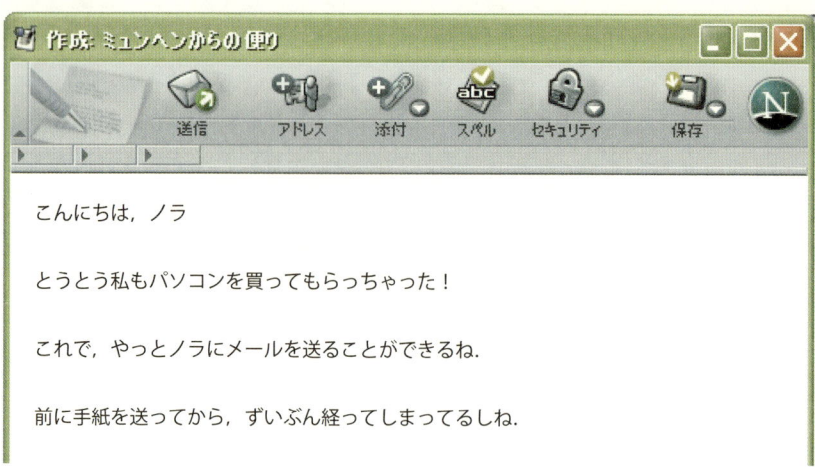

こんにちは，ノラ

とうとう私もパソコンを買ってもらっちゃった！

これで，やっとノラにメールを送ることができるね．

前に手紙を送ってから，ずいぶん経ってしまってるしね．

ミュンヘンは全然退屈な街ではなかったよ．

一度，必ず遊びに来てね．きっとノラも気に入ると思うよ．

またね，ノラ
親友のレナより

突然ですが，グラフです 3
Gestatten, Graph

　昨晩，レナはパパに例のソフトのことはもう話しませんでした．パパがソフトのことを知っているか，あるいは興味があるか分かりませんが，どちらにせよ，話題にならないのは幸いでした．何を話したところで，結局は，パソコンを一日何時間使っていいか，お説教があるに決まってましたから．ママはといえば，もともとレナにパソコンを買ってあげるのに反対でした．こういう状況でビムがインストールされているのが分かったらどうなるでしょう？きっとパパは，企業保護とかライセンスとかのお説教を長々とたれて，コンピューターからビムを削除するに決まってます．

　学校でも，レナは新しくパソコンを買ってもらったことは友達に話しましたが，ビムについては一言も触れませんでした．ミュンヘンでできた親友のマルティーナにも黙っていました．

　授業が終わると，レナは家に飛んで帰りました．ビムの話の続きを聞きたかったのです．

　ビム▶やあ，レナ．もう帰ってきたのかい？学校はどうだった？
　レナ▶まあまあよ．正確にいうと，可もなく不可もなく．ちょっと質問してもいい？個人的なことでもいい？
　ビム▶おや，どうぞ！
　レナ▶じゃあ，聞くけど，ビムって名前は誰が付けたの？まさか，パパやママがいるわけではないでしょ？
　ビム▶うーん．まあ，僕を作ったプログラマーたちがパパやママみたいなもんかな．ビム (Vim) っていうのは，多分だけど，英語のバーチャルマン (Virtual Man) の略じゃないかな．
　レナ▶なかなか，いいわね．見直したわよ．
　ビム▶僕も気に入ってるんだ！
　レナ▶じゃあ，これからもビムと呼ぶわよ！さて，それでルートプランの続きをうかがいましょうか？
　ビム▶了解．それじゃ，始めにルートプランの問題のモデル化について話そうか．モデルってのは何か分かるかい？

レナ▶分かるわよ．モデルってのは，何かをまねるってことでしょ．
ビム▶その通り．数学ではね，モデルがとても重要なんだ．悪いモデルは，オリジナルを正しくまねることができない．あるいは現実を正しく反映しないともいえるかな．モデルでは再現できても，現実の事柄には応用できないということはよくあることなんだ．

レナ▶例えば，ルートプランで，一方通行の道もたくさんあることを見落としたりする場合ね．

ビム▶そうだね．そもそも車が通れないような最短経路を出力してはまずいよね．でもね，モデルはまた複雑すぎてもいけないんだ．本当に必要な事柄だけを選びとらなければいけない．これがうまくいかないと，期待したような結果を得られないか，結果を得るまでにとても時間がかかってしまうことになるんだ．

レナ▶そりゃそうよね．私がミュンヘンからハンブルクに行くのに，ベルリンのことを考える必要はないもんね．

ビム▶分かってきたようだね．では，ルートプランの問題をどうやってモデル化するかを見てみようか？インターネットにとても面白い例があるよ．URL は http://www.mvv-muenchen.de/ だ．

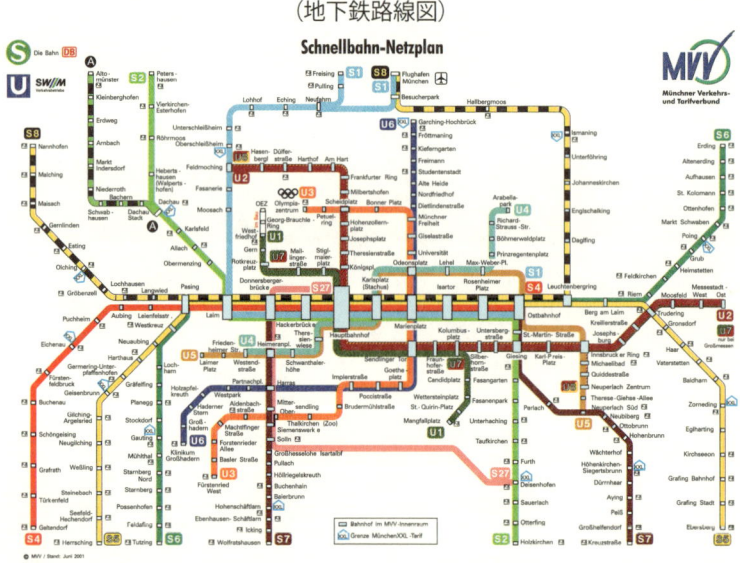

（地下鉄路線図）

レナ▶これってミュンヘンの地下鉄 (U-Bahn) の路線図よね？まさか，これが数学的モデルだとかいわないわよね．

ピム▶それがモデルなんだな．ここには地下鉄や市電 (S-Bahn) の路線図が描かれているけど，実際のミュンヘンの地図に一致しているわけじゃないよ．だってマリア広場駅からオリンピックセンター駅へ進む地下鉄 U3 線の路線は，この図ではまっすぐ北に伸びて，それから左に直角にカーブして，さらにまっすぐ西に進んでいるけど，実際にはそうじゃないよね．
レナ▶全然まっすぐ走ってないわよ．
ピム▶そう．この路線図みたいに，垂直や水平の線や，たまに斜めの線を使っているのは，地図を分かりやすくするためだよ．
レナ▶ニセモノだけど，ホンモノよりも見やすいってわけね．
ピム▶こういうのを現実の抽象化というんだ．特に，こういう抽象化はどのようなルートプランの問題でも重要なんだ．数学では，こういうのを「グラフ」というんだ．正確に定義するとこうなるけどね．

> グラフ $G = (V, E)$
>
> G は次の集合からなる．
> V，ノードの無限集合．
> E，集合 V の二つの部分集合，つまり辺からなる集合．

レナ▶なんか難しそう．いったいどういう意味？

ビム▶グラフは記号の G で表すってこと．そしてグラフには「ノード」の集合 V がある．ルートプランの問題に置き換えると，いろいろな場所をつなぐルートを探すのが問題だから，場所に当たるのがノードだね．

レナ▶なるほど．地下鉄の路線図なら駅に当たるかしら．

ビム▶ミュンヘンからハンブルクに車で行く場合に置き換えると，アウトバーンのインターチェンジがノードだね．それから電子基板の配線も穴をノードに例えることができるね．衛星写真の色のピクセルも，それに考古学の発掘品もノードと考えて構わない．

レナ▶でも衛星写真のピクセルをいちいちノードにしていたら，数え切れないほどのノードがあるんじゃない？

ビム▶ルートプランでは，そんなことはめずらしくないよ．ミュンヘンからハンブルクへの旅行の場合でも，アウトバーン以外にも，国道や県道を利用することもありうるわけだからね．そうすると，利用できるインターチェンジやジャンクションの数はとても多いよね．

レナ▶つまり，ここでもノードがものすごい数になるというわけね．

ビム▶そしてノードに加えて，辺の集合 E も忘れちゃいけない．辺は，二つのノードを結ぶ線だと考えればいいね．でもね，辺は少し抽象的な意味で使われるんだ．辺は，ノードである二つの場所を結ぶ道路の場合もあるし，地下鉄の路線図では二つの駅を結ぶ線であったりするんだ．辺は衛星写真の二つの色の付いたピクセルの位置関係を表すこともできる．この場合，写真を格子状に区切ればいいわけだ．

レナ▶つまり，こういうことかな．この場合は，隣り合うピクセルどうしをノードと見立てて結ぶわけね？

ビム▶その通りだよ．数学者ってのは，こういう抽象的なグラフのみを考えるんだ．アルゴリズムが，現実にどのような場面で適用されるのかにはあまり興味がないんだ．

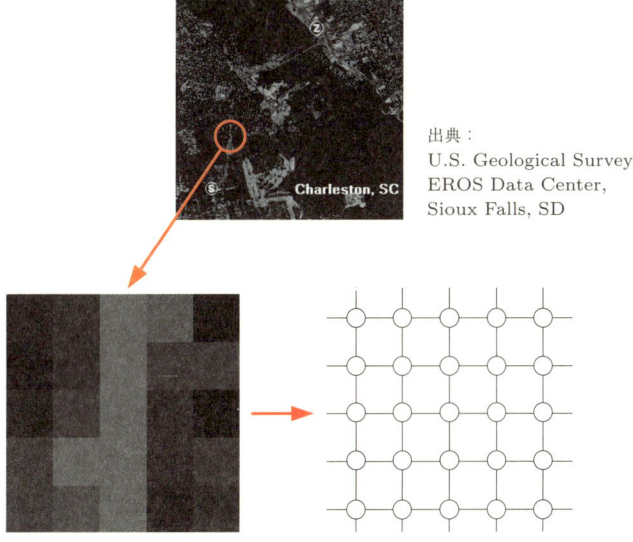

出典：
U.S. Geological Survey,
EROS Data Center,
Sioux Falls, SD

レナ▶ということは，同じアルゴリズムを似ても似つかない問題に適用できるってわけね!? それはすごいわね！

ビム▶それじゃ，グラフのごく簡単なサンプルを見てみようか．こいつはどうだい？

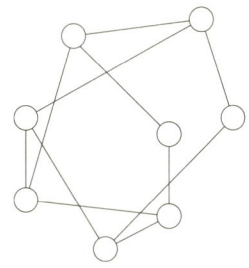

レナ▶ふーん．小さな輪がノードで，線が辺というわけね．そう考えると衛星写真の問題での格子のグラフと似ているわね．

ビム▶そうなんだ．でもノードも辺も，物と物との間の関係をごく抽象的に表したものに過ぎないことを忘れてはいけないよ．ノードは別に場所でなくてもいいし，辺も二つの場所を結ぶ現実の道とは限らないわけだ．

レナ▶それは分かっているわよ．衛星写真の場合を思い浮かべればいいわけだから．

ピム▶確かにあれは辺が道とは限らない例だよね．でも，ノードの方は衛星写真の場合も場所となるよね．考古学の出土品の年代鑑定を例にとれば，ノードは出土品を表していて，場所とは関係ないわけだ．

レナ▶分かったって．よく覚えておくから，先を話してよ．

ピム▶じゃあ，話を簡単にするため，まず最初に，グラフは常に「連結」していると考えよう．連結しているというのは，それぞれのノードが別のそれぞれのノードに，グラフにある辺を通じて到達できる状態を表しているんだ．

レナ▶それは分かりやすいけど，そういうグラフばかりじゃないでしょ？

ピム▶その通り．例えばこのグラフは「連結」していないね．

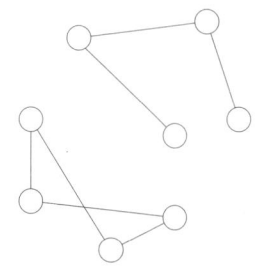

レナ▶そうだけど，でも，こういうのありなの？道路だと，場所と場所はいつでも道でつながっているもんでしょ．ビムがこれまであげた例でも，連結していないような場合はなかったと思うけど．

ピム▶僕らがこれまで話した例では，普通は連結しているけど，でも，いつもそうだと考えちゃいけない．連結していないグラフというのもありうるわけだからね．例えば小さな島が幾つも集まってできたような地域では，島と島とは道でつながっていないだろう．

レナ▶フェリーがないと渡れないわね！

ピム▶つまり，二つの別々の問題を解決しなきゃいけないわけだ．まず，出発地点からフェリーの港へどう行くか．次に別の島に渡って，その港から目的地にどう行くかだね．

レナ▶でも，その例はいまいち納得いかないわね．だって，フェリーの航路を辺としてグラフに取り込めばいいだけじゃないの？そうしたらこれも連結したグラフになるじゃない．

ピム▶もちろん．だから僕たちが取り上げるグラフは連結しているとして

話を進めるんだ．でも連結という問題がとても重要になってくるグラフもあるんだ．
レナ▶それはいったいどういう場合なのかしら？
ピム▶例えば，コンピューターネットワークや携帯電話網，電力供給網や交通網など，「フェールセーフ」なシステムだよ．
レナ▶フェールセーフっていうのは？
ピム▶こうしたネットワークでは，何かを結ぶのが重要だよね．それでフェールセーフというのは，例えば回線が不通になることがあっても，ネットワークの二つのノードの間の連結が確保されるような設計を行うことを意味するんだ．具体的な例をあげると，2003年8月半ばに，アメリカの北東部全域で大規模な停電が起こったことがあるんだ．この停電は一部の地域では15時間以上も続いたんだけど，その原因というのがナイアガラの滝付近の大きな発電所の一つで，たった一本の送電線が切断されたからなんだ．切断の結果，残りの送電線の負担が増えて，やがてその発電所全体が稼働不能な状態になり，最後にはその地域全体の電力網に連鎖反応が起こったんだ．

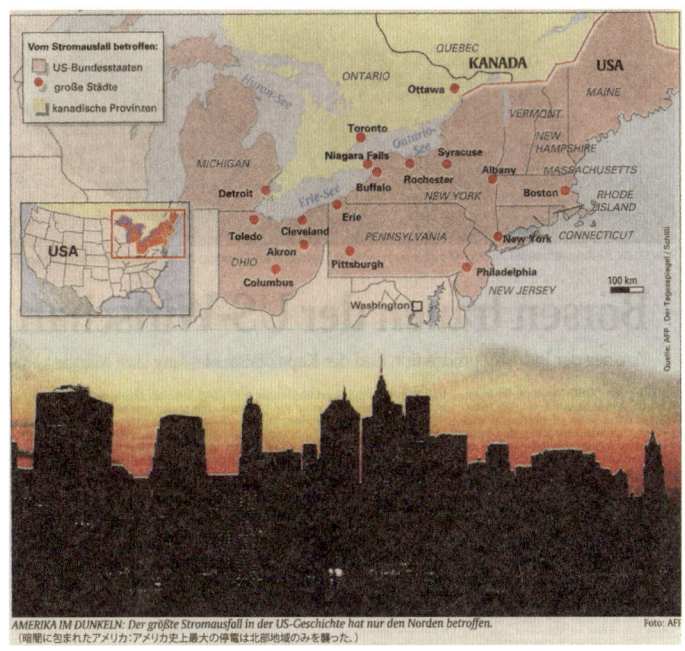

出典：Der Tagesspiegel, 16.8.2003

レナ▶ドライヤーが使えないと聞いたら，友達のインガは絶句するわね…

ビム▶髪の手入れも大変だろうけど，冷蔵庫が使えないので，食料品は台無しになるよね．それに列車も飛行機も使えないとなると，日常生活がまったく成り立たなくなってしまう．その時は，そこまで大変なことにはならなかったけど．

レナ▶「その時は」って，アメリカではしょっちゅうそういうことがあるの？

ビム▶時々ね．それほど被害のないことも多いけど，被害が特にひどかったのは 1965 年の大停電だね．

「700 万都市が暗闇の中で過ごす」と報じるドイツの新聞．出典：Süddeutsche Zeitung, 11.11.1965

レナ▶聞いているだけで恐くなるわね．もしも自分が満員の地下鉄に取り残されて，真っ暗闇の中，何時間も立ちっぱなしでいなければいけなくなるかと思うと，きっとパニックを起こしちゃうわね．

ビム▶当時の被害はあまりに深刻なものだったので，アメリカ合衆国大統領だったリンドン・B・ジョンソンが自ら事態の収拾に努めなければならなかったほどなんだ．彼が連邦動力委員会の議長に宛てた手紙が残っていて，http://www.cmpco.com/about/system/blackout.html[1]で原文を見ることができるんだ．英語は問題ないよね．

---

[1] ［訳注］現在はデッドリンクのようであるが，類似の情報が載っているサイトとして，http://www.rense.com/general40/95.htm がある．

レナ▶ないわよ．小学校 5 年生から習っているからね．

> 今日の失敗によって我々が嫌というほど自覚させられたのは，電力を間断なく送り続けることが我々の国民の健康や安全，福祉，そして我が国の防衛にいかに重要であるかということです．今回の失敗はすぐさま徹底的に精査させ，このようなことが二度と起こらないようにしなければなりません···

ビム▶特に深刻だったのは，ニューヨークで夜になって強盗や略奪が頻発したことだ．余談だけど，停電のちょっとした「後遺症」が 1966 年の 7 月，つまり大停電の 9 ヶ月先に起こっているけどね[2]．

レナ▶テレビも見られないんじゃねぇ··· でも，この話とグラフが連結しているかどうかが，どう関係するの？

ビム▶それは簡単だよ．例えば電力網を例に取ろうか．これもまたグラフを使ってモデル化できるよ．ノードにあたるのが電力の中継所で，辺は中継所を結ぶ電線と考えればいい．電力網が一部の電線のトラブルに対してフェールセーフであるようにすることをグラフで考え直すと，辺をどれか一つ取り除いても，グラフが連結したままであるようにすればいいわけだ．この図の左側のグラフがそうだね．ところが，右のグラフはどうだろう？これはフェールセーフのグラフではないのがすぐに分かるはずだよ．赤い辺が切断されれば，グラフはもう連結していないよね．

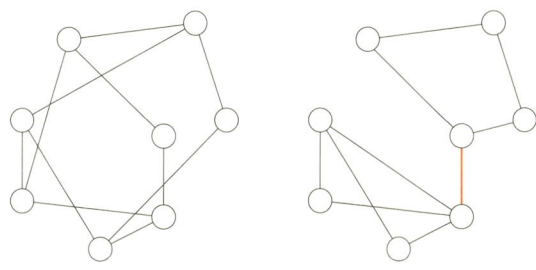

レナ▶ビムはどんな質問にもうまい答えが出せるのね．なぜグラフの連結を考える必要があるのか，何となく分かってきた気がするわ．

ビム▶それで，これからいろいろな問題を考えていく場合は，グラフは連

---

[2] ［訳注］地震の 9 ヶ月後，ニューヨーク・タイムズがニューヨークでベビーブームが起こっていると報じ，地震との関係が話題になった．

結しているものとして扱おうか．
レナ▶結構よ．分かりましたら，どうぞ安心して．
ビム▶ここまでは，グラフについて考えられる一つの定義を学んだわけだね．でも，これからモデル化する問題によっては，グラフにもいろいろな構造がありうるんだよ．例えば「多重グラフ」というのを考えると便利なことが多い．多重グラフってのは例えばこういう図だ．

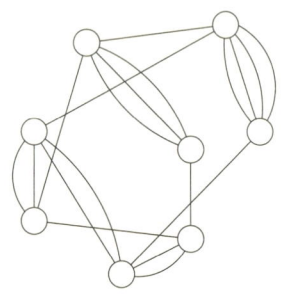

レナ▶「多重」っていうのは，二つのノードを結ぶ辺が複数あるっていうこと？
ビム▶その通りだよ．だから地下鉄の路線図は多重グラフだね．こうすると，あるノードから別のノードに到達するのに二つの異なる方法があることをグラフで表すことができるね．
レナ▶例えばマリア広場駅からミュンヘナーフライハイト駅まで行くのにU3線とU6線のどっちを使うかを区別するような場合？

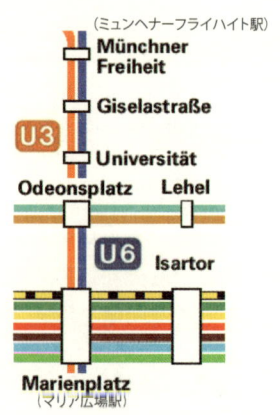

ピム▶そうだね．そういう場合にも多重グラフは使えるね．それに辺に方向があると便利だね．その場合は辺よりは，「弧」といった方がいいね．そして弧の方向は小さな矢印で表すことにしようか．すると，例えば二つのノードを結ぶ二つの弧があっても多重グラフではないケースというのは，その二つの弧の方向がそれぞれ反対を向いているような場合だけになるわけだよ．

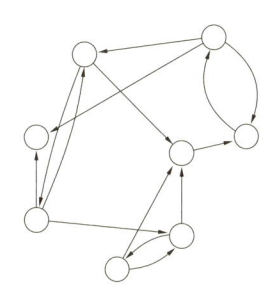

レナ▶弧っていうのは，一方通行みたいなものね？
ピム▶そうだよ．道路網を思い浮かべるといいよ．ただ別の分野では，まったく違った意味になることもあるけどね．家を建てる順番について話したのを覚えているかい？
レナ▶もちろん．
ピム▶例えばプロジェクト計画をルートプランの問題として考える場合，まずはグラフの用語に置き換えなければいけない．すると，プロジェクトの各段階はノードとして表されるね．建築の場合なら，建物の各部分がノードになる．するとプロジェクトの各段階の「前後関係」が弧になる．建築の工程表の番号をノードに書き込んでいくと，こんなグラフになるかな．

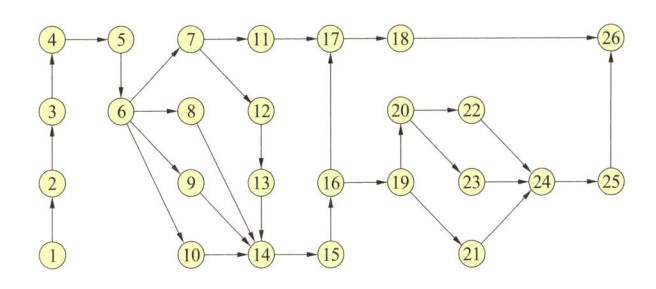

レナ▶これを見ると，番号1の「土地の整備」から番号2の「基礎工事」

に弧が向いているわね．基礎工事に取りかかる前に，土地を掘ったり，ならしたりするのは当然よね？

ビム▶そうだね．弧ではなく，辺を使ったら，二つの工事のうち，どっちが先を済ませておくか分からないよね．

レナ▶それにしても弧の数が少ないわね．すべてのノードが番号26のノードに弧がつながっていたら変だということ？引越しは，全工程が終わった後にするということね．

ビム▶よく気が付いたね！このグラフは建築工程を全部表したものではないけれども，重要な部分はしっかり網羅しているんだ．番号1から2に向かう弧は，工程1が工程2の前に完成していなければならないことを意味しているんだね．同じように，番号2から3の弧は，工程2が工程3の前に終わっていなければならないことを意味している．だから，この図には番号1から番号3への弧は描かれていないけど，工程1は工程3の前には終わっていなければならないのは明らかだよね．

レナ▶賢いやり方よね．こうすれば，すでに経路上にあるノード間の弧は省略することができるものね．

ビム▶その通りだよ．グラフの見通しがずっとよくなるね．辺の代わりに弧があるグラフを「有向」グラフというけど，例えば考古学の出土品も同じように考えることができる．この場合，弧は年代順を表すわけだよ．

レナ▶きっと有向多重グラフっていうのもあるんじゃない？

ビム▶当たりだよ！「ループ」といわれる弧を導入すると，とても便利なことが多い．ループというのはね，他のノードに接続せず，自分自身に戻ってくる辺，あるいは弧のことだ．これまで使ってきたグラフにループも加えると，こういう図になるね．

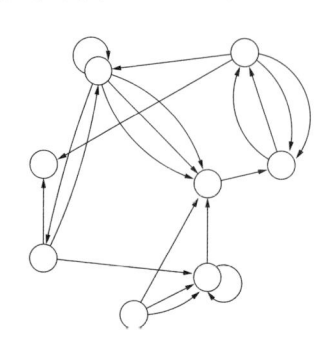

部屋をノックする音が聞こえ，レナはドキッとしました．ママでした．私がコンピューターと話をしていたのを，どうかママは気付いていませんように，とレナは祈りました．

　ママ▶ショートケーキ（ザーネトルテ）を買ってきたけど，一つどう？
　レナ▶うん．すぐ行く！

　レナはママの足音が遠ざかったのを確認すると，ビムに向かって手短かにいいました．

　レナ▶休憩してくるわね．ケーキを食べたいしさ．
　ビム▶ご遠慮なく．グラフは逃げたりしないさ．

重みは重し　　　　　　　　　　　　　　　　　4
Gewicht ist Pflicht

レナ▶戻ったわよ！ケーキ，本当においしかったわ．ビムにも食べさせてあげたかったわ．もっとも，ビムが食べるのはビットかしらね．ところで，まだ足りないことがあったわ．

ビム▶コーヒーかい．紅茶かい．生クリームかな？

レナ▶何をいってるのよ！グラフの話よ．最短経路を見つけるのが目的だって，昨日いったじゃない．そうならば，それぞれの道の長さの方が重要なんじゃない．

ビム▶おっしゃる通り．「距離」が必要だね．グラフでは，有向かどうかによって，「辺の重み」とか「弧の重み」と呼ぶよ．ここで重みというのは，道の長さをキロメートルないし所要時間で表したものだ．衛星写真であれば，隣り合うピクセルの色の濃淡の違いだね．また接続にかかるコストや容量を意味することもあるよ．前回のグラフを使うと，こんな感じかな．

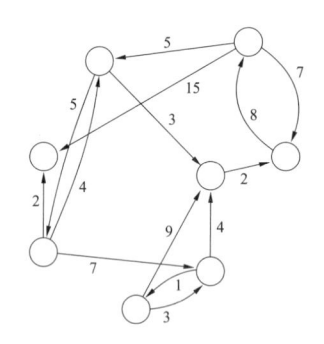

レナ▶弧に直接数字を書き加えるの？

ビム▶そう，このグラフは小さいから，こうするのが一番分かりやすいよ．もっとも話を簡単にするため，ここでは重みとして正の整数だけを使っているけどね．

レナ▶ローリヒ先生なら，「重みは自然数とする」というところね．

ビム▶そういってもいいさ．ここで扱っているグラフは，ループも多重の辺もない有向グラフで，このままで最短経路問題の典型的な例になるんだ．

レナ▶重みのある有向グラフ？何だか難しそうね．それにいい間違えたり

しない？

ビム▶だからルートプランでは有向グラフのことを「ダイグラフ」ともいうんだ．「ダイ」というのは英語の directed の頭の di のことで，「方向」という意味だよ．つまり「有向」ということ．ところで，さっき僕は重みは自然数とするといったけど，変には思わなかったかい？

レナ▶いいたいことは分かってるわよ．確かに二つの場所の距離は 2.5 キロメートルのことがあるかもしれないけど，その手にはのらないわよ．距離を表す単位はキロだけじゃないでしょ，単位は変えられるから，自然数で表現できるわけよ．2.5 キロは 2,500 メートルでしょ．

ビム▶確かに，いま，僕たちが考えている問題に限れば自然数で問題ないよ．でも，負の数を使わないというのは不思議じゃないかい？

レナ▶どうして？距離はいつだって正の数じゃない．これまでビムが話してくれた例でも，負の数が必要とは思えないけど．

ビム▶ミュンヘンからハンブルクまで，ママとパパとドライブする例があったよね．その時，ルートプランでは所要時間を 7 時間 35 分と見積もったね．ところで，君たちがローテンブルクのおばさんのところに寄り道するかどうかを決める場合には，時間が余計にかかることも検討しておかないといけないね．

レナ▶ママはドライブが 12 時間以上になるのは嫌がるしね．

ビム▶すると，おばさんの家に立ち寄っておしゃべりする時間を加えても，そんなにならなければいいわけだ．

レナ▶リサおばさんのところに寄るのは 3，4 時間というところかしら．

ビム▶おばさんのところに 4 時間滞在しても，ドライブが 12 時間を越えないようにするには，ローテンブルクへ迂回するのにかかる時間を，まあ 30 分以内におさめる必要があるわけだ．

レナ▶そういう計算になるけど，それと弧の重みが負の数になることと，どういう関係があるの？ルートプランに，中継地としてローテンブルクを入力して，新たに計算された全体の所要時間が 8 時間以下になるかどうか調べればいいだけじゃない．

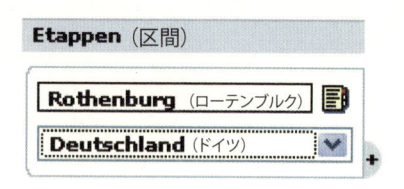

> Etappen (区間)
> Rothenburg (ローテンブルク)
> Deutschland (ドイツ)

ビム▶じゃあ，聞くけど．それをプログラムはどうやって計算していると思う？

レナ▶多分，まずミュンヘンからローテンブルクまでの最適なルートを計算し，それからローテンブルクからハンブルクまでを計算してるんじゃないの．

ビム▶なるほどね．そうすると，ローテンブルクに寄り道するかどうかを決めるには，ミュンヘンからハンブルクに直行する場合に加えて，さらに二つの最短経路問題が加わって，結局合わせて三つの問題を解かなければいけなくなったわけだ．ところが，これがたった一つのルートプランの問題として解けるとしたら，どう思う？

レナ▶素晴らしいわね．でも，どうやるの？

ビム▶この場合「ノードの重み」を負にするんだ．例えばローテンブルクを表すノードに 30 分のマイナスを書き加えるわけだ．こうすると，君たちがローテンブルクに寄り道すれば，30 分の「ボーナス」が追加されるわけだ．

レナ▶ノードの重みなんて，ありなの？

ビム▶辺ではなく，ノードに重みを割り当てるだけだよ．でもお気に召さないなら，ちょっと工夫しようか．ローテンブルクを二つのノードで表すことにして，片方をローテンブルク到着ノードとし，もう片方を出発ノードとしよう．そしてこの二つのノードを結ぶ弧に重みを付ければいいわけだ．

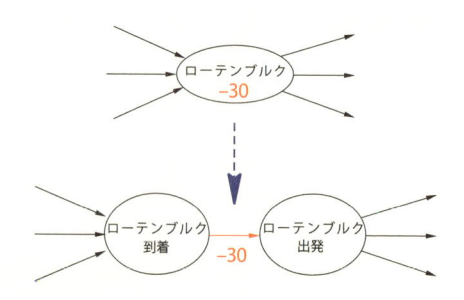

レナ▶こうすると，この -30 っていうのが，どう役に立つの？
ビム▶仮にだよ，ローテンブルクへの寄り道に 30 分もかからないとしようか．この場合でも，ミュンヘンからハンブルクへ直接向かうのに必要な時間が 7 時間 35 分であるのは変わらない．ところがローテンブルクを経由する場合，-30 という数字の付いた弧があるから，総時間はちょっと短くなるわけだ．これがいまのルートプランの問題の答えになるというわけ．
レナ▶なるほど．ところが寄り道が 30 分以上になると，この -30 という弧の効果がなくなって，ミュンヘンからハンブルクに直接行くのが最短ルートとして選ばれるわけね．リサおばさんは，私たちが来るのを期待できなくなっちゃうわけだわね．
ビム▶こうすれば，ルートプランの問題を三つに考えなくとも，一つだけ解けば，どの経路を取ればよいか分かるわけだね．
レナ▶らくちんね．三つ別々の問題を解くなんて大変だし．
ビム▶プロジェクト計画の問題でも負の重みは役に立つんだ．さっきの建築の問題で，建物の各工程で，次の工程に移るまでに必要な時間を考えてみよう．これは弧の重みとして書き加えることができるね．
レナ▶この場合，弧に付く重みは全部正の数ね！
ビム▶そうだね．それで，もしも建築の全工程が終わるまでには，少なくともどれだけの時間を見積もっておけば間違いないかを知りたいとしようか．つまり，このグラフの最初のノードと最後のノードの最大経路を決めておくわけだね．分かりやすくいうと，土地を整備する作業から始まって，入居するまでの期間だ．もちろん，それぞれの段階には十分な時間を見積もっておかないと，続く日程に差し支えが出てしまう．
レナ▶「もっとも長い経路」を一つ見積もっておけばいいのね．
ビム▶そうだね．でも新たな「最長経路問題」としては考えたくはないので，すべての弧の重みに -1 を掛けよう．
レナ▶数字の前にマイナスの記号を付けるってこと？そうすると重みは全部負になるけど，それがいったい何の役に立つのかしら？
ビム▶こうすると，グラフから最長経路ではなく，最短距離を求める問題になるからだよ．各段階の長さに -1 を掛けると，結局，正負が入れ替わって，弧の重みが負の値になるよね．つまり始めは最長だった経路の重みがもっとも小さくなるわけだから，最短の経路と見なせるわけだよ．

レナ▶すごい，新しく最長経路問題用のアルゴリズムを考え出す必要はなくなるってわけね．でも負の重みが使われるなら，どうして最初に弧の重みは常に正だと仮定するなんていったのよ？

ビム▶これは仮定に制約を加えたことになるんだ．僕がここまで二つ例をあげてレナに教えたかったのは，このことなんだ．ともかく重みが負でも正でも，ルートプランの基礎となるモデル化については分かったというわけだ．

レナ▶それは嬉しいわね．さて，もう行かなきゃ．クラスメートと約束してるのよ．新しい CD を聞かせてくれるんだって．また明日ね！

ビム▶それじゃ．ごゆっくりどうぞ．

レナはだんだんと，この話に興味を覚えてきました．ビムが彼女に話した問題がすべて，グラフを使って扱うことができるというアイデアが気に入ったのでした．とりわけ，ノードと辺，重みがあるグラフを使うというアイデアはとてもシンプルでした．こういう話なら，学校で習ったとしても，よい点を取れそうです．グラフに関することなら，彼女でも友達に説明してあげることもできそうです．もちろん，レナはビムのことを誰にも話すつもりはありません．ビムは彼女だけの秘密にしておくつもりです．

さてレナは出かけなけばなりません．あと 15 分後には，ヤンの家に行くと約束していたのです．彼女には約束に絶対に遅れたくない理由がありました．ヤンは，とても素敵なタイプの男の子だったからです．

危なくない爆発　　　　　　　　　　　　　　　　5
Eine ungefährliche Explosion

　ある晩，レナはパパやママと一緒にテレビを見ていました．彼女のコンピューターのことは少しも話題になっていませんでした．彼女も，その話をする気はありませんでしたし，仮に話したところで，パパもママもちゃんと聞いてくれそうにもありませんでした．普段は二人とも彼女のすることにいちいち口を出すのでした．去年の秋の修学旅行の後では，ママもパパも根掘り葉掘り質問してきたものでした．ところがいまは，コンピューターをちゃんと使いこなせているのか，まるで聞こうとしません．もちろん，それはそれで一向に構いません．レナ自身にも分かっていませんでしたから．いまのところメールを除くと，ビム以外のことは何も分かっていませんでした．ただパパやママが無関心なのがレナには不思議だったのです．おそらく二人の関心はヤンなのでしょう．彼のことを聞きたいと思っているに違いありません．それでレナはパパやママにすべて話してあげました．もちろん，両親に話して構わないという意味で全部ですが．

　その後，レナはお風呂に入りました．もうかなり遅い時刻でした．翌朝早くには，目覚まし時計が情け容赦なく，彼女を夢の世界から現実に引き戻してくれるはずです．それでも彼女は，またビムに会いたいという誘惑の方が強かったのです．ほんの15分ほどならいいかな，と彼女は自分自身にいい聞かせました．

　ビム▶おやおや？　もう寝る時間じゃないのかい？
　レナ▶余計なお世話よ．パパやママみたいなことをいうのね．
　ビム▶ごめん，もう二度といわないよ．ただ君がこんな時間になってもまだコンピューターをいじっていることが分かったら，君の両親が僕のコンセントを外しやしないか心配なんだよ．
　レナ▶心配いらないわよ．パパやママには分からないわ．
　ビム▶さて，それじゃあ，寝る前にもう少し数学のお話を聞きたいというわけだね？
　レナ▶数学じゃなくて，ルートプランの話！　最短経路問題の解き方を教えてくれるっていったじゃない．

ビム▶今日中というのはちょっと無理だなぁ．でも，そのためには何をすればいいかを一緒に考えることならできるね．

レナ▶何をって？ 決まってるじゃない！ 最短経路を計算すればいいんでしょ．それ以外に何を考えるっていうの？

ビム▶すぐに分かるよ．でも，一つだけ前もっていっておこうか．僕は，ごく簡単な例を使って，全体を分かりやすく話すつもりなんだ．ただ，こうした簡単な例では，可能なルートを片っ端から試してみて，最短経路を決めることもできるんだ．でも現実の問題では，ノードの数が 100 や 1000, 場合によっては数万にもなることも多い．そうなると考えられる経路はとても多くなって，仮に世界で一番速いコンピューターを使ったとしても，すべてを計算することはもはやできなくなってしまう．

レナ▶どうして？ コンピューターは 1 秒間に数千回の計算ができるんでしょ？

ビム▶そうだね．でも，こう考えてみよう．次のようなグラフがあって，最短経路を求めたいとしようか．

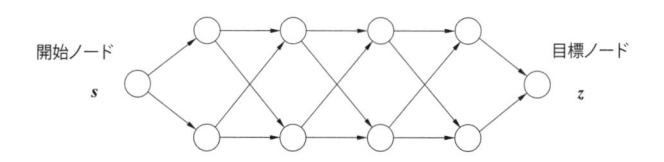

レナ▶でも，これってそんなに大きなグラフじゃないわよね．

ビム▶確かにそれほど複雑じゃない．実際，それぞれの弧に重みを付ければ，最短経路を見つけるのは決して難しくないよ．でも，経路の数の問題を理解するにはこのグラフで十分なんだ．ここで英語の start の頭文字を取って s のノードを出発点として，アルファベットの最後の文字 z のノードを目標点としよう．すると s から z に至る経路は幾つあるかな？

レナ▶二つか三つってとこかしら．でも全部を数えようとすると計算間違いしそうね．

ビム▶心配ない，そんなに難しくはないよ．僕はわざと分かりやすいグラフを選んでいるんだ．君は，落ち着いて順を追って考えればいいだけさ．ヒントをあげると，この図にあるようにノードは幾つかの層に分かれているよね．例えば s から次の層に行く時には，幾通りの選択肢があるかな？

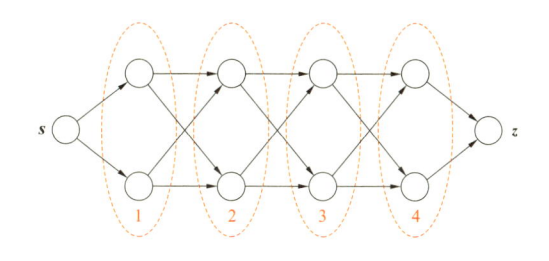

レナ▶二つね.

ビム▶次に, いまたどり着いたばかりの第1の層からさらに進むには幾つ選択肢があるかな？

レナ▶やっといっていることが分かったわ. s から出発すると下に行くか上に行くかで二通りの可能性があるわけね. どっちに進んだにせよ, 次の層に向かう場合にも二つ可能性があるわけだわ. 真横に進むか, 斜めに進むかね.

ビム▶z の直前のノードに進むまではそうだね. 最後のノードからは z に進むしかない. 結局, 何通りの経路があるか分かるかな？

レナ▶s から最初の層に行くのが2通りでしょ. それからまた二つの可能性があるから, 第2の層に達するまでに4通りの経路があって…

ビム▶… どの道を選んでも, その先には二通りの可能性があるわけだから, 第3の層に行くまでに8通りの経路があり, 第4の層までには16通りの経路があることになるね. そこからは z に進むにしかないわけだから, 結局, 16通りの経路があるのが分かる.

レナ▶まさか, コンピューターがこれを計算できないなんていわないわよね.

ビム▶もちろん, そんなことはないさ. でも, ちょっと考えてみようか. もしもこのグラフにノードを二つ増やすとどうなるかな. 経路は幾つになる？

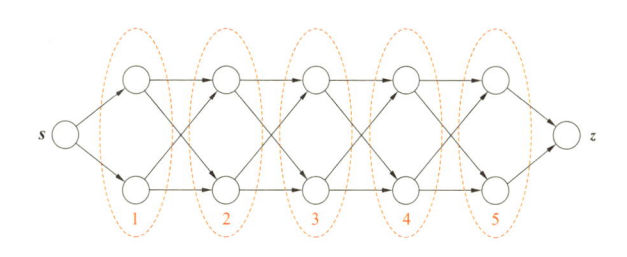

レナ▶2倍になるのだから, 32ね.

ビム▶正解. べき乗の計算は大丈夫かな？ 2^5 と書くやつだね.

レナ▶もちろん．$2^5 = 2 \times 2 \times 2 \times 2 \times 2 = 32$ という意味ね．
ビム▶ところで s から z の間には幾つ層があったかな？
レナ▶5 個ね．ということは，経路の数は 2 を層の数だけ「掛け合わせる」ことになるの？
ビム▶その通りだよ．ノードの数は，開始点と目標点でまず二つのノードがあり，これに層の数だけ 2 を乗じた数を足すと求まるね．
レナ▶そうね，最初のグラフでは $2+2 \times 4 = 10$，次のグラフでは $2+2\times 5 = 12$ だわね．だけど経路は $2^4 = 16$ 個と $2^5 = 32$ 個ね．ビムが，べき乗の式を使おうとするわけが分かったわ．
ビム▶n が層の数だとすると，n がどんな数であれ，2^n 個の経路があるわけだ．でもノードの方は $2+2\times n$ 個となる．
レナ▶で，何なの？
ビム▶仮にだよ，グラフの層の数が 50 個に増え，ノードの数が 102 個になったとして，これを超巨大なグラフといえるかい？

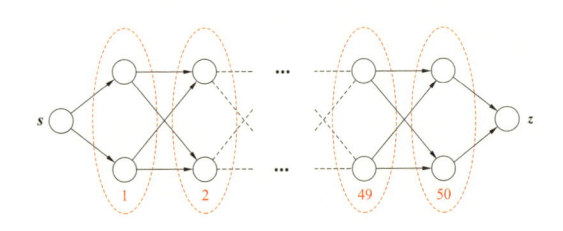

レナ▶ノードの数が数千個の場合もあるとか聞いてるから，これが超巨大とはいえないわね．
ビム▶だよね．でも，さっきの式を使うと，層が 50 個の場合，

$$2^{50} = 1,125,899,906,842,624$$

というふうに，1000 兆以上の経路があることになるんだ！
レナ▶わぉ！すごい数ね！でも私のパソコンは最新型なんだし，問題ないんじゃない？
ビム▶別の考え方をしてみようか．例えば君のコンピューターが 1 秒間に 100 万通りの経路を調べることができるとしようか．すると 100 万秒必要な計算になるね．60 秒が 1 分で，60 分が 1 時間，24 時間で 1 日だ．つまり 1 日は $60 \times 60 \times 24 = 86,400$ 秒になる．1 年だと $86,400 \times 365 = 31,536,000$

秒となる．よって君のコンピューターで以下の計算をしてみると
$$\frac{1,125,899,906,842,624}{31,536,000}$$
すべての経路を調べ上げるのに，ほとんど36年も必要になるんだ．

レナ▶ずいぶんかかるのね！

ビム▶これにさらに二つか三つ層を加えると，経路はそれこそ大変な数になる．ちょっとした表を作ってみたよ．このグラフの層の数を変えると，ノードと経路の数がどれだけ増え，すべての経路を計算するのにどれだけ時間が必要かをまとめたものだ．

層	ノード	s-z-経路	計算時間
5	12	32	0.000032 秒
10	22	1,024	0.001024 秒
20	42	1.0 百万	1 秒
30	62	1.1 十億	18 分
40	82	1.1 兆	13 日
50	102	1.1 千兆	36 年
60	122	1.2 百京	37 千年
70	142	1.2 十垓	37 百万年
80	162	1.2 じょ[1]	2.6 宇誕
90	182	1.2 千じょ	2.6 千宇誕
100	202	1.3 十溝	2.7 百万宇誕
260	522	1.9 宇原	*

レナ▶ひぇー！目が眩みそうな数だわね．この「宇誕」とか「宇原」とか，*の印は何？

ビム▶「宇誕」っていうのは僕が即興で作った単位で，年でいうと150億年に当たる．「宇」宙が「誕」生してから，大体これぐらいが経過したと考えられているんだ．「宇原」というのも遊びで，「宇」宙における「原」子の数を表す単位のつもり．仮に地球のすべての原子の上に僕たちと同じような最新のコンピューターが一台備わっていたとしようか．これらのコン

---

[1] [訳注] この「じょ」には，漢字での表記がいくつかあるようなので，本書ではひらがなで記した．また「し」という読み方もあるようである．

ピュータ─をフルに稼働しても，260 個の層を持つグラフの全経路を計算するには約 65,000 宇誕が必要になるんだ．1 台のコンピューターに計算させるなら，6×10^{64} 年かかる．どんな数字か見当も付かないので，＊印を付けているんだ．東洋では 10^{64} を「不可思議」とか呼ぶらしいけど．

レナ▶目の方が星になっちゃうわね．層が 50 を越えるともう大変ね．でも，コンピューターの性能がもっとよくて，1 秒あたり 1 千兆の経路を調べることができるとしたら，グラフに層が 50 個あっても 1 秒で処理が終わるんじゃないの．

ピム▶それはそうだね．でも層の数が 80 になると，そのすごいコンピューターでもチェックにやっぱり 38 年かかるし，層の数が 100 になると 4000 万年も必要になる．層が 260 にもなると，僕には見当も付かないなぁ．

レナ▶でも層が 260 ぐらいじゃあ，やっぱり超巨大なグラフとはいえないわね．

ピム▶数学では，こういうのを「組合せの爆発」と呼んでいる．ほんの少しノードを加えるだけで，経路の数が「爆発」的に増えるからね．

レナ▶う～ん！ となると，すべてをチェックするには，もう少しましなアイデアが必要なわけね．

ピム▶そうなんだ．でも今日のところはもう寝た方がいいんじゃないかい？しまった．また「パパとママ」の真似しちゃったね．ごめん！

レナ▶別にいいわよ．確かにもう寝なきゃ．ところで，地球や宇宙の原子の数って，どうやって数えるのか，簡単に教えてくれる？

ピム▶詳しいことが http://www.harri-deutsch.de/verlag/hades/clp/kap09/cd236b.htm にあるので，自分で見てくれるかい．

レナ▶了解．それじゃ，おやすみ．

ピム▶おやすみ．

レナはとても感動しました．ノードをわずかに加えるだけで，経路は途方もなく増えてしまうという問題が，しばらくの間，彼女の頭を離れませんでした．あらゆる経路を試してみるよりは，もう少し賢明な方法が必要なのは明らかでしたが，では，どうすべきなのでしょうか？ レナもあれこれ想像を巡らしていましたが，やがて寝入ってしまいました．

最短経路をとるか，いなか．それが問題だ！ _____ 6
Kurzstrecke oder nicht? Das ist hier die Frage!

　夜更かししたので，当然翌朝レナはかなり眠気が残っていました．でも朝食の間は元気はつらつとしなきゃと，自分にいい聞かせました．昨晩遅く寝たことを，パパやママには知られたくなかったのです．

　学校では彼女はラッキーでした．最初の2時限は何とか耐えることができましたし，3時限目の地理学は，グラット先生が病欠で，自習になりました．そして4時限と5時限は体育でした．

　学校帰り，レナはマルティーナと約束して，「ドネルケバブサンド（トルコ風ハンバーガー）」をほうばりながら，街をぶらぶらしました．マルティーナはとても親切で，レナと彼女とは知り合ってすぐに意気投合しました．これはレナにとって幸いでした．ミュンヘンに引っ越したばかりの頃，彼女は新しい環境になかなか馴染めなかったからです．見知らぬ街に新たな学校，そして聞き慣れない授業…マルティーナがいなければ，彼女は落ち着くまでもっと時間がかかっていたはずです．新しいクラスメートの何人かは，彼女の北国訛りをからかいました．けれどもマルティーナは始めから彼女の味方で，彼女を絶えず助けてくれました．けれど，レナは少しずつクラスに溶け込んでいき，同級生たちは，レナがいつの間にかすっかりクラスの一員になっていることに感心したものでした．

　マルティーナは新しいスウェットシャツ（薄手のトレーナー）を買いたかったのですが，気に入るのが見つかりませんでした．レナはもっとラッキーなことに，カッコいいTシャツを2枚買うことができました．これは夏休み用に取っておくつもりです．

　帰宅して，すぐにビムと話そうかと思いましたが，ちょっと考えて，とりあえずは宿題を少し済ませておこうと思い直しました．というのは，ママが後で宿題のことを聞いてきたら，もうほとんど片付いているけど，ちょっと一休みしてコンピューターをいじっているだけだといえると思ったからです．けれど宿題には集中できませんでした．ビムの話を聞きたくてたまらなかったのです．

　　ビム▶やあ，レナ．午前中はどうだった？

レナ▶まあまあというところね．でもかなり眠い．昨日，夜更かししすぎたわ．

ビム▶少し昼寝でもしたらどうだい？

レナ▶冗談じゃないわ．昨日の続き聞かせてよ．どうやって最短経路を見つけるのか．さあ，始めましょう．でも今日は，理解するのに昨日よりもちょっと時間がかかるかもしれないわよ．

ビム▶了解．それじゃあ，まずミュンヘンの地下鉄の路線図から見ていこうか．これを見てごらん．

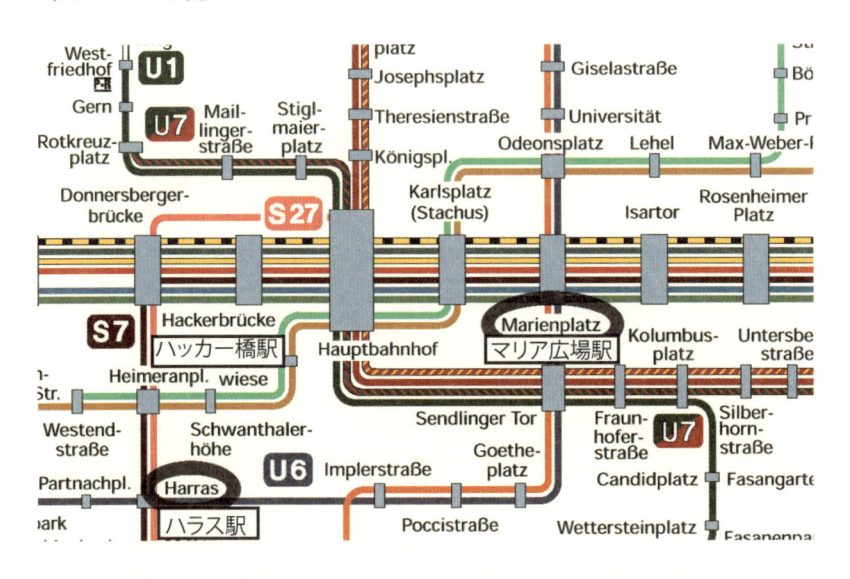

レナ▶マリア広場駅からハラス駅までの最もよい経路を決めるのね？すると，駅と駅の間の所要時間が必要だわね．

ビム▶そうだけど，でもミュンヘンの交通機関では，短距離切符という制度があるのは知っているだろ？

レナ▶もちろん．最大4駅の移動なら半額よね．ただし市電や地下鉄の場合は2駅までしか使えないけど．

ビム▶それなら君は，できるだけ短距離切符で済まそうとするよね？

レナ▶いつもお金には困っているからね．ちょっとだって余計なお金は払いたくないわね．でも私は定期券を持っているから，距離のことをあまり気にする必要ないけど．

ピム▶まあ，とりあえずさ，君は定期券を持っていないとしようか．それに話を簡単にするため，利用の制限がないものとして，どこでもいいから四つの駅を半額で移動するということにしようか．それでマリア広場駅からハラス駅まで，君ならどうやって行く？

レナ▶ちょっと待ってね．自転車で行くのが本当は一番なんだけど，これだと半額どころか，タダだし．まあ，いいわ．最短経路は U6 線を使う場合で，駅の数は五つかしら．

ピム▶どうして，それが最短経路だといいきれるのかな？

レナ▶だって市電の S7 線や S27 線を使うと駅の数は六つじゃない．

ピム▶よく見てごらんよ！S27 線はハッカー橋駅には止まらないよ．ということは市電の場合も駅の数は五つだということだよ．でも，もっと短いコースがあると思わないかい？例えば一度か二度乗り換えるとして．

レナ▶見た通りなんだけどね．

ピム▶人間の「観察力」というのは間違いやすいものなんだ．それは S27 線で見間違えたことでも分かるだろう．それともう一つ忘れて欲しくないのは，僕たちが探そうとしているのは，ノードの数がとても多くなった場合にも最適な解答を出してくれるような方法だったよね．それから，アルゴリズムはできるだけ厳密に定義して，コンピューターが実行できるようにしなければならない．

レナ▶分かっているけど．でも，この場合，他に選択肢はないと思うけど．

ピム▶どうしてそう思うんだい？

レナ▶だって路線図を見てごらんなさいよ．マリア広場駅からは二つの方向に進むしかないじゃない．シュタフス駅方向か，ゼントリング門駅方向しかないわよ．そうすると，結局，可能性は二つしかないと思うけど．

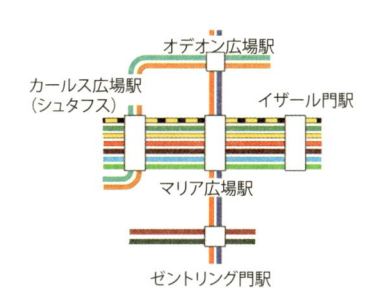

ビム▶でも，オデオン広場駅やイザール門駅の方向では「なぜいけない」のかな？

レナ▶見れば分かるじゃないの．でも，そういう答えは認められないというわけね．目的地からどんどん離れていくというのを，ちゃんと説明しなくちゃいけないということね．

ビム▶何かうまい説明は思い付かないかな？

レナ▶いまのところね．でも私としては，別にこの二つの方向を試してみても全然構いませんけどね．

ビム▶それじゃあ，そうしよう．まずマリア広場駅から一つ離れた駅はちょうど四つあるよね．

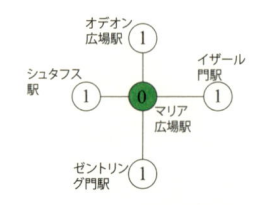

レナ▶こっちの図を見ると，駅二つ分離れた駅が分かるわ．中央駅とゲーテ広場駅ね．ビムのいう通り反対方向も見てみると，大学前駅とレーヘル駅，ローゼンハイム広場駅，フラウエンホーフ通り駅ね．

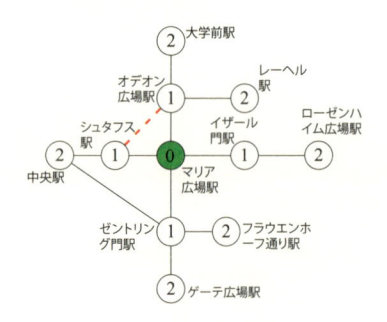

ビム▶シュタフス駅を忘れてるよ．マリア広場駅からまずオデオン広場駅に向かい，それから乗り換えてシュタフス駅に行けるじゃないか．

レナ▶それはそうだけど，でも意味がないじゃないの．シュタフス駅には直接行けるんだから，わざわざオデオン広場駅を回っていく必要ないじゃない．

ビム▶その通りだよ．それは一つの立派な理由だね．ある駅までの経路をたどった時，その駅に達するもっと短い経路がすでにあった場合は，その経路をそれ以上進む必要はないわけだね．特定の経路をこうして除外することも，僕が君に説明したかったアルゴリズムの基本の一つなんだ．話を先に進めようか．次はマリア広場駅から三つ目の駅，いい方を変えると距離が3のノードがあげられる．その次は距離4のノードだね．この段階ではまだハラス駅には達していないね…

レナ▶…だからいったじゃない．U6線を使って行った場合，距離が5で最短経路になるって！

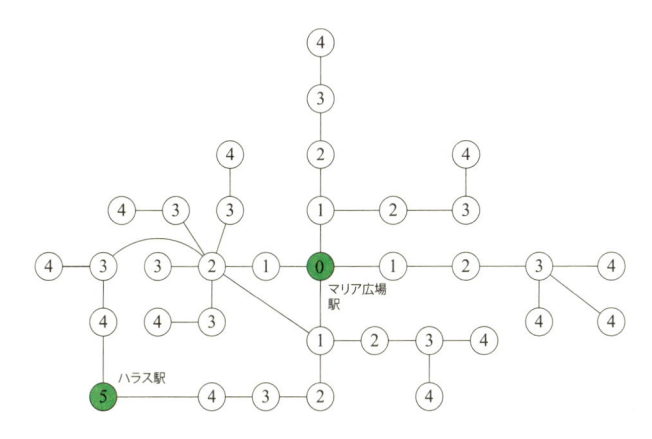

ビム▶そうだよ．いま，ようやく証明できたというわけだよ！ただし，いまの作業を改善して，他の「一般の」重み付きグラフでも使えるようにしなくちゃいけない．

レナ▶しかもアルゴリズムがあまり長くならないように注意しないとね！いちいちノードを全部リストにしていたら，時間ばかりかかるものね．

ビム▶そうだね．最後にアルゴリズムの処理時間を正確に把握することにしようか．昨日話した経路のすべてを数え上げる問題のようになっては困るわけだから．もしも組合せの爆発が生じるなら，このアルゴリズムは，規模の大きな問題には使えなくなるからね．

レナ▶あらら．もう4時半をちょっと過ぎちゃってる．スイミングクラブに行かなきゃ！

ビム▶何だクラブに入ってるのかい？

レナ▶そう，もう6年になるかな．ハンブルクで入って，ここでも半年になるわね．すぐ家を出ないと，遅刻だわ！
　ビム▶ちょうど，この簡単な例題を解き終えたしね．それじゃ，行ってらっしゃい！
　レナ▶ありがとう．またね！

　レナはもう少し先を知りたかったのですが，でもスイミングクラブも絶対に休みたくもありませんでした．
　帰宅すると，レナはオープンサンドを二つ三つ食べ，それから宿題の残りに取りかかりました．それにしても，今日に限って宿題が多すぎます！
　最初に歴史の授業で使う本を読み通しておかなければなりませんでした．レナは寝ながら読もうと思ってベッドに横になりました．でも地下鉄の話が頭を離れません．すべてのノードをリストアップするのは，彼女にも無駄な作業に思えます．でもノードの数は，昨日の例の場合よりもはるかに少ないのです．グラフを描く時，ノードを一つ一つあげていきます．一つ一つ記入できるということは，ノードの数がそれほど多くはないということです．間違った方向を消してしまえばグラフをずっときれいに描くことができるような感じがレナにはします．後でビムがきっとレナが考えるのを助けてくれるでしょう．
　レナは本の最初の章を読もうと四度目の挑戦をしましたが，やがて寝入ってしまいました．翌朝，目が覚めてみると，本は彼女の頭の下にありました．そういえば友達のノラが，夜にベッドに横になりながら本を読むと単語がよく覚えられる，特に，その後で本を枕の下に敷くと効果的だといっていました．この方法は歴史の本には使えないな，とレナは思いました．けれど，前の晩の睡眠不足は十分に補うことができました．

7
ローカルに決断して，グローバルに最適化
Lokal entscheiden, global optimieren

　歴史の時間，ラッキーなことにレナは質問されませんでした．その日も学校は可もなく不可もなく過ぎていきましたが，一つだけ特別の出来事がありました．マルティーナがパーティーの招待状をみんなに配ったのです．彼女は翌日の金曜日が誕生日で，盛大なパーティーを開こうとしたのでした．レナは彼女の親友なので，当然招かれていました．レナはとてもうれしくなり，マルティーナに何を贈ろうかと思案を始めました．

　昼食の後，レナは自分の部屋に行きました．またビムに会うにはちょうど頃あいです．

　ビム▶昨日は水泳クラブに間に合ったかい？

　レナ▶ええ．でも終わった後，疲れて死にそうだったわ．おかげで宿題の本を読んでいるうちに寝てしまったわよ．さてと早速始めましょうか．

　ビム▶いいね．それじゃ，今回も小さなグラフを例に話を進めようか．グラフの弧には正の重みが加えられているけど，これを所要時間と考えようか．今回もノード s からノード z に進むわけだけど，重みの合計が最小になる経路を探そうか．どうしたらいいか，何かアイデアがあるかい？

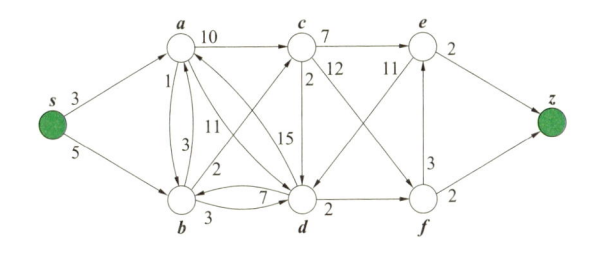

　レナ▶すべての可能な経路を調べるというのは，なしなんでしょ？ 昨日説明してくれたけど．

　ビム▶その通り．面倒なのは，経路の数の組合せが爆発的に増えることだね．でも組合せの爆発は，グラフをいわば「グローバル」に，つまり広い範囲で考えた時に生じる問題なんだ．すなわちグラフの全体として見た場合の特徴なんだ．個々のノードに注目すれば，可能な選択肢の数は決して

そんなに多くはないよ．

レナ▶このグラフの例だと，あるノードから隣のノードに移るのに多くて三つの可能性しかないわ．

ビム▶他のグラフだと，例えば地下鉄の路線図なら，隣のノードに移るのに当然もう少し弧の選択肢が多いよね．でもグラフ全体のノードの数と比べるとずっと少ないことには変わりはない．せいぜい直接つながっているノードに移動するしかないからね．ノードを移動する方向を決めるたびに，z に至る経路の選択肢の数は減っていくわけだ．

レナ▶でも，それって何か役に立つの？ そもそも私たちは s から z までの最短経路を見つけるには，どの方向に進めばいいのかを知りたいのじゃない．

ビム▶君のいう通りだよ．ここでいったん z のことは忘れようか．s から z への最短経路を作り上げる代わりに，まずは s から数ノードの範囲で最短経路を探そうじゃないか．

レナ▶それって，かえって面倒じゃない！

ビム▶いや，むしろ逆なんだ．問題をずっと難しくしているように思えるかもしれないけど，結局は，こっちの方がずっと簡単なことが分かるよ．

レナ▶遠回りにしか思えないけど．

ビム▶数学ではね，一見するとかえって問題を複雑にしているような作業を始めて，最後に，より簡単な解決方法を見つけるのが常套手段なんだ．

レナ▶問題を難しくすると，問題が簡単になるなんて意味が分からないけど，まあ，いいわ．それから？

ビム▶昨日，地下鉄の場合ではどうやったか覚えているかい？ ハラス駅までの経路を考えるのに，どの方向に進むべきかは一切考えなかったでしょ．

レナ▶よく覚えているわよ！ だってビムは，私がマリア広場駅から隣の駅に向かうすべての経路をいえって，うるさかったじゃない．

ビム▶そのやり方をこれから一般化して，役に立つアルゴリズムを手に入れようと思うんだ．そのためには，重みがすべて正であることをフルに活用する．s から z までの経路の数は膨大になりうるけど，あるノードに隣接するノードの数は多くはなれない．常に部分的な，いい方を変えると「ローカル」なノードの集まりだけを考えて，次にどう進むかを決定していけば，結局，最短経路を見つけるのに成功して…

レナ▶…　そしたら，ゲームオーバーで，私たちの勝ちね．でも，それで本当に最短経路を見つけられるというのは確かなの？

ビム▶念のためいうと，最短経路の「一つ」をね！複数の最短経路が見つかることもあるからね．

レナ▶厳密ねぇ．それじゃあ，いい直すと，どうやれば最短経路の「一つ」を見つけられるのかしら？

ビム▶もう一度，さっきのグラフをちょっと見てみようか．s からスタートするには，二つの可能性があるよね．a に進むか b に進むかだ．ここで s のすぐ隣のノードの部分しか分からないとしようか．この場合，s から a，あるいは s から b の最短経路は，直接つながっている経路より他にはないといいきれるかな？例えば後になって，実はもっと短い経路があった，何てことは起きないと確信が持てるかな？

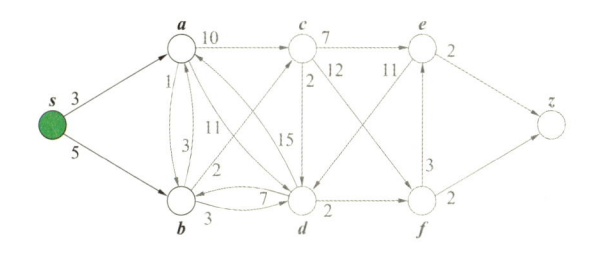

レナ▶ええっと．ちょっと待ってね．s から b へ直接向かう経路は最短じゃないわね．まず a に行って，それから b に向かうほうが短いものね．でも，これは s から隣のノードに直接つながっている弧しか分からない時は，知りようがないわよ．

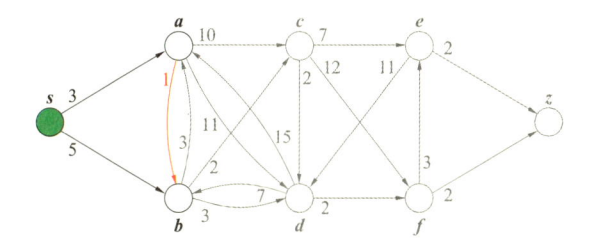

ビム▶そうだね．このグラフでは s から a に進み，さらに b に進む「迂回路」の方が，s から b に向かう弧よりも短いよね．でも同じように a に向かうのに迂回路はないかな？

51

レナ▶ さあ，どうだろう．始めに s から b の方に進んでしまったら，その時点ですでに s から a の弧よりも長くなるんじゃない．

ビム▶ その通り．でも用心が必要だよ！ b から a の弧の重みが -3 だったとしようか．そうすると，君がいまいったことは間違っていることになるね．

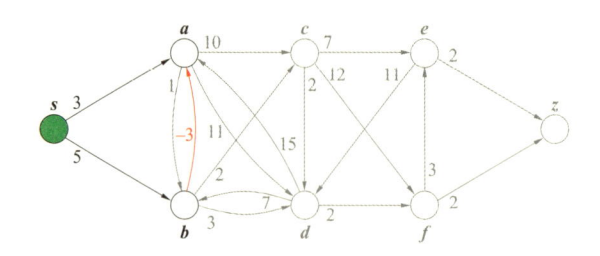

レナ▶ でも，負の重みはないって仮定だったじゃない！

ビム▶ そうだよ．実際，この仮定が重要なことを君に知ってもらいたかったんだよ．これを決めておかないと，僕らのやり方はここでもう失敗してしまうからね．弧の重みとして正の数しか考えないのであれば，s から a への最短経路は a に直接進むことだね．a はすべてのノードの中で s からの距離が最短のノードだからね．どの「迂回路」も「近道」にはなれない．グラフに書き入れておこうか．a のノードを表す円の中に s から a への距離 3 を書き込もう．それから s から a への最短距離を見つけた印として赤く塗りつぶしておこう．s から a への弧は黒いままにしておいて，その他の s や a を出発点とする弧はすべて緑色で描くことにする．これは僕らが次に進む選択肢を表しているわけだね．最後に，緑色の弧の先にあるノードに，そのノードに至るまでの経路で，この時点で最短と分かっている距離をマークしておこう．

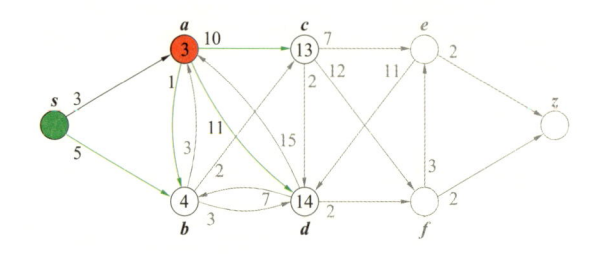

レナ▶ 複雑そうだけど，図があるから，ビムのいっていることは分かるわ．

ビム▶ さて，こうすると s から b に最短距離で行くには a を通る経路しかないのがよく分かるよね．

レナ▶ よく分かるわ．s から直接行く経路は短くないし，それ以外の経路はすべて d を通ることになるけど，ずっと遠回りだしね．でも，グラフの他の部分についてはまだ分かっていないということだったんじゃない．いま分かっているのはグラフの一部だけで，s と a の周辺だけでしょ．

ビム▶ でも b に早く着く経路は他にないよね．いまの段階で色の付いていないノードを通過する経路が他にたくさんあったとしても同じことだよ．いま，色の付いたノードから移動するには緑色の弧を通るしかないね．もし b にもっと早くたどり着こうとしても，a の他に残されているのは，さらに c か d を通る経路だけだ．でもこの二つのノードのどちらに進もうと，もう関係ない．この二つの距離マークは b の距離マークよりも大きいからね．つまり s からこの二つのノードの距離は，a を経て b に直接進む最短経路よりすでに長いということになる．負の重みがあれば距離を減らすこともできるけど，いまは負の距離を考えていないから，結局，他の経路は短くなりえないと分かるわけだよ．

レナ▶ 緑色の弧で到達できるすべてのノードの中では b の距離マークが 4 で一番小さいから，b を赤く塗ることができるわけね．

ビム▶ そうしようか．それじゃあ，b を起点とする弧を新しい選択肢として，さらに続けようか．その前に a から b への弧をもと通りに黒に戻しておこう．この経路が s から b への最短経路だからね．それと s から b へ直接向かう弧と，b から a へ戻る弧は消すことにするよ．この二つを使ってどこか別のノードへ進む最短経路はないからね．

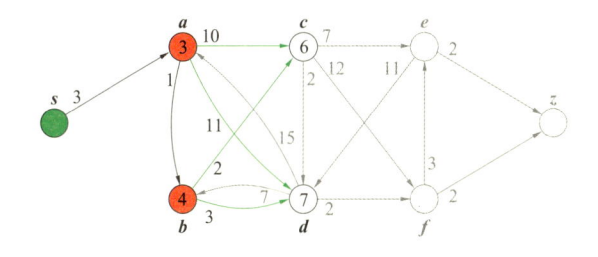

レナ▶ それはいいけど，c と d の距離マークを変えたのはなぜ？

ビム▶ b を経て c と d に向かう経路が，さっきの a を通る場合と比べて短

いと分かったからね．緑色の弧の先のノードに記した数字はこのノードに達する最短経路の長さを表しているけど，「ここまで」調べた範囲での距離に過ぎないんだよ．

レナ▶さっきの b の場合と同じね．b までの距離は最初は 5 だと思ったけど，後で 4 だと分かったものね．だんだんビムのやり方が分かってきたような気がするわ．次は自分でやってみてもいい？

ビム▶もちろんだよ！

レナ▶私の考え方が正しいのなら，b を通って c に向かうのより短い経路はないと思うわ．赤く塗られていないノードの中では c の距離マークが一番小さいから．だから c を赤く塗れて，次に進む新たな選択肢として c を起点とする弧を緑色に塗ればいいのじゃないかしら．

ビム▶とてもよくできました．でも c にもっと早く行ける方法はないかな？

レナ▶ないわ．次に赤く塗れるノードは c と d だけど，c の距離マークは 6 で，d の距離マークは 7 だから c の方が短いわ．だから 6 が，これまでマークしたノードを通る最短距離ということになるわね．それから，まだマークのないノードを通っても，経路は短くならないわ．そもそも，こうしたノードに最短距離で進む方法がないからよ．

ビム▶素晴らしい．ここで距離マークを更新すると，こういう図になるね．

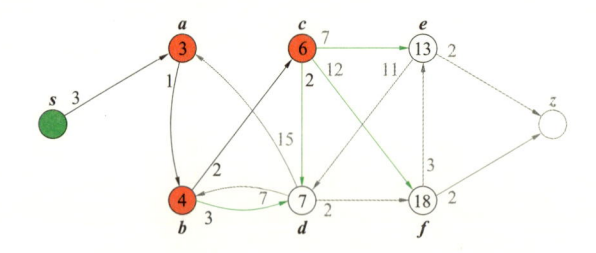

レナ▶なるほどね．時間はかかるけど，確実に z にたどり着くというわけね．でも，もっとも距離の短い緑色の弧を選んで進む方がもっと簡単なんじゃない？

ビム▶いや，ダメだよ！確かにここまでならば，それでもうまくいきそうな気がするかもしれないね．でも，そうすると次は c から d へ向かう弧を選ばなければいけなくなるけど，それなら直接 b から d に行っていた方が近道だったことになるからね．でも c から d の弧は最短経路には含まれない．

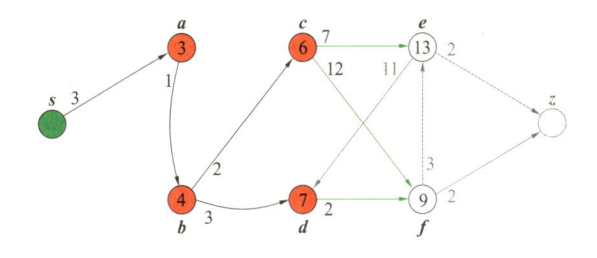

レナ▶そっか．d の距離マークは 7 だけど，もしも c から d に進むなら 8 にしなければいけないものね．

ビム▶さて，それじゃあ，いよいよアルゴリズムを教えようか．

その時，玄関の呼び鈴がなりました．レナは跳び出しました．真っ先に玄関に駆けつけるのは，いつでもレナでした．訪ねてきたのは隣のクランツ夫人でした．彼女は家の鍵を預けにきたのでした．彼女たちが休暇で留守にする間，ママが花に水をあげる約束だったのです．レナ自身は，クランツ一家が一週間アテネに旅行するのを知りませんでした．ギリシャかぁ！　いいなぁ．

ママはすぐにコーヒーを用意しました．クランツ夫人は観光プランを話し始めました．神殿と博物館ばかりです！　そんなんじゃ，休暇の一週間がちっとも楽しめないじゃない．レナは「文化」にはまったく興味がありません．それより昼間は浜辺で日光浴して，夜は遊びに出かける方が，よっぽどいいのになぁ．だいたいギリシャ建築やギリシャ彫刻ならミュンヘンにもあるじゃない．ミュンヘンのことを「イザール河畔のアテネ」というって，美術のフィンク先生が面白そうにいっていたわ．

ケーヒニ広場 – 左：プロピュライオン（列柱門），右：グリプトテーク（古代彫刻美術館）

もちろんレナも，ケーニヒ広場にグリプトテーク（古代彫刻美術館）があるのは知っていましたが，まだ行ったことはありません．フィンク先生が授業の時スライドを何枚か見せてくれただけです．

牧神フォーン（ファウヌス），グリプトテークの彫像

　クラスの男の子たちは，古代のギリシャ人達は服装が乱れていたんだ，とはしゃいでいましたが，マルティーナはといえば，グリプトテークに遠足を企画しようといい出しました．手に触れることのできる授業というわけですが，いまのところ実現していません．

▶ 始めにインプットがあった　　　　　　　　　　8
Am Anfang war der Input

クランツ夫人が帰った後，レナはママがテーブルを片付けるのを手伝いました．それから自分の部屋に戻りました．

レナ▶さぁ，話の残りを聞かせて！
ビム▶いいとも．これがアルゴリズムだよ．

ダイクストラのアルゴリズム

Input:　重み付きダイグラフ $G = (V, E)$
Output: s, z-最短経路とその長さ $distance(z)$

BEGIN $S \leftarrow \{s\}, distance(s) \leftarrow 0$
　　　　FOR ALL v from $V \setminus \{s\}$ DO
　　　　　　　　$distance(v) \leftarrow arclength(s, v)$
　　　　　　　　$predecessor(v) \leftarrow s$
　　　　END FOR
　　　　WHILE z not in S DO
　　　　　　　　find v^* from $V \setminus S$ with
　　　　　　　　$distance(v^*) = \min\{distance(v) : v \text{ from } V \setminus S\}$
　　　　　　　　$S \leftarrow S \cup \{v^*\}$
　　　　　　　　FOR ALL v from $V \setminus S$ DO
　　　　　　　　　　　　IF $distance(v^*) + arclength(v^*, v) < distance(v)$ THEN
　　　　　　　　　　　　　　　　$distance(v) \leftarrow distance(v^*) + arclength(v^*, v)$
　　　　　　　　　　　　　　　　$predecessor(v) \leftarrow v^*$
　　　　　　　　　　　　END IF
　　　　　　　　END FOR
　　　　END WHILE
END

レナ▶うわぁ．難しそう！
ビム▶何か他のことをやった方がいいかな？ アルゴリズムの形式ばった記述は飛ばしても構わないんだよ．
レナ▶まさか！ 私は全部知りたいんだって．でも少しずつ説明してちょうだいよ．この最初の行に書いてあるのはインプットで⋯
ビム▶⋯っていうのは，アルゴリズムに処理させるすべてのデータのことだよ．

レナ▶それは分かっているわよ．アルゴリズムに最短経路を見つけさせるには，当然始めに調べたいグラフを入れる必要があるのね．でも次のアウトプットのところで，もうわけが分からないわよ．distance というのは「距離」のことだろうけど，このアウトプットと書いた行にある，distance(z) って何よ？

ビム▶これは「z の距離」と読むんだ．アルゴリズムでは集合 V のすべてのノードvについて，その距離 distance(v) が必要になる．v の距離というのは，ある時点で分かっている s から v までの最短経路の距離を表すんだ．

レナ▶さっきのグラフでいうと距離マークのこと？

ビム▶その通り．

レナ▶アルゴリズムの終わりでは，distance(z) は s から z への最短経路の長さになっているということなのかなぁ．

ビム▶そう考えてくれていいよ．ともかく，このアルゴリズムがちゃんと仕事をしてくれるか見てみようか．それじゃ，もう一度最初の行から始めよう．

$$\text{BEGIN } S \leftarrow \{s\}, \text{distance}(s) \leftarrow 0$$

レナ▶BEGIN ていうのは，ここから始まるという合図だというのは分かるけど．でも，その後がまるで分からないわ．

ビム▶この行は，アルゴリズムの初期状態を記述しているんだ．s から s 自身への最短距離の長さ，つまり distance(s) は当然 0 だということだよ．

レナ▶そんなの当たり前じゃない．出発点から出発点までの距離は 0 に決まってるわ．

ビム▶そうそう．で，ここでも弧の重みはすべて正と仮定しているんだ．そうじゃないと，こんなことになるからね．

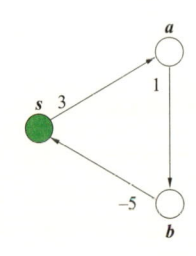

レナ▶これは傑作ね！これじゃ，出発した時間よりも 1 時間早く到着することになっちゃうわ．

ピム▶距離を「走行時間」で測るのなら，この図の場合 b から s へはタイムマシンを使わないと行けなくなってしまうね．でも，重みは時間や距離でなくても構わないことを忘れてはいけないよ．

レナ▶やれやれ，いろいろ面倒ね！でもいまは重みは正だと仮定していていいわけよね．

ピム▶そうだね．だからアルゴリズムの最初で distance(s) を 0 とすることができるんだ．これを「代入」とか「付値」といって，アルゴリズムでは矢印の記号 ← で表すよ．

レナ▶要するに distance(s) ← 0 ていうのは，「s の距離マークを 0 にする」ってことね．

ピム▶そういうこと．それから S に同じように $\{s\}$ と設定する．S はノードの集合で，ここに最短経路となるノードを追加していくんだ．もちろんアルゴリズムの最初では開始ノードの s だけしかないわけだよ．でもアルゴリズムが進むにつれて，ノードが次々と加えられていくんだ．さっき僕らはノードを赤く塗りつぶして区別したけどね．

レナ▶そうだったわね．赤く塗りつぶしたノードは，このノードを通る最短経路が見つかったという印だったわね．

ピム▶そうそう．じゃ，次に行くよ．ここで最初の「FOR ループ」が来る．FOR ALL と書かれた行から END FOR の行までの間のことだよ．ここで $V \setminus \{s\}$ の斜めの線の意味は分かるかな？

```
FOR ALL v from V \ {s} DO
    distance(v) ← arclength(s,v)
    predecessor(v) ← s
END FOR
```

レナ▶もちろん．「引く」という意味で，集合論で使う言葉ね．

ピム▶その通り．それで FOR ALL v from $V \setminus \{s\}$ DO の部分は，END FOR までの間に書かれた内容を，s を除いてすべての V の要素のノードに実行せよという命令なんだ．

レナ▶なるほど．それで最初に distance(v) に arclength(s,v) を代入する

のね．多分 arclength(s,v) というのは s と v の間の弧の長さのことでしょ？
ビム▶ そうなんだ．ここではそれぞれのノードについて，それと s を直接結ぶ弧の距離マークの初期値を対応させておくんだ．
レナ▶ でも s と v が直接弧でつながってなかったら？
ビム▶ その場合はちょっとしたトリックを使うんだ．この場合 arclength(s,v) は一律に無限大としておくんだ．ノードがつながっていないことと，それが無限に遠い距離にあることは違いはないからね．このトリックのおかげで，アルゴリズムがこんなに美しく，また簡潔に書けるんだよ．こうしておけば，弧があるとかないとか，絶えず気にかける必要はなくなるからね．前のグラフでいえば，s から直接到達できないノードはいつも薄いグレーで表して，無限大を表す記号は書き込んでいなかった．グラフの場合，こうした方が見やすいと思ってね．
レナ▶ なるほどね．それで次の行の predecessor$(v) \leftarrow s$ っていうのは？
ビム▶ predecessor(v) は v の「先行ノード」と呼ぼうか．これは，これまでに見つかった v に至るまでの最短経路を記録していくんだ．最後には，最短経路の長さだけではなく，その経路で通過するノードも出力させるんだよ．最後に z まで行き着いた時，そこまでに通過したノードは z の直前のノードから次々と前へたどっていけば再現できるわけだ．さっきのグラフで確認してみようか．まだ途中までしか進んでいなかったけど，現在の状態はこんな感じかな．開始のノードも赤く塗ったよ．これも集合 S の要素だからね．

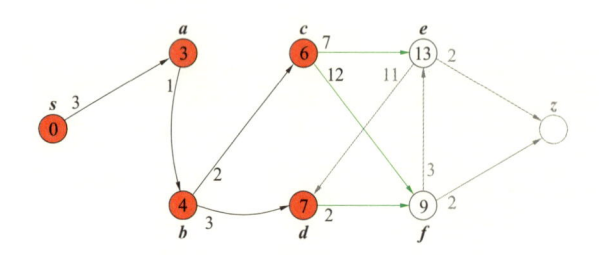

レナ▶ このグラフでは先行ノードはどうなるのかしら？
ビム▶ ここには四つの先行ノードがあるね．

$$\text{predecessor}(d) = b, \quad \text{predecessor}(c) = b$$
$$\text{predecessor}(b) = a, \quad \text{predecessor}(a) = s.$$

d から s まで逆向きに先行ノードのリストをたどっていくと，s から d までの経路が分かるね．

$$s \to a \to b \to d$$

レナ▶でも，これって，かえって面倒なことをしていないかしら？開始ノードから最後のノードまで全部の経路を一度に記憶させればいいじゃないの？

ピム▶でも，この作業はすべてのノードに行わなければいけないよね．それぞれのノードについて，先行ノードを一つだけ記録するか，あるいは全部を記録するかは，とても大きな違いなんだよ．全部を記録する場合，アルゴリズムはもっと長くなるし，メモリもたくさん必要になるんだ．

レナ▶そうなの．

ピム▶それからアルゴリズムの最初では s から始める弧しか見てないわけだから，s は他のすべてのノードの先行ノードでなければならないね．

レナ▶最初の方で集合 V の要素 v は，s を除いてすべて先行ノードが s になるとしているのは，そういうわけね．そこまではいいけど，次に出てくる WHILE は何かしら．ここも，すごく複雑そうよね．

```
WHILE z not in S DO
        find v* from V \ S with
        distance(v*) = min{distance(v) : v from V \ S}
        S ← S ∪ {v*}
        FOR ALL v from V \ S DO
                IF distance(v*) + arclength(v*, v) < distance(v) THEN
                    distance(v) ← distance(v*) + arclength(v*, v)
                    predecessor(v) ← v*
                END IF
        END FOR
END WHILE
```

ピム▶実はこの部分が，このアルゴリズムの核心部分だ．WHILE z not in S DO は，単純で，この行から END WHILE の間に書かれた部分，これを「WHILE ループ」というけど，この部分を z が S の要素になるまで繰り返せという命令だよ．

レナ▶そうすると，最後に z も赤く塗りつぶされることになって，s から z までの最短経路が見つかったことになるのね！

ピム▶さて次が重要なステップだよ．

レナ▶このがv^*っていうのが出てくる行のこと？

ビム▶まさしくね．この $*$ の印は，数学者が何かの問題に対する「最良」の解を表すのに好んで使うんだ．ここでは，まだ赤く塗られていないノードの中で，距離マーク $\mathrm{distance}(v)$ が最小となるノードのことを表している．

レナ▶min というのは英語の minimum の略かな？ 最小って意味でしょ．

ビム▶よく分かったね！ ここは，すべての距離マークの中から最小の値となるノードを選び出して，赤く塗る作業だと思ってくれればいい．それから $S \leftarrow S \cup \{v^*\}$ は，すでに赤く塗られているノードに新たに v^* を追加するという意味だよ．

レナ▶う～ん．もう少し具体的に教えて欲しいなぁ．

ビム▶いいよ．このアルゴリズムを，さっきのグラフに適用して，最後まで実行してみようか．いまのところ，ここまで進んでいたんだったね．

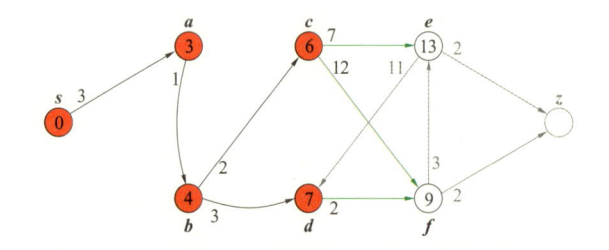

レナ▶ここから，どうなるの？

ビム▶ここまで何度か WHILE ループを繰り返した状態なんだけど，z がまだ赤く塗られていないから，改めてループの始めから実行するんだ．

レナ▶それで，新しい v^* を見つけるってわけ？

ビム▶そう．ここでは f がそうだね．f はまだ赤く塗られていないし，同じように赤く塗られていないノードの中では，一番距離マークが小さいからね．

レナ▶つまり，f を赤く塗るということね？

ビム▶アルゴリズムでいうと，$S \leftarrow S \cup \{v^*\}$ が実行されるわけだね．ここで v^* に当たるのが f だ．新たにノードに色を付けた時には，残りのまだ色の付いていないノードの距離マークを更新しなければいけないのは覚えているよね．

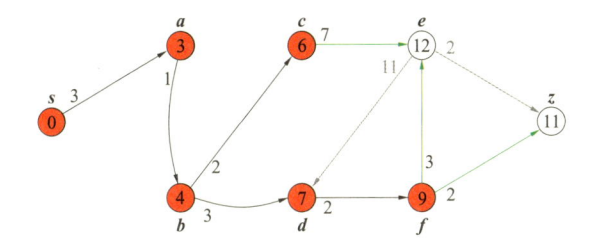

レナ▶ もちろん．f を通って残りのノードに進む経路が，そこまで見つかっている最短経路よりも短くなる可能性があるわけだしね．

ビム▶ こういうふうに更新を行うことを，英語を使って「アップデート」するともいうよ．色の付いていないノードの値をアップデートする命令が，二つ目の FOR ループで行われているんだ．

```
FOR ALL v from V \ S DO
        IF distance(v*) + arclength(v*, v) < distance(v) THEN
            distance(v) ← distance(v*) + arclength(v*, v)
            predecessor(v) ← v*
        END IF
END FOR
```

レナ▶ もう少し分かりやすく説明してくれない．

ビム▶ $V \setminus S$ というのは，まだ赤く塗られていないすべてのノードの集合だよ．ループの内部では，こうしたノードのすべてについて，いい方を変えると，$V \setminus S$ のすべての要素 v について，v までの最短経路に変化がないか，つまり新たに v^* を経て v に向かった方が短くならないかどうかをチェックしているんだ．

レナ▶ 新しく赤く塗られたノードを通過した方が，前よりも距離マークが小さくなるかもしれないってことかしら？

ビム▶ その通り．これをアルゴリズムでは $\text{distance}(v^*) + \text{arclength}(v^*, v)$ と $\text{distance}(v)$ を比較して確認しているんだ．古い距離マークの $\text{distance}(v)$ が $\text{distance}(v^*)$ と $\text{arclength}(v^*, v)$ を足したものよりも大きくなければ，何もする必要はない．v に向かう「古い」経路が相変わらず最短経路であるからね．ところが $\text{distance}(v^*) + \text{arclength}(v^*, v)$ の方が $\text{distance}(v^*)$ よりも小さくなるならば，v の距離マークを修正しなければいけない．そこ

で distance(v) ← distance(v^*) + arclength(v^*, v) という代入を行う．さらには predecessor(v) ← v^* という代入が，ここで新たに発見された v への最短経路で直前の先行ノードが v^* であることを表していることに注意して欲しいな．

レナ▶多分，こういうことかな．$v^* = f$ だとすれば，distance(f) + arclength(f, e) = $9 + 3 = 12$ となるから，c を通って e へと進むとした場合の最短経路の長さである 13 よりも小さくなると．

ピム▶それで間違いないよ．distance(e) の 13 を 12 に置き換えて，predecessor(e) ← f を実行して，f が e への最短経路において e の先行ノードであることを記憶させておくわけだね．

レナ▶ふー．グラフで考えると，そんなに難しくないのに，こうやって公式にすると，頭が痛くなってくるわ！

ピム▶あと少しだよ．

レナ▶まあ，いいわ．それじゃあ，残りをやっつけましょうか．

ピム▶次に v^* を通って初めてアクセスできるノードがあれば，この場合は z がまさにそうなんだけど，ここでアップデートを行って，distance(z) が無限大になっているのを有限の値に減らすことができる．このグラフでいうと，これまで半透明だったノードが，ようやくはっきりと輪郭が描かれることになるんだ．この後，どうなるか分かるかな？

レナ▶できそうな気がするわ．ここでもう一度 WHILE ループを繰り返すのだから，最初に戻って WHILE の行を見るのね．それで目標のノードである z はまだ赤く塗られていないから，もう一度 v^* を探さないといけないわけね．それが今回は z それ自身だから，これを赤く塗りつぶして，作業終了というわけね．

ピム▶本当をいうと，この後さらに z の「後」に続くノードのデータについての「アップデート」をしなければいけないのだけど，でもこの場合は必要ないね．z を起点とする弧がないからね．

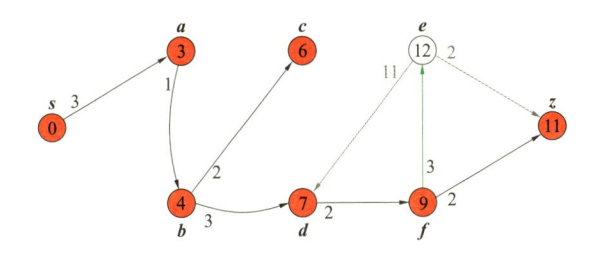

レナ▶完成ってことよね！

ビム▶そうだよ．もし s と z の間の最短経路を求めさえすればいいのならば，これで答えが出たわけだよ．でも，もう少し作業を加えれば，s から集合 V の「すべて」のノードに至る最短経路を決定することもできるんだ．また実際にはその方が役に立つことが多い．ただ，そのためには，すべてのノードが赤くなるまで作業を続けないといけない．いまのグラフでは e のノードだけが赤く塗られないまま残されていたよね．そこでアルゴリズムの式を変える必要があるけど，変更するのはそんなに多くない．これを見てご覧．アルゴリズムの変更点を赤く書いて強調してみた．

ダイクストラのアルゴリズム

Input:　重み付きダイグラフ $G = (V, E)$
Output:　s, v-最短経路とその距離 distance(v) 集合 V のそれぞれの要素 v についての s, v-最短経路とその距離

BEGIN $S \leftarrow \{s\}$, distance$(s) \leftarrow 0$
　　　FOR ALL v from $V \setminus \{s\}$ DO
　　　　　distance$(v) \leftarrow$ arclength(s, v)
　　　　　predecessor$(v) \leftarrow s$
　　　END FOR
　　　WHILE $S \neq V$ DO
　　　　　find v^* from $V \setminus S$ with
　　　　　distance$(v^*) = \min\{$distance$(v) : v$ from $V \setminus S\}$
　　　　　$S \leftarrow S \cup \{v^*\}$
　　　　　FOR ALL v from $V \setminus S$ DO
　　　　　　　IF distance$(v^*) +$ arclength$(v^*, v) <$ distance(v) THEN
　　　　　　　　　distance$(v) \leftarrow$ distance$(v^*) +$ arclength(v^*, v)
　　　　　　　　　predecessor$(v) \leftarrow v^*$
　　　　　　　END IF
　　　　　END FOR
　　　END WHILE
END

レナ▶なるほどね．違うのはアウトプットの部分と，それから集合 S にすべてのノードが追加された時，つまりすべてのノードが赤く塗られた時に処理を終了するというところかしら．

ビム▶上出来じゃないか！やる気があるなら，`www-m9.ma.tum.de/dm/java-applets/dijkstra/`[1] を訪ねてご覧．この二つのアルゴリズムを，自分で作成したグラフを使って，いわば「ライブ」で実験することができるよ．

レナ▶ところで s からすべての他のノードへの最短経路を求めておくことがいったいどんな役に立つのかしら？

ビム▶それは，他のルートプランの問題を解く場合に役立つことが多いんだ．また，それぞれのノードから z への最短経路を利用することで問題を解ける面白い応用例もあるよ．

レナ▶さっきのアルゴリズムでは s から他のすべてのノードへの最短経路が求められるだけなんじゃないの？

ビム▶もし開始ノードと目標ノードを単純に交換して，さらにグラフの弧をすべて逆向きにすれば，ダイクストラのアルゴリズムは z から他のすべてのノードへの最短経路の問題を解くことができるわけだ．さっきのグラフを使えば，こうなるね．

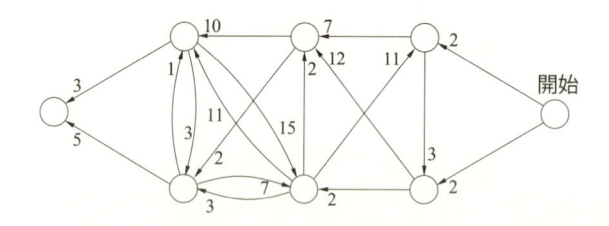

レナ▶うまいことやるわね．それで，いったいどんな役に立つの？

ビム▶車のナビゲーションシステムは見たことあるよね．例えば市販のカーナビの写真がここにある．これは以前 BMW のページ `http://www.bmw.de/de/produkute/zubehoer/`[2] に掲載されていたものだよ．

---

[1] ［訳注］現在はデッドリンクのようである．
[2] ［訳注］現在はデッドリンクのようである．

レナ▶友達のインガの両親は新車にカーナビを付けてたわ．小さなディスプレイがあって，次にどの方向に進めばいいのか教えてくれるのよ．

ビム▶あらかじめ，どこに行きたいかをインプットしておけばね．

レナ▶でも，これとルートプランとの違いは何なの？ここでも必要なのは，自分の現在位置から目的地までの最短経路だけじゃない．

ビム▶そうなんだけど，でも，例えば何か事情があって，最初に計算したルートから外れてしまったとしよう．例えば，間違った道に入ってしまったとか，あるいは道が工事中で閉鎖されていたとか，そういう理由で．その場合，カーナビは出発地点を現在値に変更して，改めて目的地への最短経路を即座にはじき出す必要があるよね．ドライバーが右往左往したり，イライラと結果を待ったりしないように．

レナ▶このコンピューターなら，新しい経路を計算するのに，そんなにかからないけどな．

ビム▶そうだよね．現在では，システムさえしっかりしていれば，最短経路を計算するのにそんなに時間はかからない．ノードすべてか，あるいは計算済みの経路の付近のすべてのノードから z までの最短経路を求めるのに，そんなに手間が要らないのなら，そうした方がいいとは思わないかい．さもないと，最初に提案された経路をそれるたびに，改めてアルゴリズムを最初から実行しないといけなくなるよね．さて，これでアルゴリズムの話は終わりだよ．

レナ▶分かった．さすがに，もう十分って感じ．今日のところはWHILEループの話は，もうたくさんよ．それじゃあ，ビム，また明日ね！

レナは，今晩どうやって過ごそうか思案していました．今日は金曜日なので明日の朝はゆっくりできるのです．レナはどうしようかと考え，ちょっと迷

いましたが，ヤンに電話をかけてみました．今晩ヤンの予定を聞こうと思ったのです．幸い，ヤンも何の予定もないようでした．そこで二人は，テアティナー教会近くの喫茶店で会う約束をしました．

オデオン広場のテアティナー教会

ダメなものはダメ

家に戻ったレナは上機嫌でした．ヤンと彼女は陽気に時を過ごしました．彼女は，ヤンの笑う姿がとても好きでした．

ママ▶ お帰り．楽しかった？
レナ▶ とても．
ママ▶ とても？ それだけ？ 他に話すことはないの！ ところでパパは今晩も遅いんだって．会社で緊急の仕事を片付けなければならないそうよ．で，パパから頼まれたんだけど，今度の日曜日，パパと一緒にパソコンをチェックする気はないかって．パパは多分あなたにパソコンを教えたいんじゃない．
レナ▶ ええっと，日曜日はもう約束があってダメよ．

レナは急いで自分の部屋に逃げ込みました．ママが何の予定があるのかしつこく尋ねてくるに決まっていたからです．「用心，用心」とレナは思いました．パパが彼女と一緒にコンピューターをチェックすれば，きっとビムが見つかってしまうに決まってます．それはリスクが大きすぎます．ここはどうしても日曜日に用事をこしらえる必要があります．でもヤンはこの週末はパパとママと出かけるはずです．幸い日曜日の言い訳をでっちあげるには，まだ時間がありました．

そう考えているうちにビムのことが頭に浮かびました．明日は寝過ごして構わないんだし，少しコンピュータをいじっても構わないわよね？

ビム▶ やあ，レナ．今日はもううんざりだったんじゃなかったかい？
レナ▶ アルゴリズムのことを少し考えていたら，質問したいことが出てきたのよ．
ビム▶ 僕に分かる質問ならいいけど．
レナ▶ あのアルゴリズムの名前はどうしてダイクストラのアルゴリズムっていうのかしら？
ビム▶ ダイクストラはアルゴリズムの発明者の名前だよ．エヅガー・ウィーブ・ダイクストラというオランダの科学者なんだけど，残念ながら最近亡くなってしまった．インターネットには，彼のことを扱ったページが幾つ

かあるよ．実際に見てご覧よ．http://www.digidome.nl/edsger_wybe_dijkstra.htm[1] にあった写真を拝借しようか．

レナ▶感じのいい人ね．彼はいつアルゴリズムを発明したの？ そんなに大昔のことじゃないわよね？ そんな昔にはコンピューターは存在しなかったはずだし．
ビム▶アルゴリズムは 1959 年に発表されたんだ．そりゃ，ピタゴラスの定理に比べれば，もちろん昔とはいえないけど．でも当時のコンピューターのことを考えると，このアルゴリズムはかなり古いほうだよ．むしろ当時は，こういうテーマを研究することは普通では考えられないことだったんだ．例えばグラフを一つ取ってみると，それがどれだけ大きくても，s から z への最短経路の数は有限だね．これは僕らも分かっているよね．いずれにせよ，最短の経路があるのは分かりきったことになる．当時の数学者のほとんどは，それで満足していたんだ．そういう経路を特定する手順がどれだけ手間ひまかかるかは，当時はさほど問題とはされていなかったんだ．だからダイクストラの研究も普通の学術誌には歓迎されなかった．結局，彼のアルゴリズムはドイツの数学の雑誌 *Numerische Mathematik* の

---

[1] ［訳注］現在はデッドリンクのようであるが，類似の情報が載っているサイトとして，http://etsiit.ugr.es/alumnos/mlii/Dijkstra.htm がある．

創刊号に掲載されたんだけど，ダイクストラは本当は正規の会員でもなかったんだ．

レナ▶ダイクストラさんの不遇時代というわけね？

ビム▶ところが，さらに逸話があるのさ！ダイクストラは彼の専門領域では先駆者の一人だったから，彼は結婚する時，役所の戸籍課に職業を「プログラマー」と申告したんだ．ところが担当の役人はこれを受理しなかったそうだ．こんなわけで，ダイクストラは大学での専攻であった「理論物理学」を職業として書かざるをえなかったんだそうだ．

レナ▶変な話ね．いまではプログラマーは引く手あまたじゃない．

ビム▶ダイクストラのような人たちのおかげで，現在のコンピューターの発展はあるんだよ．ところで，君は驚くかもしれないけど，http://laurel.actlab.utexas.edu/~cynbe/muq/muf3_17.html にこんなことが書いてあるんだ．

> 晩年の彼は，自らはコンピューターに決して触らないコンピューター科学者としての立場を貫こうとしているようでした．さらには自分の教え子たちをコンピューターから遠ざけ，コンピューター科学を純粋数学の一分野として教授しようと努めていたようでした．

レナ▶コンピューターに触らない情報科学者って，何だか面白い！ところで他にも質問があるんだけど．ビムはダイクストラのアルゴリズムは重みが正のグラフにのみ有効だと何度もいってたわよね．でも負の重みもあったら，どうしたらいいの？それから，弧に方向のないグラフでも最短経路を求めることができるんでしょ？どうなの？

ビム▶君の二つ目の質問の答えはとても簡単だよ．方向のないグラフは，方向のあるグラフに変換することが「できる」．それにはグラフのそれぞれの辺を二つの弧に変えればいいんだ．こうすれば有向グラフとなってダイクストラのアルゴリズムを適用できる．

レナ▶「できる」ってところを強調したのはなぜかしら？

ビム▶本当のことをいうと，グラフに「明示的」に手を加えなくとも，ダイクストラのアルゴリズムをそのまま適用することができるんだ．これま

でにも使ったグラフを例にして考えてみようか．ここで弧の方向が分からなくなったものとしよう．すると方向のないグラフとなるよね．

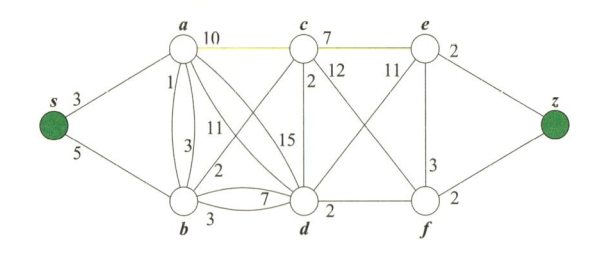

レナ▶弧に方向がなくなると，二つの同じノードの間に二組の辺ができることになるわね．これって多重グラフかしら？

ビム▶その通り．例えば a と b の間にある二つの辺のうち，長い方は省いてしまって構わないね．最短経路を求めようとする場合には誰も使わないからね．これは他のノードで，二つ以上の辺が接続している場合にもいえることだ．その上で，ダイクストラのアルゴリズムをこの無方向グラフに適用すると，結果的に経路とその長さはまったく同じことが分かるね．

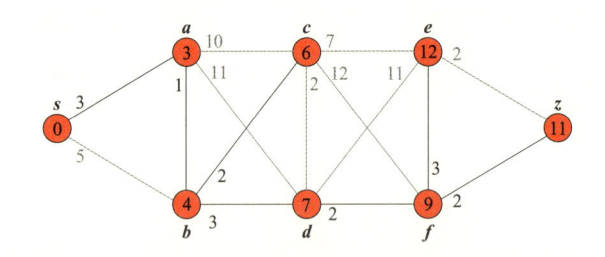

レナ▶「結果的に」っていうのは？ちゃんと教えてよ…

ビム▶悪い，悪い．それじゃ，いうけど，方向を無視すると経路とその距離は実は変わってくるのが普通なんだ．簡単な例を見てみようか．

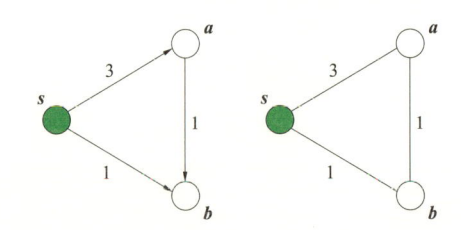

レナ▶なるほどね．方向がある場合 s から a までの距離は 3 だけど，方向がない場合は減って 2 になるのね．

ピム▶アルゴリズムは同じなのに結果は変わってるよね．負の重みを持つ弧があるグラフを扱うのは，かなり難しいんだ．それに愉快ではない問題も生じる．

レナ▶愉快ではない問題？　何それ？

ピム▶グラフで，弧あるいは辺をたどっていくと結局出発ノードに戻ってくるが，それぞれの弧ないし辺が複数回使われることがない時，これを「回路」，あるいはさらに「閉路」というんだ．英語では cycle だよ．

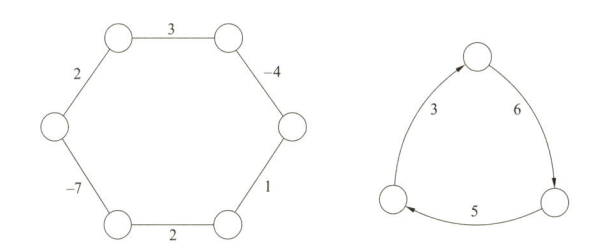

レナ▶閉路って，円のこと？　でも，このグラフは丸くないわよ！　むしろ「輪になっている」って感じじゃない？

ピム▶多分，そう考えた方がいいかもしれないね．ともかく，この二つの閉路のうち左のは「負の長さの閉路」というけど，これは辺の重みを全部足し合わせると負の数値になるからだね．

レナ▶それで，これの何が愉快でないの？

ピム▶グラフが負の長さの閉路を含む時，この閉路部分を好きなだけ回ることができるんだ．すると，好きなだけ短い経路ができ上がってしまう．次の例を見てご覧．s から z に向かう経路の長さは 2 だよね．ところが始めに他の二つのノードからなる閉路を通って s に一度戻ってから z に進むと距離はずっと小さくなって -1 になる．

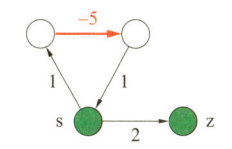

レナ▶この閉路を繰り返し何度も通って構わないのなら，s から z への所要時間はどんどん小さくなるわね．これってタイムマシンを作る絶好のマニュアルじゃないの！　分かってるって．辺の重みは時間とは限らないんでしょ．

ピム▶グラフに負の長さの閉路が含まれているかどうかは，ワーシャル–フロイドのアルゴリズムを使って調べることができる．とても面倒になるのは，グラフに負の長さの閉路があって，それぞれのノードは一度だけ通過することが許されると条件を付ける場合だよ．君の家族がミュンヘンからハンブルクへ旅行する例でいえば，ローテンブルクに寄り道する場合30分のボーナスを設定したけど，ローテンブルクを通る閉路を通って，このボーナスを何度ももらうことは許されないというわけだ．

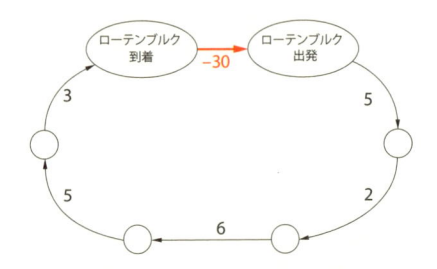

レナ▶リサおばさんならきっと喜んだのになぁ！　それで，これにどんな問題があるの？

ピム▶問題はね，このタイプの問題から最短経路を導き出すのに常に使える効率的なアルゴリズムが「一つも存在しない」ことだよ．ここで「効率的」といったけど，つまり何とか我慢できる時間内でという意味で，さらにいうと「組合せの爆発」を避けることができるということだよ．

レナ▶ということは，ローテンブルクで寄り道する問題は，最短経路問題「一つ」だけ検討していては解けないってことなの．

ピム▶いや，きっと誰かがいいアルゴリズムを見つけてくれるよ．それとも，僕らが工夫してみてもいいね．例えばローテンブルクを寄り道するボーナスの閉路が負の長さにならないような道路だけを考えるわけだ．そのためにはワーシャル–フロイドのアルゴリズムが使えるからね．このアルゴリズムは負の長さの閉路を見つけてくれるだけではなく，そういう閉路がない場合には最短距離を見つけてもくれるんだ．もっとも，いまの寄り道の

問題なら，これは「ミュンヘンとハンブルク間」，「ミュンヘンとローテンブルク間」，そして「ローテンブルクとハンブルク間」という三つの経路を探る問題になるけど，ダイクストラのアルゴリズムを使う方が計算にかかる時間は少ないと思うけど．

レナ▶ローテンブルクに負の重みを付けてくれたおかげで，何だかわけ分からなくなっちゃったわよ！使いものにならないなんて，まったく頼もしいモデル化だわよね．

ピム▶ごめん，ごめん！でも，モデル化する場合には，後で使われるアルゴリズムのことを考えておかなければいけないってことなんだよ．

レナ▶建築工程の話の時も，全体に -1 を掛けて弧の重みを負にしたわよね．

ピム▶そういう計画の問題の場合には，そもそも閉路があってはいけないし，いわんや長さが負の閉路など論外だよ．さもないと仕事が始まる前にすでに終わっていなければならないなんてことになるからね．こうした問題もワーシャル–フロイドのアルゴリズムで解くことができる．このアルゴリズムの仕組みについての説明が http://www-m9.ma.tum.de/dm/java-applets/floyd-warshall/ にあるよ．

レナ▶ダイクストラのアルゴリズムの方が速いけど，ワーシャル–フロイドのアルゴリズムは応用範囲が広いってわけね．でも，そもそもアルゴリズムの「速さ」はどうやって測るの？結局，プログラムが走るコンピューターの性能によるんじゃないの？

ピム▶それについては，また別の機会に説明しようか．今日は気乗りしないなぁ．

レナ▶そんなの嘘でしょ．あんたってコンピュータープログラムじゃないの．コンピュータープログラムが突然やる気をなくすなんてことはないでしょ．また「パパとママ」の真似をしてるんじゃないの？

ピム▶いや，まあ，ともかくさ，君だって今日はもう十分だと思わないかい？

レナ▶まあ，いいわ．明日の朝まで猶予期間をあげましょうか．その時は，ちゃんと説明してよ！

ピム▶了解．明日の朝，「速さ」についての答えをあげるよ．それから，アルゴリズムの実行速度についても少し説明しようか．それじゃ，おやすみ！

レナ▶また，明日ね．

ビムはレナはすぐにベットに入るかと思っていましたが，ひどい思い違い

でした．彼女はさらにネットサーフィンを続けました．ビムがこの数日彼女に勧めたリンク先も幾つかアクセスしているようでした．ビムは親切なので，これらのページを彼女のブックマークに登録しておいたのです．そのフォルダをビムは「やる気があれば」と名付けました．もちろん，彼女はやる気満々でした！

リンクを巡っていると，彼女は9月にローテンブルクで歴史祭りがあるのを発見しました．レナは自分が中世の貴婦人になった姿など想像もできませんでしたが，ヤンならばきっとレディーに優しい若武者姿が似合うことでしょう．

# 良い時間,悪い時間

10
Gute Zeiten, schlechte Zeiten

　翌朝,レナはかなり遅く目を覚ましました.けれども彼女の両親も,週末は遅くまで寝ているのが普通でした.パパもシャワーを浴びたばかりで,朝食の準備の最中でした.すぐにでも危機が訪れそうでした.パパはきっと,なぜレナが明日時間を取れないのか詮索するに決まっています.ところがレナの方は,まだ適当な言い訳を思い付いていませんでした.ただの一つも思い付かないのです!もちろん携帯で何人かの友達に電話はしましたが,誰にもつながりませんでした.

パパ▶おはよう.朝食かい?
レナ▶そう.すぐ戻ってくる.急いでシャワーを浴びてくるから.
パパ▶ママがいっていたけど,明日約束があるんだってね?なら来週で構わないから,一度二人で一緒にコンピューターの調子を見ようじゃないか.
レナ▶もちろん.
パパ▶朝ご飯を食べたら,パパたちは市内に出かけるよ.新しいスーツを買うつもりなんだ.それから,どこかでママと食事をして,レンバッハハウス美術館にでも行くつもりだ.カンディンスキーの絵の評判がとてもいいからね.一緒に来ないかい?
レナ▶やめておく.今日はそんな気がしないから.
パパ▶そうかい.それでレナはもう約束があるそうだけど,ママと僕は明日,ちょっと遠出してくるよ.ツークシュピッツェのふもとのアイプ湖に行ってこようと思う.レナがボーイフレンドたちを家に

ミュンヘンのレンバッハハウス美術館

連れてくるなら，明日はお邪魔なパパとママはお留守というわけさ．

　レナはすぐに真っ赤になりました．パパとママが邪魔なんて！どうしてパパはいつも私に対してこんなに露骨なんだろう？ヤンのことをいっているのかしら？それとも，ただ，からかっただけなのかしら？でも，幸いパパはレナが日曜日に何をする予定なのかは知りたがらなかった．パパとママは今日もお出かけだというし，ともかく，この週末は私の秘密は安全そうね．ただ朝ご飯の時，うっかり余計なことをしゃべらないよう気を付けないと．もちろんビムと週末を過ごすよりは，ヤンと過ごせた方がいいに決まってますが，彼は両親とお出かけなの‥‥

　家族揃っての朝食はとても楽しいものでした．いつものようにゆっくりと一緒に食事を取り，神や世界のことについて語り合いました．パパはもうヤンのことでレナをからかったりしませんでしたし，コンピューターのことも持ち出しませんでした．レナが食事の後片付けをしている時にパパとママはもう家を出ていました．お邪魔なパパとママ，って‥‥

　ビム▶やあ，レナ．よく眠れたかい？
　レナ▶ええ．その上，朝ご飯を食べすぎちゃった．ところで「やる気があるなら」ブックマークをどうもありがとう．
　ビム▶レナは昨晩まだネットサーフィンやっていたね．さて，すぐ次に進むべきかな？それとも週末に勉強はタブーかな？
　レナ▶バカにしないでよ！アルゴリズムの速度について話してくれるって約束したじゃない．
　ビム▶了解．君のウォームアップ時間は短いなぁ．まあ，いいや．さて数学者や情報科学者がアルゴリズムの処理時間という場合，当然問題となるのは，個々のコンピューターの性能に関係なく，どうやって処理時間を測るかということだ．
　レナ▶そりゃそうよね．さもなければ，新しいコンピューターごとに新しい理論が必要だもんね．
　ビム▶その通り．そんなことしなくても済むように，「計算量理論」ではコンピューターの数学的モデルを考えるんだ．実はそうしたモデルのはしりは，すでに本物のコンピューターが開発される前に作られているんだ．もちろん，最初のモデルは細かいところまで実際のコンピューターに似てい

るわけじゃない．でも重要な特徴を再現するには十分なんだ．特に，現在の僕らの問題を分析するには十分すぎる程なんだ．こうしたモデルにはいろいろな提案があって，理論情報科学という分野全体の問題であるんだ．例えば僕らのいまの問題には，おそらく最も重要なモデルである「チューリングマシン」で十分だよ．これはアラン・マジソン・チューリングの名前を取ったモデルだよ．

出典：Andrew Hodges – Alan Turing, Enigma,
Verlag Kammerer und Unverzagt, 1989, p. 297

レナ▶ちょっと．この写真はスポーツ選手よ．何かの間違いじゃない？
ビム▶いや．チューリングはスポーツが得意だったんだよ．彼はもし数学者になっていなければ，きっと長距離ランナーとして有名になっていただろうね．当時としてはスポーツ選手としても本当に一流だった人だよ！ただ彼は学者として，間違いなく20世紀の最も重要な一人だった．彼の研究業績の幾つかは，どれか一つだけでも彼の名前を歴史に残しただろうね．
レナ▶すごいのね．
ビム▶彼は1937年に「チューリングマシン」というのを開発したんだけど，これはいまのコンピューターの原型といえ，そのため彼はコンピューターの発明者とも見なされている．チューリングは1950年に『計算機構と知能』という先駆的な研究を発表し，このため彼は「人工知能」という研究分野の創始者ともいわれる．この論文では彼はコンピューターのソフトウェアが「知能」を持っているかどうかをテストすることを提案している

が，これは後に彼の名前を取って「チューリングテスト」といわれている．
レナ▶すごいのね．コンピューターの卒業試験ってところか．
ビム▶そんなもんだね．チューリングは，きっと50年も経たないうちにコンピューターが，人間の脳ができることはすべて実現できると確信していた．実際には，いまもチューリングテストに合格するコンピューターは開発されていないけどね．

Martin Kehl, 2001

レナ▶コンピュータも，あと少しの間は学校に通わなければならないってわけね．
ビム▶チューリングはまた数理生物学の基礎を形作った一人でもあるんだ．彼はトラやシマウマの毛皮の独特の模様が形成される過程を数学的に説明することに成功したんだ．
レナ▶シマウマの模様の数学？ 信じられない！
ビム▶それからチューリングは学問以外の分野でも有名で，彼はイギリス諜報部のために活動したことでも知られている．ドイツの無線暗号を解読する機械を開発したことで，チューリングは第二次世界大戦での連合軍の勝利に決定的な貢献をしたんだよ．

---

[1] ［訳注］モニタの画面の文字は人工知能 (Künstliche Intelligenz).

レナ▶すごい！盗聴のライセンスをもったスパイ「008」というわけね．
ビム▶チューリングは，とにかく多彩な人だった．インターネット上には彼についての面白いページがたくさんあるけど，僕が一番気にいっているのはアンドリュー・ホッジの http://www.turing.org.uk/turing/ かな．ここにはチューリングの生涯についても紹介があるよ．君のブックマークに幾つかウェブサイトを追加しておいたから，チューリングについてもっと知りたくなったら見てご覧．ところで話をもとに戻すと，チューリングのコンピューターモデルが重要なのは，あるアルゴリズムの処理時間を，わずかな基本演算の数として見積もることを可能にしていることなんだ．

レナ▶基本演算って？
ビム▶もっとも基本的な計算方法のことだよ．具体的には足し算，引き算，掛け算，割り算と，「より大きい」，「より小さい」，「等しい」といった比較，さらには前にも使った代入，つまり ← のような操作をまとめていうんだ．

レナ▶それでコンピューターの処理を表すのに十分なの？
ビム▶これだけではまだ十分ではないよ．この他，扱う数の「大きさ」も重要になってくる．二つの大きな数を足し合わせる処理は，一桁の数を足し合わせるのとはもちろんわけが違うからね．でも，この違いは，いま僕らが扱おうとしている問題に関していうとさほど重要ではない．とりあえず話を簡単にするため，足し算やその他の基本演算にかかる時間は全部同じだとしてしまおう．始めにダイクストラのアルゴリズムで実行される基本演算の数を数えてみようか？

レナ▶いいわよ．
ビム▶それじゃあ，またアルゴリズムを一行一行見ていこうか．そして各行ごとに，幾つ基本演算が必要かを調べてみよう．それじゃあ，まず最初の行からスタートしようか．

$$\text{BEGIN } S \leftarrow \{s\}, \text{distance}(s) \leftarrow 0$$

レナ▶これは簡単ね．代入が二つあるだけだから．でも，この後は？だって，入力されたグラフに幾つのノードがあるのか，分からないじゃない．それじゃ，FOR ループの中で何回の演算が必要となるか，どうやって決め

るの？

```
FOR ALL v from V \ {s} DO
        distance(v) ← arclength(s, v)
        predecessor(v) ← s
END FOR
```

ビム▶それはグラフのノードの数次第ということになるね．さしあたってノードの数は n 個だとしようか．すると FOR ループは s を除いたすべてのノードにつき 1 回実行するわけだから，全部で $n-1$ 回実行しなければならないことになるね．そしてループの中ではそのつど 2 回代入が行われることになっている．そうすると全部で $2(n-1)$ 回の基本演算が行われることになるね．

レナ▶そこまではいいけど．でも，WHILE ループはずっと複雑そうだけど．

```
WHILE S ≠ V DO
        find v* from V \ S with
        distance(v*) = min{distance(v) : v from V \ S}
        S ← S ∪ {v*}
        FOR ALL v from V \ S DO
                IF distance(v*) + arclength(v*, v) < distance(v) THEN
                        distance(v) ← distance(v*) + arclength(v*, v)
                        predecessor(v) ← v*
                END IF
        END FOR
END WHILE
```

ビム▶そんなに警戒する必要はなさそうだよ．ループの条件を見ると，内部の処理を $S \neq V$ が満たされる間は繰り返せとある．そしてループのたびに色の付いてないノードの集合 $V \setminus S$ のノードが一つ，色の付いたノードの集合 S に移動するわけだね．だから最初から色の付いている開始ノードの s を除いたそれぞれのノードについて，1 回ループを実行することになるから，結局 $n-1$ 回のループが必要になる．

レナ▶つまり WHILE ループの中で実行する演算の数に，最後に $n-1$ を掛けるだけでいいわけね．何だ，簡単じゃない．

ビム▶ちょっと待って！ループで実行しなければならない演算の数は，ルー

プのたびに変わるんだ．まだ色の付いていないノードの数次第だからね．集合 $V \setminus S$ のノードの数が少なくなればなるほど，最小の距離マークの付くノードを見つけるのに必要な処理数は少なくなるからね．

レナ▶やっぱり複雑なんじゃない．

ビム▶いや，心配することはないよ．この問題は避けて通ることができる．ループの中での基本演算の数を正確に定めるのはやめて，少し多めに見積もっておけばいいんだ．

レナ▶多めに見ておく？何だかいい加減ね．

ビム▶「見ておく」じゃなくて，「見積もる」といったんだよ！それも「少し多め」にね．少なく見積もるわけじゃない．これを「上に見積もる」といったりする．つまり基本演算の数を「おおざっぱ」に算定するのではなく，それより小さくなることはない数を申告しようというんだ．

レナ▶それじゃ，アルゴリズムが本当に必要とする時間が分からないじゃない！

ビム▶いまの僕らの問題では，上に見積もっておいて十分なんだ．どのみち完成したプログラムの正確な実行時間というのは，この他の多くの要因によるところが大きいんだよ．例えばプログラミング言語を何にするかとか，データの保存や管理方法とかね．さしあたって必要なのは，アルゴリズムの質についての最初の評価として，アルゴリズムをおおまかに分割して考えてみることだよ．この表を見てご覧．

ノード数	アルゴリズム				
n	n	$2{,}000n$	n^2	$n^2 + 2{,}000n$	n^3
10	0.00001 秒	0.02 秒	0.0001 秒	0.0201 秒	0.001 秒
20	0.00002 秒	0.04 秒	0.0004 秒	0.0404 秒	0.008 秒
50	0.00005 秒	0.1 秒	0.0025 秒	0.1025 秒	0.1 秒
100	0.0001 秒	0.2 秒	0.01 秒	0.21 秒	1 秒
200	0.0002 秒	0.4 秒	0.04 秒	0.44 秒	8 秒
500	0.0005 秒	1 秒	0.25 秒	1.25 秒	2 分
1,000	0.001 秒	2 秒	1 秒	3 秒	17 分
10,000	0.01 秒	20 秒	1.7 分	2 分	11.6 日
100,000	0.1 秒	3.3 分	2.8 時間	2.8 時間	31.7 年
1,000,000	1 秒	33 分	11.6 日	11.6 日	31,709 年

レナ▶何これ？

ビム▶この表の最初の列は，あるグラフのノードの数 n を 10 から 100 万の間で取った数だよ．そして他の列の 2 行目には，ある架空のアルゴリズムに必要な演算数を記してある．それぞれの演算数はノードの数に依存している．

レナ▶「ノードの数に依存している」っていうのは，どういうこと？

ビム▶例えば計算時間が n となっている架空のアルゴリズムの場合，グラフのノードの数と同じ数だけの演算が必要ということ．同じように，計算時間が $2,000n$ の場合はグラフのノードの数の 2,000 倍の数の演算が必要なんだ．

レナ▶ああ，分かった．とすると計算時間が n^2 の場合，必要な基本演算の数は，グラフのノードの数を二乗したものになるわけね．

ビム▶その通り．3 行目以下は，それぞれのアルゴリズムについて，あるコンピューターが 1 秒あたり 100 万回の基本演算ができると仮定した場合の実行時間が記載されている．最初のアルゴリズムはグラフのノードの数とまったく同じ数の演算が必要だから，ノードが 100 万個ある場合，このコンピューターでの架空の計算は 1 秒かかることになる．

レナ▶何だか，とても速そうな気がする．で，3 列目のアルゴリズムはというと…

ビム▶ノード数が 500 個の段階で 1 秒必要で，100 万個になると 2,000 秒だから，約 33 分だね．

レナ▶それじゃ，n^2 アルゴリズムの場合は，100 万個のノードのあるグラフを計算するのに 12 日近くもかかるってこと？

ビム▶そういうことになるね．でもこのアルゴリズムは n が比較的小さな時は $2,000n$ アルゴリズムと比べるとかなり速いようだね．

レナ▶本当ね．私もいまそう思ったわ．

ビム▶$n^2 + 2,000n$ の方は，もっとすごいよね．ノード数が少ない場合，計算時間は $2,000n$ のアルゴリズムとほとんど変わらないね．つまり n^2 の部分はほとんど関係がないということだね．ところがグラフのノードの数が増えてくると，逆にこの部分が重要になってきて，ノード数が 10 万では $2,000n$ の部分がほとんど関係なくなっているね．

レナ▶それって不思議ね．

ビム▶ここで考えてもご覧よ．君があるアルゴリズムを二つの部分に分解するとする．そして一方では $2,000n$ 回の基本演算が実行され，もう片方は n^2 回実行されるとする．その場合，この表から分かることは，ノードの数が 10 や 20 の場合，アルゴリズムの n^2 の部分は計算量全体からすれば，無視しても構わない．ところがノードの数が多くなり，計算時間も増えてくると，この部分が非常に重要になってくるわけだ．ノードの数が 10 万個を越えてくると，$n^2 + 2,000n$ アルゴリズムの列と n^2 アルゴリズムの列の数字は同じになってしまうんだね．

レナ▶でも $2,000n$ アルゴリズムはノード数が 100 万個の場合 33 分必要なんでしょ．これって小さい数字じゃないと思うけど．

ビム▶もちろん 33 分もあれば，コーヒーを飲みに行くからね．でも 33 分というのは日にちに直すと 0.023 日だね．これは n^2 アルゴリズムの 11.6 日に比べると，とても小さな数字じゃないか．0.023 というのは，この二つの計算時間を足し合わせて小数点第 1 位で四捨五入してしまえば，消えてしまうじゃないか．

レナ▶つまりノードの数が小さい時にはアルゴリズムの一部は重要でなく，ノードが増えると，別の部分が重要でなくなるわけね．どういうことなの？

ビム▶n が小さな数の場合 $2,000 \cdot n$ の因数である $2,000$ は，$n \cdot n = n^2$ の因数である n よりもずっと大きいよね．これに対して n が 100 万になると，$2,000$ という因数は n という因数に比べて小さくなる．

レナ▶なるほどね．n^3 アルゴリズムの方はノードの数が大きくなると，計算速度がずっと遅くなっているわね．

ビム▶でも，この場合も $2,000n$ アルゴリズムの方が最初の段階では速度が遅くて，ノード数が増えてくると n^3 アルゴリズムの速度が劇的に下がってきているね．

レナ▶確かにノード数 10 万で 32 年，ノード数 100 万で 32,000 年というのは「劇的」に遅いとしかいいようがないわね．まるで組合せの爆発ね．

ビム▶いや，そうじゃない！n^3 回の演算が必要な方法であっても，すべての経路を調べるアルゴリズムに比べたらはるかに効率的なんだ．前にグラフが爆発するという話をした時，層が 50，つまりノード数が 10^2 個の時ですら，仮に 1 秒間に 100 万個の経路を調べることができると仮定したとしてもほぼ 36 年かかると説明したのは覚えているかい？1 秒間に 100 万個

の経路を調べることができるコンピューターというのは，1秒間に100万個の基本演算が可能なコンピューターよりはきっと速いはずだよ．

レナ▶なるほどね．ビムの架空のアルゴリズムはどれも，すべての経路を探る場合よりもずっと速いというわけね．さっきいったアルゴリズムのおおまかな分割というのは，この表の列のことになるのね？

ピム▶まあ，そんなところだね．この表をもう一度よく見ると，ノード数が比較的大きくなると，アルゴリズムが計算時間の順に並んでいるのが分かるよね．

レナ▶本当だ．左にあるアルゴリズムほど，速くなっているわね．

ピム▶ここで影響しているのは n の指数の大きさなんだ．だからアルゴリズムを指数を目安に分けてみることとして，ここでアルゴリズム用のフォルダを用意しようか．そして最初のフォルダを $O(n)$ と名付けて n や $2,000n$ といった最大の指数が1であるアルゴリズムをひとまとめにすることにしよう．

レナ▶妙なことをいうのね．指数が1っていうけど，実際には何もないじゃない．

ピム▶いや，そうじゃないよ．$n^1 = n$ だから，指数をわざわざ書いていないだけだよ．二つ目のフォルダは $O(n^2)$ として，最大の指数が2のアルゴリズムをまとめよう．いまの表だと，n^2 と $n^2 + 2,000n$ のアルゴリズムだね．三番目のフォルダには $O(n^3)$ として，指数の最大値が3のアルゴリズムをまとめる．表では n^3 のアルゴリズムだね．この調子で指数の大きさごとにフォルダを用意していくんだ．

レナ▶そういうけど，n と $2,000n$ ってずいぶん違うじゃないの．ポケットに1ユーロあるのと2,000ユーロあるのとじゃ，ずいぶん違うわよ．

ピム▶そう，もちろん n アルゴリズムは $2,000n$ アルゴリズムより2,000倍速いけど，でもノードの数が十分に大きくなると，$2,000n$ アルゴリズムは，少なくとも $O(n^2)$ フォルダの中のアルゴリズムよりは速いんだ．

レナ▶ふーん．フォルダの作り方が，私には何だかおおざっぱな気がするんだけど，ただ，いってる意味は分かったわ．それでダイクストラのアルゴリズムはどのフォルダに入るの？

ピム▶$O(n^2)$ フォルダだよ．僕らは必要となる基本演算の数を数え始めたところだったよね．それでダイクストラのアルゴリズムをいまのフォルダ

のどれかに分類するだけならば、必要な基本演算の数を見積もるのに上に多めに取っておけばいいんだよ。ただし n の指数に変化がないかどうか、常に気を付けて見ていかないといけない。ここまで、WHILE ループが始まる前までの段階では $2n$ 回の基本演算が必要だと分かったよね。

レナ▶つまり、ここまでの部分は $O(n)$ フォルダに分類できるわけね。

ビム▶その部分だけを考えればね。でもこれから分かるけど、WHILE ループはこのアルゴリズムで $O(n^2)$ となる部分なんだよ。だからアルゴリズム全体としても $O(n^2)$ フォルダに入れなければいけない。

レナ▶どうして？

ビム▶それはさっきの表でアルゴリズムを n^2 と $2,000n$ に分解して考えた場合と同じだ。n^2 の部分は $O(n^2)$ フォルダに分類されるけど、$2,000n$ の方は $O(n)$ フォルダになる。両方をひっくるめて考えても、ノード数が多くなった場合、全体の計算時間に影響があるのは $O(n^2)$ の方だけだ…

レナ▶…だから、アルゴリズム全体としては $O(n^2)$ フォルダになるわけか。だんだん分かってきた！

ビム▶その調子だよ！さて、それじゃ、WHILE ループの最初の部分を見てみようか。

$$\text{find } v^* \text{ from } V \setminus S \text{ with}$$
$$\text{distance}(v^*) = \min\{\text{distance}(v) : v \text{ from } V \setminus S\}$$

レナ▶これは最小の v^* を探すってことね。でも基本演算とかで表すことができるの？

ビム▶もちろん。そのためには、まず最初にまだ色の付いていないノードの一つ v を v^* と設定するんだ。それから、残りのまだ色の付いていないノードを次々と取り上げて、その距離マークと v^* の距離マークとを比較していく。比較の対象となるノードを w と呼ぶとするよ。そのノードの距離マークが v^* の距離マークより小さくない場合は、その次のノードを調べていく。そして w の方が小さい距離マークだった場合は、v^* を w に代えて、さらに続けていく。こうやっていくことで、そのつど距離マークの小さい方のノードが v^* に代入されていくんだね。

レナ▶v^* の距離マークはいつでも小さいってこと？

ビム▶そう。これをすべてのノードに対して実行し終わると、v^* には距離

マークが最小となる色の付いていないノートがあることになって，僕らの期待した通りというわけだ．こうして，このノードを赤く塗ることができるね．基本演算を使うと，アルゴリズムで距離マークが最小となる色の付いていないノードを次のように表すことができる．

> $v^* \leftarrow v$
> FOR ALL $w \neq v$ from $V \setminus S$ DO
>   IF distance(v^*) > distance(w) THEN $v^* \leftarrow w$
> END FOR

レナ▶ なら，何で最初からそう書かないのよ？

ビム▶ 最初のアルゴリズムの方が読みやすいからね．

レナ▶ そう．でも，v^* が何回置き換えられたかは分からないじゃない．もしも最初のノードが最小だったら，残りのすべてのノードとの比較を繰り返しても，$v^* \leftarrow w$ という代入は一度も実行されないじゃない．それに運が悪ければ，v^* を毎回交換しなければいけないこともあるんでしょ．

ビム▶ 確かにね．だから必要となる演算の数を上に見積もるわけだ．$v^* \leftarrow w$ で代入を一回行うと，次に v^* の距離マークと色の付いていない他のノードの距離マークとを次々と比較していかなければならないから，最悪の場合，そのつど $v^* \leftarrow w$ という代入を行う必要があるわけだね．合計すると，最大で色の付いていないノードの数掛ける 2 足す 1 回の代入がありうるわけだね．

レナ▶ でも色の付いていないノードの数はどんどん変わっていくんでしょ！

ビム▶ その通り．グラフの n 個のノードのうち k 個にまだ色が付いていないとすると，あるノードの最小の距離マークを決定するのに，最大で $1 + 2(k-1) = 2k - 1$ 回の基本演算が必要なことになる．ところで k は当然ノードの総数である n よりも小さな数だよね．そこで k を上に見積もって n とすることができる．つまり必要な基本演算の数は $2n - 1$ を越えることはない．だからアルゴリズムで v^* を決定する部分は $O(n)$ フォルダに入ることになる．

レナ▶ 色の付いていないノードの数 k を n に代えるなんて，私にはおおざっぱすぎるように思えるけど．でも，重要なのはどのフォルダに入るかなのね．

ビム▶ S のアップデートに移ってもいいかな？

$$S \leftarrow S \cup \{v^*\}$$

レナ▶これも代入ね．

ビム▶そうだけど，でも，v^* に関する $O(n)$ 決定の場合に比べれば無視していいね．

レナ▶そうよね．それで FOR ループの方は？

```
FOR ALL v from V \ S DO
        IF distance(v*) + arclength(v*, v) < distance(v) THEN
           distance(v) ← distance(v*) + arclength(v*, v)
           predecessor(v) ← v*
        END IF
END FOR
```

ビム▶これは，それほど手間ではないね．最初にまず IF 文で足し算と比較を 1 回ずつ行うわけだ．比較の結果が「イエス」なら，足し算を 1 回と，代入を 2 回実行する必要がある．この処理を色の付いていないノードのそれぞれについて行うんだね．

レナ▶どうせ，今度も色の付いていないノードの数を n と見積もるんでしょ？

ビム▶そうなんだ．そうすれば FOR ループでの基本演算は $5n$ 回より多くはないことになる．そうすると，この部分も $O(n)$ フォルダに入ることになるね．

レナ▶ちょっと待ってよ！どうも納得がいかないんだけど．さっきの WHILE ループがすでに $O(n)$ の部分だったわよね．ここでもまた同じのが加わるのじゃない！だから，演算数は増えてるんじゃないの？

ビム▶いや，そうじゃないんだ．$O(n)$ フォルダから二つの部分プログラムを取り出して，続けて実行したとしても，相変わらず $O(n)$ フォルダに入れておいていいんだ．

レナ▶つまり $O(n) + O(n) = O(n)$ てことね．そうすると，両辺から $O(n)$ を引くと，$O(n) = 0$ となるけど．

ビム▶違う，違う．このフォルダを使っての計算はそうやるんじゃないんだ．こう考えてご覧よ．最初の部分が $2n$ 回の基本演算を行い，二つ目が $5n$ 回の基本演算を行うとしようか．すると二つの部分とも $O(n)$ フォルダに入るよね．でも，二つを一緒にすれば $7n$ 回の演算だから，やっぱり同じフォルダになるんだ．

レナ▶結局，$O(n) + O(n) = O(n)$ てことでしょ．

ビム▶まあ，君がそういうなら，それでもいいよ．でもね，両辺から $O(n)$ を引いて $O(n) = 0$ とするのはダメだよ．

レナ▶分かったわよ．でも $O(n)$ の部分プログラムが WHILE ループの内部にあるみたいに，$n-1$ 回繰り返すなら，フォルダは $O(n^2)$ ってことにならない？

ビム▶その通り．$(n-1) \cdot O(n)$ は $O(n^2)$ だね．

レナ▶だから WHILE ループは $O(n^2)$ フォルダに入るわけね．

ビム▶そう．そして結局，ダイクストラのアルゴリズム全体もそうなる．アルゴリズムは n の「二次の処理時間」である，と表現してもいい．

レナ▶それで，ダイクストラのアルゴリズムが実際にいいのかどうか，私にはまだ分からないけど．ビムが説明で使った他のアルゴリズムは架空のものだっていったわよね．じゃあ，本当のアルゴリズムで，例えば $2,000n$ アルゴリズムと同じくらいの速さのものはないの？それに別の方法ではどうなの？あの何だか二つの名前をくっつけたようなのは？

ビム▶ワーシャル–フロイドのアルゴリズムのことかい．これは $O(n^3)$ のフォルダにあるので，ノードの数が多いと，ダイクストラのアルゴリズムに比べてはるかに計算が遅いよ．さっきの表で n^3 のアルゴリズムの計算時間がすぐに大きくなるのは見たよね．で，最初の質問について答えると，最短経路問題を解くアルゴリズムは $O(n)$ フォルダにはないんだ．例えばループのない有向グラフの場合，それぞれのノードの間に弧がありうるわけだけど，そうした弧の総数は $n(n-1) = n^2 - n$ になるね．だから，この重みの入力だけで，すでに $O(n^2)$ のフォルダに入る．どんなグラフが対象でも，最短経路問題を解くのに，n の指数が 2 より小さくなる計算量で済むようなアルゴリズムはないんだよ．

レナ▶ダイクストラのアルゴリズムは $O(n^2)$ フォルダにあるから，負の重みがないのであれば，ワーシャル–フロイドのアルゴリズムより，こっちを

使った方がいいというわけね．でも，負の重みがある場合はワーシャル–フロイドのアルゴリズムを使わなければいけないと．この場合，ダイクストラのアルゴリズムは正しい答えを出してくれないから．

ビム▶パーフェクトな答えだよ．計算量理論について簡単に説明したけど，問題ないみたいだね．

レナ▶フォルダへの分類というのがちょっと分かりにくいんだけど，さっきの表を見ると，何となく理にはかなっているような気もするわ．

ビム▶最短経路の問題を終わってしまう前に，もう一度地下鉄を例に取って話そうか？

レナ▶そうしてくれたら分かりやすいのになぁ，と思ってたのよ！でもちょっと待って．洗濯が終わったら，乾燥機から洗濯物を取り出すってママに約束していたのよ．すぐ戻ってくるから．

女の直観

レナ▶さあ，戻ってきたわよ！熱いココアとビスケットを一箱，景気付けに持ってきたわ．それで，ミュンヘンの市内交通網の話の続きは？

ビム▶おとといは，ハラス駅はマリア広場駅から五つ目の駅になるけど，それより短くて済む経路がないか調べようという話だったよね．

レナ▶そうそう．私はすぐに，それより短い経路はないといったんだけど，ビムは，それを確実に証明しなければいけないといい張ったのよね．で，それはダイクストラのアルゴリズムを使えば，きっと簡単に解決するのだわね．

ビム▶それは請け合うよ．でも地下鉄のグラフは，これまでの例題で使ったグラフとは規模が違うけどね．それなのに君はすぐに，これより短い経路はないといい切ったんだったよね．それも，特別なアルゴリズムなんかに頼らないで．ここで，レナがどうしてそういうふうにいい切ることができたのか考えてみようか．

レナ▶それはあんまりじゃない！そうか，おととい，私がすぐに答えをいってしまったのが気に入らないんだ．それは，もうよしってことにしない？

ビム▶木曜日は，役に立つ解答方法の見つけ方を説明しようと思っていたんだよ．つまりダイクストラのアルゴリズムのことだね．地下鉄の話に戻ると，実はこのアルゴリズムを使っても，コンピューターなしだと，君があの時，答えを見つけるまでに必要とした時間よりも，はるかに多くの時間がかかるんだ．それで，もっと速く済ませるアイデアが他にあるんじゃないかと思うんだけど．

レナ▶もっと速く？ダイクストラのアルゴリズムよりも速い方法はないと思っていたけど？

ビム▶$O(n^2)$フォルダよりも速いフォルダに入るような最短経路アルゴリズムはないんだ．でもフォルダの分類方法はおおざっぱだよね．だから何かトリックを使えば実際の計算時間を短くすることができるんじゃないかな．僕が君に，マリア広場駅からハラス駅までの最短経路を尋ねた時，君はどういうふうに考えたんだい？

レナ▶そんなの簡単よ！二つのノードの周辺をじっくりと眺めたら，すぐ

に分かったわよ．遠くにある駅を見たって意味ないし．地図のほとんどの駅が遠くにあるわけだしね．

ピム▶そうそう．でも，そうやろうと思ったら，何か重大なことを見逃しやしないか，いつも注意しておかないといけないね．グラフの表記では，辺の重みが常にノードの距離とは限らないからね．

レナ▶でも，だいたいは問題ないでしょ．いずれにせよ，ノードは場所を表していて，辺はその間の道だわよね？

ピム▶いや，そうじゃないんだよ．例えばフェリーとの接続もあれば，山道もあるし，工事中の区間もある．それに運行本数の少ない地方鉄道なんかもあるしね．だから二つのノードが隣り合っていたとしても，辺の重みは大きいこともありうるわけだよ．想像してご覧よ．例えば君たちが夏休みに車でイタリアに休暇に向かうとするね．するとアルプスを越える時の走行時間は，平地よりもずっと長いはずだよ！

レナ▶私たちはフランスに行くのよ．まあ，どうでもいいけど．でもアルプスはちょっと極端なんじゃない．イタリアに行くなら，ブレンネル高速道路を使うこともできるし，サン・ベルナルディーノ峠トンネルを通ってもいいじゃない．

ピム▶いい例だね．ミシュランのページ http://www.viamichelin.com/ でサン・ベルナルディーノ峠を入力してみると，こんなきれいな地図が出てくるね．

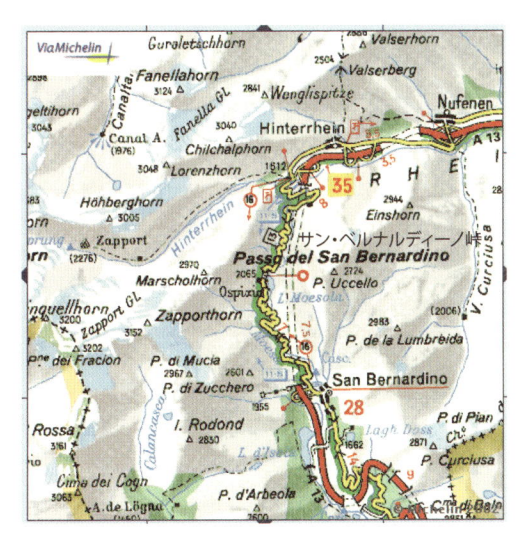

レナ▶あぁ，そうね．でも，これを見れば，トンネルを使って赤い道路を進むなら，サン・ベルナルディーノ峠の北側と南側を結ぶ辺の重みが，山を除いた辺の重みとほとんど変わらないのが分かるじゃないの．

ビム▶でもトンネルが例えば事故で閉鎖されたら…

レナ▶…イタリアに向かう他の道を探すしかないわね…

ビム▶…サン・ベルナルディーノ峠でもう地下を通っていけないのなら，代わりに地上のこの図で黄色く塗られた峠道を通るより他ないよね．だから同じ辺でもずっと大きな重みを付けられていることがある．辺は，単に接続を表す「記号」に過ぎないんだ．ところが，「地図の上での長さ」は，重みとは一切関係がないから，道のりの長さとも走行時間とも一切関係がないんだ．

レナ▶でも，地下鉄の路線図だと問題ないじゃない．直線にそってずっと進めばいいのだし．それで最短経路にもなるじゃない．

ビム▶本当にそう思うかい？それじゃあ，ちょっと尋ねるけど，テレージエン通り駅からフェルトモヒンク駅まで幾つの駅があるかな？

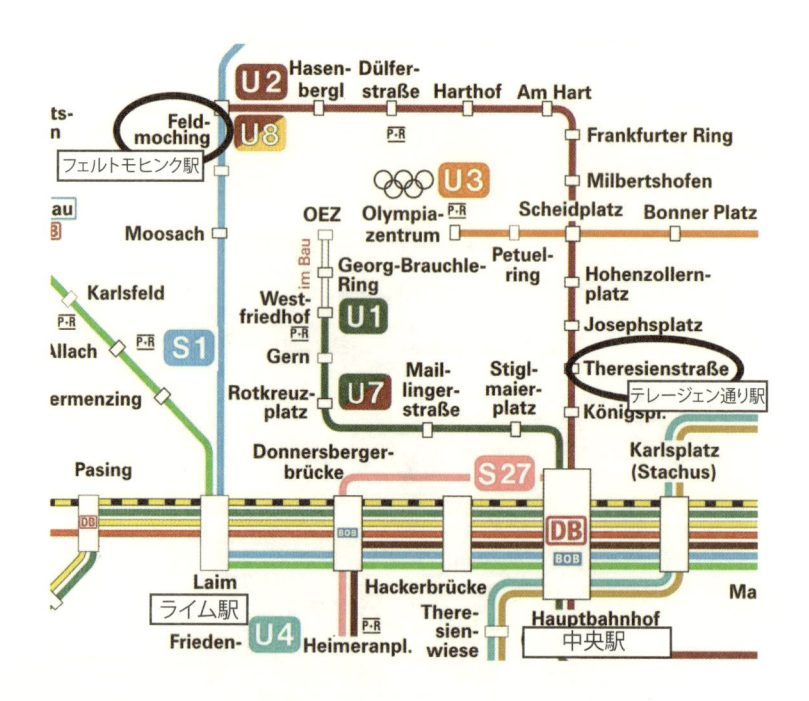

レナ▶そんなの簡単じゃない！U2線を使えば終点のフェルトモヒンク駅まで10駅ね．

ビム▶確かかい？僕の見たところでは7駅だよ！

レナ▶ええ？どうして？ははぁ．中央駅に一度出て，ライム駅経由で行くわけね．またS27線をうまく使ったわけね．確かにそう行けば7駅だけど，でも二度も乗り換えが必要になるじゃない．そんなこと誰もしないわよ！S27なんかを使えばやたらと時間がかかるに決まっているし．

ビム▶ちょっと待った！僕はただ，駅の数を尋ねただけだよ．数の最適化という目的からすれば，時間とか乗り換えの便利さとかは別の話だよ．でも，そうだね．とりあえずS27線は使わないことにしようか．すると乗り換えは中央駅で1回だけになって，駅の数は8になるじゃないか！

レナ▶駅の数でいうなら，その通りだけど．で，いったい何がいいたいの？

ビム▶フェルトモヒンク駅は路線図ではテレージエン通り駅の北西に位置しているね．つまり地理的には「北」の方向だ．しかしながら駅数でいうのなら，テレージエン通り駅から一度「南」に出て市電を使った方がいいわけだよ．つまり一度「間違った方向」に出てしまうんだ．同じことが，ミュンヘンから北のハンブルクに向かう最短ルートを探す場合にも当てはまるんだ．ミュンヘン市内の出発地点からは，市内をずっと走り抜けるのを避けるため，いったん南に向かうアウトバーンへのバイパス道路を使う方が得だろう．

レナ▶そうだけど，でも，これって例外でしょ．だから私がやったように直線距離で測る方法ではミスは滅多に起こらないことで，例外中の例外ってことよね．

ビム▶よく考えてご覧！長距離の鉄道旅行では，重いカバンを持って何度も乗り換えを行うよりは，少しぐらい遠回りしてもいいと考えるだろう．そうすると，鉄道のルートは直線では済まなくなるのはすぐに分かるよね．もちろん君がいっていることが間違いだというわけでは決してないよ．実際には求められた「よい」解答が，必ずしも最適だとは限らないからね．もっとも，「よい」という言葉も曖昧といえば曖昧なんだけどね．

レナ▶そういうのってセンスの問題でしょ．

ビム▶数学者はね，そういう厳密でない表現には満足できないんだ．数学者は「よい解答」を求めるだけでは飽き足らず，その解答が最適な解答か

らかけ離れているかどうかも知りたがるものなんだ．何が最適なのかは分かっていなくともね．

レナ▶アニメ『アステリクスとオベリクス』のオベリクスならこういうわね．「数学者ってヘンだね」って．本当に変わった人たちなのね．

ピム▶まあ，最初はそう思うだろうね．でも，こういう考え方をすれば，「近似解」のよさを最適な解に比較して，自分自身がこれに満足できるかどうかを判断できるからね．

レナ▶ただ変わり者だというわけでもなさそうね．最適な解からどれだけ損しているかぐらいは分かるわけね．でも，おかしくない？最適な解を計算できないなら，それからどれだけ離れているかも分からないと思うけど．ところが最適な解が計算できるなら，近似解なんて必要ないでしょ．正確な解答が得られたわけだから．

ピム▶実はそういうところにも数学のすごさがあるんだよ．たとえ最適な解が分からなくとも，それについて何かをいうことは不可能じゃないんだ．実際，本当に難しい問題で，この先も効率的なアルゴリズムを使って，つまり組合せの爆発なんかなしに解決できる見込みが立たないような問題でも，ほとんどのケースで，最適な解からどれだけ離れているかを知ることは可能なんだ．

レナ▶何だかまるで魔法ね！

ピム▶いやいや，魔法なんかじゃないさ．ミュンヘンからハンブルクへの最短距離の問題も，君は計算する前から最適な解について話していただろう？

レナ▶そうかしら？

ピム▶だって走行距離は二つの都市を直線で結んだ距離よりは決して短くならないと君は分かっていただろ．

レナ▶直線より短い距離がないのは当たり前じゃない．でも，そのことが何の役に立つの？

ピム▶例をあげようか．例えば，君が「センス」で直線距離よりもそんなに長くはないルートを見つけたとしよう．そのルートは直線より5%長い程度だとする．この場合，君は，最適なルートが分からなくとも，せいぜい5%離れただけのルートを見つけたとはいえるわけだね．

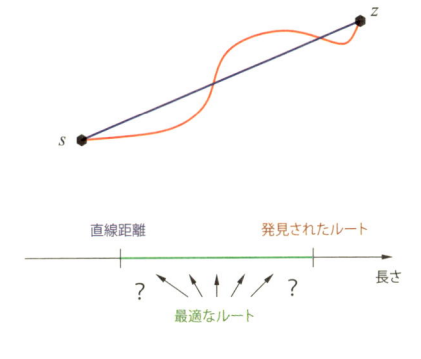

```
                           z
        ／￣＼／＼／
       s

  直線距離      発見されたルート
———|————|————————|———→ 長さ
     ?  ↘↑↗  ?
       最適なルート
```

レナ▶そうね．そうすると最適なルートとの違いは，直線距離との差よりはずっと小さくなっているわね．なるほど，わざわざホグワーツ魔法魔術学校[1]に行って尋ねる必要もなさそうね．

ビム▶そう，別に魔術学校を訪ねる必要はないさ．しかし，最適な解をあきらめてしまうという戦略は，とても実用的で時間の節約になることが多いんだよ．

レナ▶ほら，ご覧なさい！ だから地下鉄の最短経路を見つけろといわれたら，この目で確認すれば，すぐによい解答が得られるわけよ．もちろん，これが本当に最適な解なのかどうかを示せといわれたら，とても手間がかかって面倒でしょうね．これって意味ないんじゃないかな．

ビム▶地下鉄路線図の辺の重みの場合，少なくとも市内に関しては，図で表されたノードの距離にほぼ対応しているから，マリア広場駅とハラス駅の間を眺めてみるだけという君がさっきやった方法でも，まあ，だいたいはうまくいくけどね．辺の重みが二つのノード間の距離に正確に対応しているような問題では，つまり直線距離が問題の時には，君がやったように範囲を制限するのが実は正確な方法なんだ．

レナ▶つまり，実際には開始地点と目標地点の間を結んだ一帯に集中すればいいということ？

ビム▶そう．例えば開始ノード s と目標ノード z を結ぶ経路がすでに分かっているとしようか．そこでこの二つのノードを焦点とした「楕円」を描いてみるよ．そして長軸，つまり二つのノードを通る直線を，この図では太い紫色の線で表すけど，これがいま分かっている経路の長さに等しいことに

---

[1] ［訳注］J.K. ローリングの小説『ハリー・ポッター』シリーズに登場する架空の学校．

しよう．この時，路線図全体から，この楕円の内部にある範囲だけを検討すればいいことになる．最短経路は，必ずこの内部に含まれているわけだ．

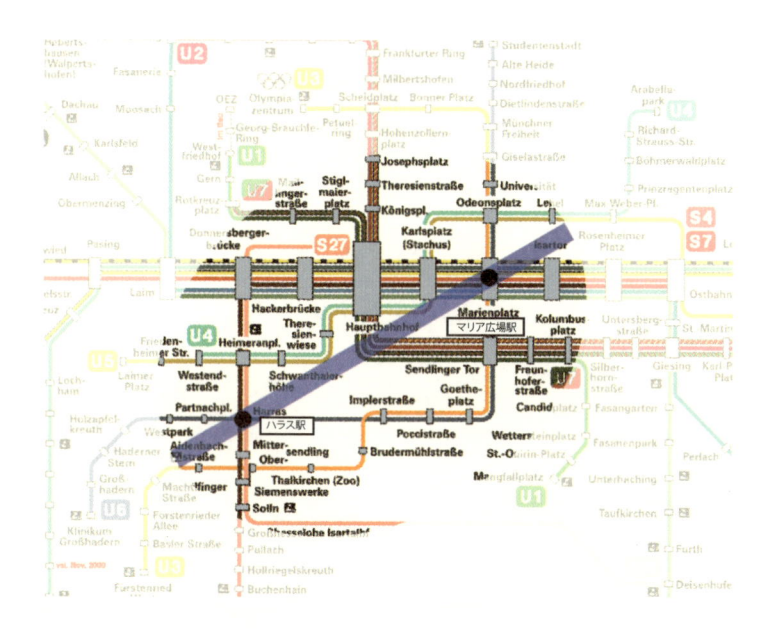

レナ▶それでうまくいくの？ そもそも，何で楕円なのよ？
ビム▶それは楕円の周囲の点から二つの焦点への距離をそれぞれ測って足すと，どの点を選ぼうとも常に等しいからだよ．つまり，その距離は長軸の長さに等しいんだ．

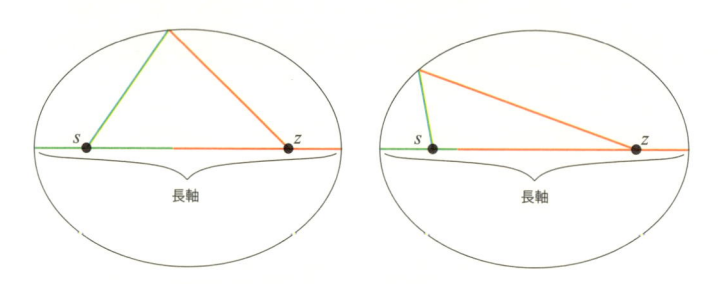

レナ▶そういえば，去年，幾何の時間に習ったわね．
ビム▶きっと君らの先生は，庭師の方法を使って楕円を描く方法を教えてくれたんじゃないかな．

レナ▶庭師の方法？ いいえ，初耳ね．そんなこと習わなかったわよ．
ピム▶そうかい．ある庭師がね，芝生に 2 本の木の杭を打ち込んだと考えてくれないか．それから庭師は綱の両端をそれぞれ 2 本の杭に結び付けるんだ．そして，この綱をピンと引っ張って届く範囲をシャベルで掘り返していくと，最終的には，芝生を楕円の形にくりぬくことができるというわけだ．この場合，杭が焦点にあたり，綱の長さが楕円の長軸の長さになる．

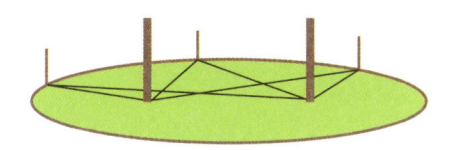

レナ▶楕円形をした花壇なんて，宮殿の庭なんかにはぴったりでしょうね．この次にニュンヘンブルク宮殿に行くことがあったら，よく観察してみるわ．
ピム▶見てみようか．おやおや，残念．僕のデータベースにある唯一のニュンヘンブルク宮殿の写真には花壇が写っていなかったよ．

ニュンヘンブルク宮殿

レナ▶でも話を戻すと，何でさっきの楕円の長軸がすでに分かっている s と z を結ぶ経路の長さと等しいとしたわけ？

ビム▶ s と z を結ぶ経路があって，その途上に点があるとしよう．これを p と名付けておくよ．すると開始地点の s から p への直線距離と，p から目標地点の z までの直線距離を進まなければならないわけだ．ところが p が楕円の外に位置しているのならば，これを使った経路は，すでに分かっている最初の経路の長さよりもずっと遠いことになるね．だから楕円の外にある点は無視しても構わないことになる．最短経路はできないからね．

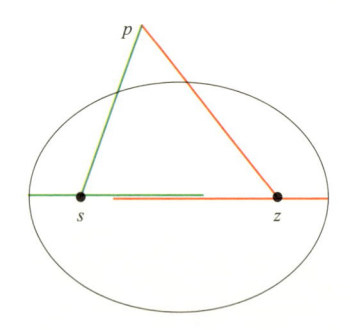

レナ▶ははぁ，なるほど．確かに私もそういうふうに考えたんだわね．それに楕円で切り取った範囲はとても小さくなるし．

ビム▶君が最初に考えた方法とほとんど同じだと思うよ．楕円の中に残るノードがどれだけ少なくなるかは，検討しようという経路の長さによるけどね．

レナ▶つまり，最適な経路から外れれば外れるほど，楕円も大きくなるってことでしょ．

ビム▶その通り．アルゴリズムを使うか，あるいは君がやったように，「鋭い眼差し」で眺め回すかして，手早くよい「初期解」が得られれば，グラフ上で検討すべき範囲，つまり楕円の大きさは小さくなって，ゼロから始めるよりはずっと早く問題を解くことができるわけだね．

レナ▶マリア広場駅からハラス駅までは5駅だと私は考えたけど，これはとても短い距離だから，「私の楕円」もとても小さくて，だから4駅で済むような短い経路はないことがすぐに分かったというわけね．でも私は直観で簡単に答えを見つけることができたよ．アルゴリズムなんか要らないよ

うな気もするけど？

ビム▶君が最短経路をこんなにも簡単に見つけることができたのは，そもそも人間が古代から自分の周囲の環境とうまくやっていくための訓練を行ってきたからだよ．人間が狩りをする獲物や，逆に人間を襲おうとする虎との間隔を正しく見積もることができなければ，我々の祖先はきっと生き残ることができなかっただろうね．

レナ▶地下鉄のネアンデルタール人ってところかしら？ オクトーバーフェストの仮装行列のネタができたわ！ホモ・チカテツニクスがタール教会駅で降りて動物園に向かおうとしたら，ばったり虎に出くわしたってのも面白いかもね．

ビム▶距離をすぐに見積もることができるという能力はいまの人間も持っているね．だから君は地下鉄の問題をすぐに解けたわけだね．ところが「グラフに描かれた」ノードの間の距離となると話は別で，最適化に適当な辺の重みとして表されると，人間のこの能力もまったく役に立たないんだ．ちょっとした例を見せようか．

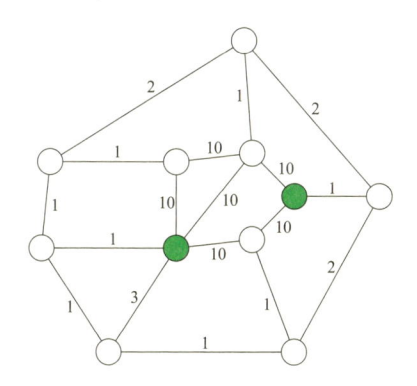

レナ▶ちょっと待ってね．この場合最短経路の長さは6だと思うわ．

ビム▶どうやって答えを見つけた？

レナ▶正直にいうの？ 実は全部試してみたのよ．

ビム▶それじゃ，僕がわざわざ付け加えることはなくなっちゃうなぁ．

レナ▶でも，これって，何だか不自然な例よね．辺の重みがこんな変な方法で割り振られることってあるのかな？

ビム▶市内がカーニバルかなにかのために交通規制されているんだと考えようよ．この数字は市内を走行するのに必要な時間を表しているわけ．こ

うなると市外を回り道した方がずっといいよね．

レナ▶そうね．道化師がいることにも気を付けなきゃいけないしね．ビムのいっていることがようやく分かってきたと思うわ．重みがノードの直線距離とはまったく関係ない場合，人間の直観は直線距離にとらわれて，まったく役に立たないってことね．

ビム▶そうなんだよ！ところがアルゴリズムにとって，それは問題にならないんだ．アルゴリズムはいつでも役に立つんだ．

レナ▶でも，それはダイクストラのアルゴリズムだけでしょ．だけど速度を速めるトリックはないのよね！

カーニバルでビクトリア市場に現れた「市場の女商人」

仕事の前に一仕事

ビム▶ちょっと待った！そんなに簡単にあきらめるもんじゃないよ！与えられた課題を簡単にするためにはいろいろ試してみなくちゃ．「仕事の前の一仕事」というのを「前処理」というんだ．

レナ▶まだ他に何かあるの？たったいま，簡素化すると，たちまち最適化から遠くなるっていったばかりじゃないの．特に距離を一般に重みで表している場合は．

ビム▶グラフが連結していなかったらどうなる？

レナ▶すべてのノードに行くことはできないわね．

ビム▶その通り．だからグラフの開始ノードを含む連結した部分だけに注目し，その外にあるノードは全部無視して構わないね．外のノードにつながった経路はないわけだからね．

レナ▶前に，原則としてノードはすべて連結していると考えていたけどね．

ビム▶それで話が面白くなるんだけど，幾つかの辺を取り除くとグラフが分割されることになる．覚えているかな．こういう辺がネットワークをフェールセーフに保つ上では重大だったんだね．これらをクリティカルな辺という．

レナ▶覚えているけど，フェールセーフの話と最短経路がどうつながるの？

ビム▶こういう辺が前処理には重要なんだ．開始ノードと目標ノードが，こうしたクリティカルな辺を取り除いた後で残った部分グラフ内にあるのなら，それ以外の部分は消し去って考えて構わないんだ．ところが開始ノードと目標ノードが別々の部分グラフに分けられてしまうのなら，問題の方も二つに分けて考えることができる．つまり二つの部分グラフをそれぞれ別に考えて，一方では開始ノードから前向きに進み，他方では逆に目標ノードから後ろ向きに進み，そうしてクリティカルな辺につながる端のノードまでの最短経路を定めるんだ．例えばミュンヘンの地下鉄の路線図の場合，パージング駅とライム駅の接続がクリティカルな辺になる．

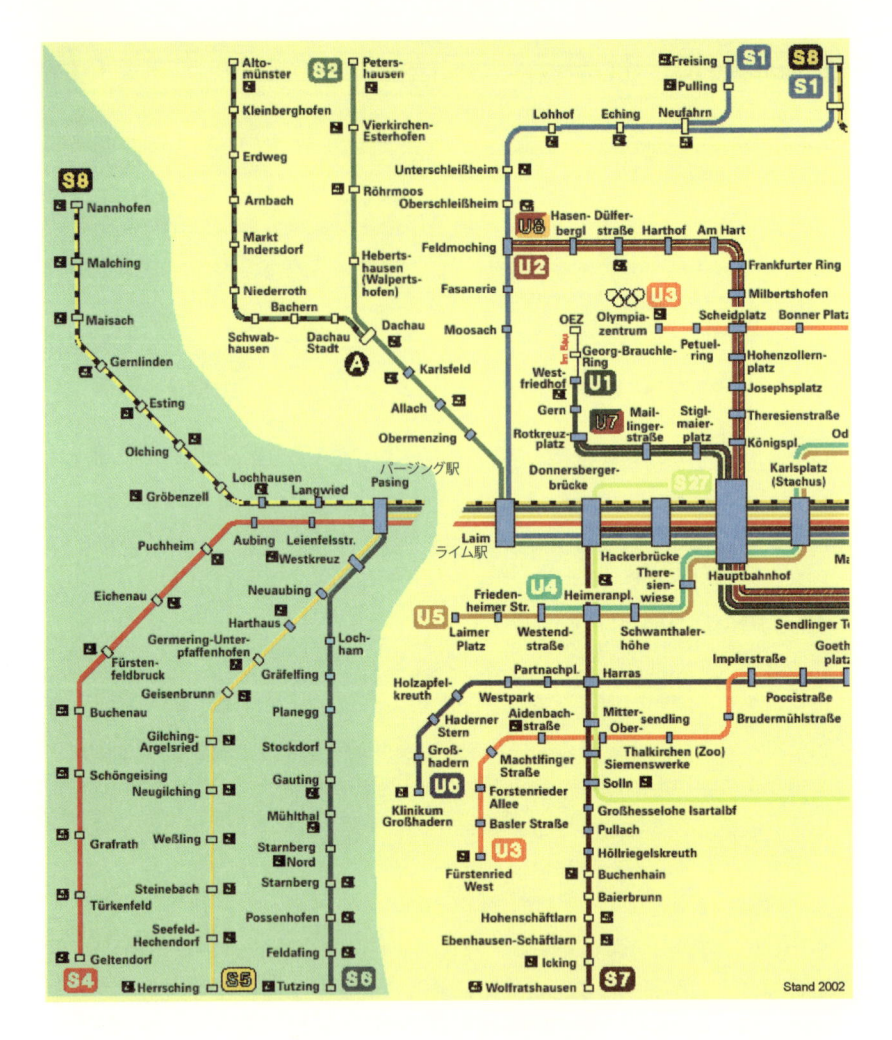

レナ▶これはよく分かるわ．この辺は，路線図を左から右へと進む場合必ず通る経路なのね．さっきビムはサン・ベルナルディーノ峠のトンネルを閉鎖したけど，これがパージング駅とライム駅の間でもしも起こったら，ミュンヘンの通勤客には大迷惑でしょうね．

ビム▶もしも？　残念ながらこういう問題は実際に起こるんだよ．

大見出しでカオス (Chaos) の S と市電 (S-Bahn) の S をかけてミュンヘン市内のダイヤの混乱を伝える記事．出典: tz, 14.2.2003

レナ▶そうだったわね．お隣の奥さんはいつも市電の悪口いっているもんね．ミュンヘンには，やっぱりもう一つ大きな市電の環状線が必要だって．

ビム▶それは確かに問題を幾らかは解消してくれるだろうけど，けれど鉄道建設というのは線路を新しく 1 メートル敷くだけでも大変なお金がかかるからね．

レナ▶そうね，お役所の財布は空だってね．そんなことは知ってるけど．

ビム▶話を前処理に戻すと，ネットワークが分割されてしまうような辺が逆に役に立つんだ．大きなグラフを二つの小さな部分に分けることができるからね．

レナ▶でも問題を半分にしたところで，足し合わせると結局，全部と同じ計算数になるんじゃないの？

ビム▶ところがそうじゃないんだ！いま $10n^2$ の基本演算を必要とするアルゴリズムを使うとしようか．もしもノードが 1,000 個あれば，計算数は $10 \times 1{,}000^2 = 10{,}000{,}000$ だね．ところがグラフを二つにして，それぞれ 500 個のノードがあるとすると，計算の数は $2 \times 10 \times 500^2 = 5{,}000{,}000$ となる．つまり半分だ．したがって問題を解くのに半分の労力で済むということになるね．

レナ▶へぇ．それは計算に「二乗」がからんでいるからじゃない？だから問題を半分にして二つにすると，全部まとめた場合よりもずっと効率的になるんだと思うけど．

ビム▶その通りだよ．指数部分がもっと大きくなると，計算の差はもっと極端になってくる．ただしこうした計算は，二つに分けた問題がそれぞれ同じくらいの大きさである場合に限るよ．そうでなければ，そんなに節約にならない．

レナ▶それはそうよね．クリティカルな辺の片方にはノードが1個しかないなら，全然計算の節約にならないものね．

ビム▶さらに別の方法で「前処理」することもできるんだ！もう一度，ミュンヘンの市内鉄道網を見てご覧．マリア広場駅からハラス駅までの最短経路を探す場合，ゲーテ広場駅は特に重要だといえるかい？

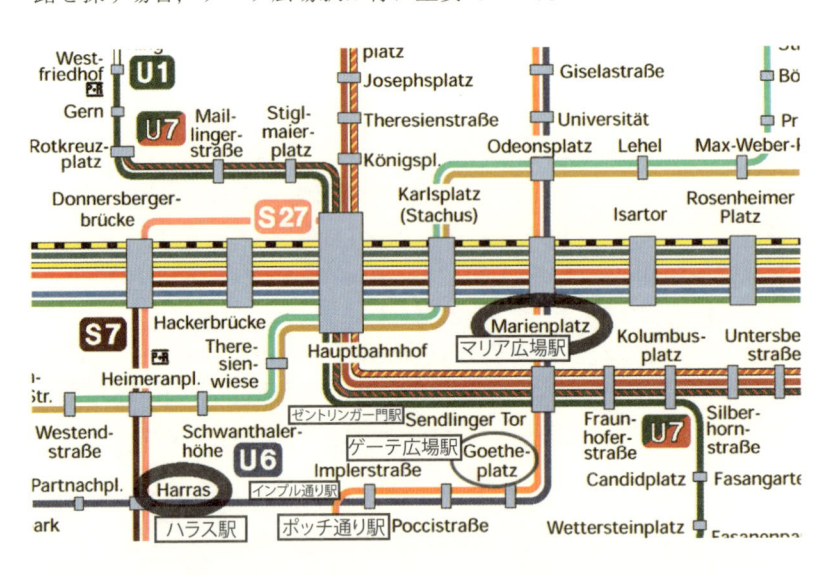

レナ▶全然．進行方向の選択にはまったく関係ない駅よね．インプル通り駅なら進行方向を選ぶことができるけど．

ビム▶その通り．となると，重要なのは進行方向を選択できる駅だけだということになるね．ここではゲーテ通り駅やポッチ通り駅を独立したノードと見なそうが，まとめて考えてしまってゼントリンガー門駅からインプル通り駅までには三つ駅があるといって済まそうが，最短経路を見つける問題にとっては同じことだよね．

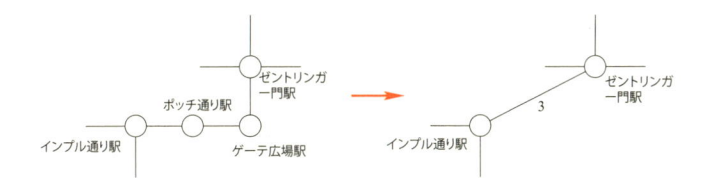

レナ▶私もそう思っていたけど．

ビム▶こういうふうにミュンヘン市内鉄道網全体を間引いて考えてしまうと，ノードの数は214から52にまで減るんだ．ところで一般にダイクストラのアルゴリズムではノードの数の二乗で計算時間が増えていく．いま214という数字は，52を4倍した数値よりもさらに大きいね．つまりノード数を削減することで，計算時間を16倍まで速くすることができる．

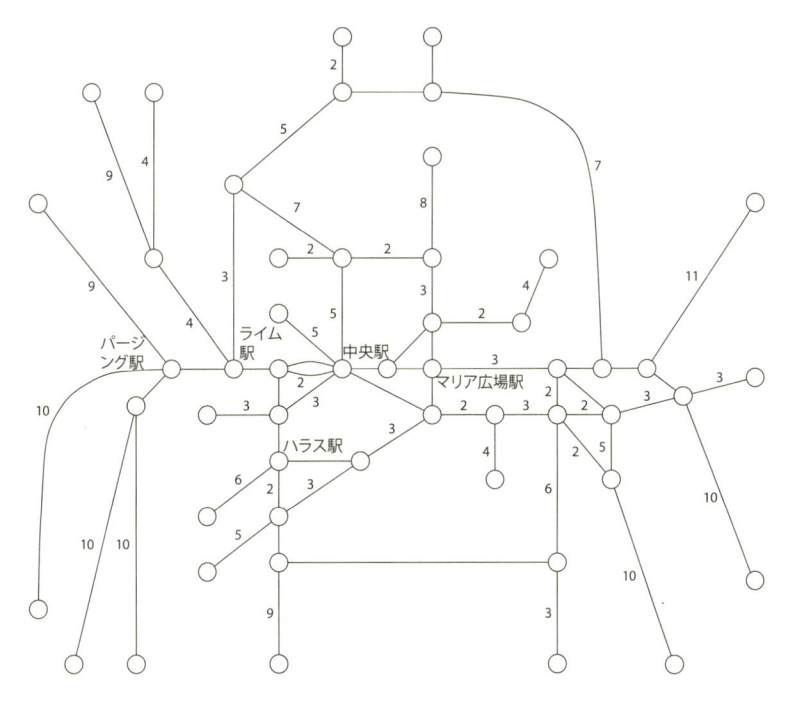

レナ▶でも，こうやって間引いてしまって，開始ノードと目標ノードが消えてしまったらどうなるの？

ビム▶この場合ならそのノードをまた組み入れる必要があるね．こういうふうに「根本的に重要なノード」と「現在の課題にとっては副次的なノー

ド」に分けてしまうというのが，実際の問題で広く使われている方法なんだ．例えば，ミュンヘンからハンブルクへのもっとも高速なルートを探す問題であれば，三つの問題に分けることができるね．まず「出発点からアウトバーンへの最短経路を決め」，次に「ハンブルクの目的地からアウトバーンへの最短経路を定め」，最後に「ミュンヘンでのアウトバーン入口とハンブルクでのアウトバーン出口を結ぶアウトバーンに限った最短経路を探す」とね．

レナ▶分かったわ．確かにその間の国道を走っても時間的には何の意味もないわよね．

ビム▶こうすると必要なのは，アウトバーンの入口と出口の間の経路のインターチェンジに関わるノードだけだということになるからね．

レナ▶ただ，いま必要なのはマリア広場駅からハラス駅への最短経路を探すことだけなんだから，こんな前処理はかえって手間がかかるだけじゃないの？

ビム▶それはどちらともいえないな．確かにグラフのすべてのノードと辺について，それがグラフの連結に重要であるかどうか，また削除することができるかどうかを調べ上げるのは，個々の最短経路問題を解くのに必要な作業とはいえないね．この問題をダイクストラのアルゴリズムで解いていたら，グラフを小さくする作業を行うより前にきっと答えは見つかっていただろうからね．でも，いつでも同じグラフで最短経路問題を解く必要があるのならば，最初に一度はグラフの構造を調べて，クリティカルな辺や乗り換えの可能性のない中間ノードを特定しておくのは後で役に立つよね．優れたナビゲーションシステムで重要なのは，走行中でも一瞬で結果を出してくれることだよね．交通情報を得るのに待ちたくはないだろ？これと比べたら，ソフトウェアの開発段階で前処理のために一日二日かかっても，どうってことないだろ．

レナ▶それは，そうよね．一度やっておけば，後々繰り返し使える仕事なら，むしろ済ませておく方がいいわよね．

ビム▶前処理では，適用範囲を正確に定めておくのが重要なのが分かるだろう．前処理が適度であれば，計算時間はずっと節約できるんだね．ただ前処理も，度が過ぎると逆効果だけど．

レナ▶あら，ちょっと待って．電話が鳴っている．

レナは電話へと走っていきました．相手はインガでした．彼女は女の友達二人とプールに行くのだけど，レナも来ないかと誘ってきたのでした．レナは迷いました．インガと彼女はとても仲のよい友達ですが，しかし，この三人が集まると，どうせ午後は男の子の話ばかりで潰れるに決まっています．でもレナは自分も行くと約束してしまいました．というのは，夕方になってママが帰ってきたら，レナが土曜日を一日どう過ごしていたのか尋ねるに決まっているからです．プールに行けば，少なくともママから，一日中部屋にこもっているものじゃないというお小言をもらうことは避けることができるでしょう．何で今朝，こんなよいアイディアが思いつかなかったのかしら？

　レナ▶お待たせ！ さて，前処理の話は終わったんだっけ？
　ピム▶そうだね．約束かい？
　レナ▶そうなのよ．インガが一緒に泳ぎに行かないかって．
　ピム▶天気もいいしね！ ごゆっくり！

　その午後はとても退屈でした．他の三人の女の子たちは，絶え間なく自分のひいきのアイドルグループについて話してました．レナも音楽をよく聞くし，好きなアイドルもいないことはありません．それでも，しばらく経つと，この話題にうんざりしてきました．その上，他の子たちは水に入る気すらないようでした．レナは二度ばかり一人でプールを往復しました．話の合間にレナはインガに，彼女の両親の車のカーナビについて尋ねました．でも，インガはよく知らないようで，データが最初から全部インプットしてあって，プログラムがそれを呼び出すだけみたい，というだけでした．レナはビムのことは話したくなかったので，それ以上詮索はしませんでした．それに友達から，「えー．休みの日に数学の話！」なんて皮肉をいわれたくもありません．三人には何のことかも分からないでしょうし．

▶木々の合間で鬼ごっこ　13
Bäumchen wechsle dich

　レナがプールから戻ってみても，パパとママはまだ帰宅していませんでした．きっと二人とも美術館を見学した後，ビアガーデンで「軽食」を取っているに違いありません．こんな陽気のいい日には，ビールにレモネードを割った「1リットルジョッキ（マース）のラードラー」を飲むのにぴったりでしょう！想像してみてください．ところがパパとママは想像するだけでなく，実際に楽しんでいるのです．

　レナは水着などを外に干し，ピザをオーブンに突っ込むと，リモコンを手に取ってテレビのチャンネルを次々と変えてみました．でも面白そうな番組は放送されていなかったので，自分の部屋へ行き，ネットサーフィンを始めました．

英国風庭園の中国様式の塔の前のビアガーデン

　インターネット上には面白いサイトがたくさんあるとレナは思っていました．彼女のひいきのグループの CD すらあります．歌詞も掲載されています．ヤンは自分のコンピューターに，いかしたMP3ファイルを集めていました．一度，これを聞くにはどんなソフトが必要なのか聞いてみなくちゃ．また現在公開中の映画についての情報もすぐに見つけ出すことができました．映画館までのバスの経路もあります．ルートプランのおかげね，とレナはふっと思いました．それからビムが用意してくれた新しいブックマークをいろいろ調べた後，しばらくの間チューリングテストについてのサイトを眺めていました．

　レナ▶ビム，こんにちは．ビムが用意してくれたブックマークから，チュー

リングについてのサイトを見たわよ．けど，「もっとも知的な」コンピューターグログラムを開発するコンテストが毎年行われていることは教えてくれなかったじゃない．

ビム▶そうだね，あの時は別の話をしていたよね．それに話題をそらしたくなかったんだよ．ただ君のいう通りで，1990年にニューヨークの社会学者のヒュー・ローブナーがローブナー賞というコンテストを開催して，チューリングテストに合格したプログラムには，100,000 ドルの賞金と金メダルが与えられることになっている．`http://www.loebner.net/Prizef/loebner-prize.html` でメダルを見ることができるよ．

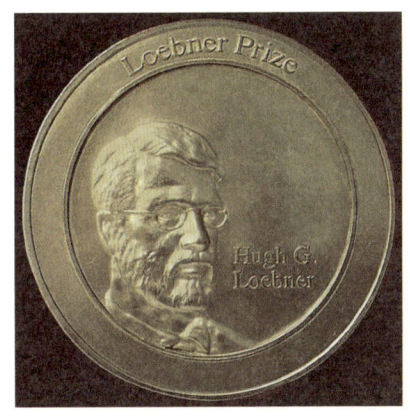

レナ▶でも，まだ誰も受け取っていないのでしょ？
ビム▶毎年，審査委員たちが賞を授与するかどうか議論をしているけど，いまのところ「チューリングテスト」に合格したソフトは現れていない．ただコンテストに参加したプログラムの中で特に優れているものには銅メダルと賞金 2,000 ドルが授与されている．
レナ▶読んでみたけど，コンピュータープログラムに対して質問だけして，話し相手が人間ではないと分からなかったら，そのプログラムは「知的」と見なされるとチューリングはいったのよね．
ビム▶まあ，だいたいそんなふうにチューリングテストは定義されているね．
レナ▶それなら，あんたは合格じゃないの！
ビム▶そう思うかい？お世辞にしてもうれしいなぁ！

レナ▶ああ，きっとビム (Vim) というのは Very Intelligent Machine の頭文字を取ったんじゃないの！でも，よく考えると，ビムが本当にテストに合格するかは分からないわよね．

ビム▶どうしてだい？

レナ▶だって，ビムは何でも知りすぎじゃない！人間には分からないことがいっぱいあるのよ．まあ，いいわ．ビムが物知りなのは結構なことよ．そうでなければ，こんな楽しい話はできないでしょうしね．もうちょっといろいろと教えてくれない？

ビム▶ルートプランの話を続けろってことかな？それじゃあ，木とは何かについて話そう．

レナ▶私をからかっているの？いくら都会育ちでも，木ぐらいは知っているわよ．

ビム▶僕がいうのは，こういう木のことだよ．

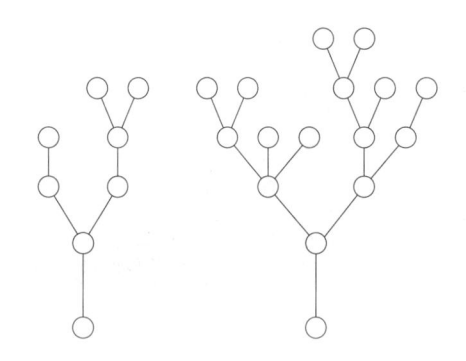

レナ▶何だ，またグラフのことじゃない！

ビム▶そうだよ．木のグラフだね．「無向」グラフが閉路を含まない場合，これを「非閉路的」という．そして連結していて非閉路的なグラフを「木」と表現するんだ．

レナ▶「連結」というのは，ニューヨークの停電の話で出てきた概念だったわよね．それからグラフの閉路というのもだいたい大丈夫．確か負の閉路の話だったわよね．閉路のない連結グラフをどうして木と呼ぶの？

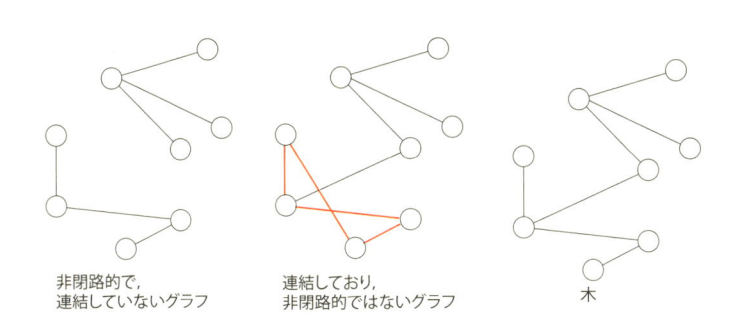

非閉路的で，
連結していないグラフ

連結しており，
非閉路的ではないグラフ

木

ビム▶ 見ればすぐ分かるけど，閉路のない連結グラフはそれぞれ常に辺の数がノードの数より一つ少ないんだ．

レナ▶ ノードが八つなら，辺は七つということ？

ビム▶ その通り．一般的にいうとノード数が n なら辺の数は $n-1$ となる．ノードの数より辺の数が少ないということは，少なくとも二つのノードは，つながっている辺が一つだけでなければならないということになる．

レナ▶ グラフにノードが1個しかない時は別よね！

ビム▶ いいところに気が付いたね．そういう場合は分かりきったケースなので特に考えなくて構わない．で，グラフのノードの一つを下にして，そこへ一つだけ辺をつないでみる．その上に，残りのノードを同じようにして，上へ上へとつないでいくと…

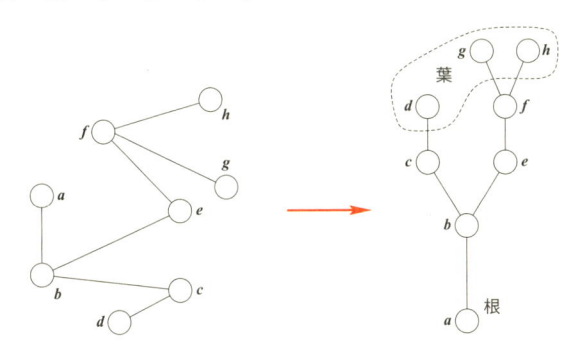

レナ▶ …すると最初に見せてくれた木みたいになるのね．

ビム▶ どんどん枝分かれしていくから木なんだね．枝分かれの始まる前の最初のノードのことを「根」と呼び，木の最後のノードのことを「葉」と呼ぶことが多いよ．

レナ▶ それで，木が何の役に立つの？

ビム▶木はグラフ理論で非常に重要な役割を果たすんだ．例えば木は最小の連結部分グラフを表すのさ．なぜならどの木も一つでも辺を取り除くと，もはや連結していないことになるからね．また木は非閉路的な最大の辺の集合でもあるんだ．これ以上辺を加えると必然的に閉路が生じるからね．ついでにいうと，ダイクストラのアルゴリズムを使った時，僕らは木を作っていたんだよ．

レナ▶ええ？ ダイクストラのアルゴリズムは最短経路を探すんだと思っていたけど？

ビム▶ s から他のすべてのノードへの最短経路だったよね．前に取り上げた無向グラフの例をもう一度よく見てみようか．これをダイクストラのアルゴリズムで解いたわけだけど，その結果を見て，何か気が付かないかな．

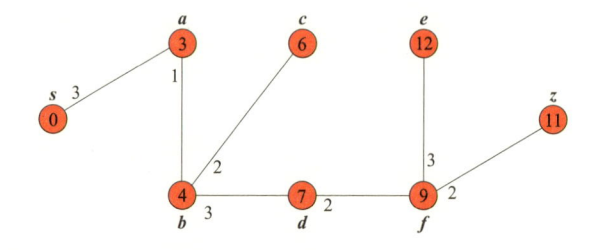

レナ▶これって木よね！ 偶然なの？

ビム▶偶然じゃないよ．必ず木になるんだ． s から他のすべてのノードへの最短経路を作るんだから，得られる「最短経路グラフ」は当然ながら連結している．さらにはアルゴリズムを進めるたびにノードを一つだけ赤く塗り，それから新しく赤く塗られたノードと，それ以前に赤く塗られたノードを結ぶ辺が一つだけ追加されていく．だから閉路は決して生じないんだ．辺の重みが正の値の時，閉路を通過しても意味ないからね．

レナ▶なるほどね．最短経路はいつも非閉路的で，そして連結グラフになっているのね．つまり木ね．

ビム▶これをさらに「スパニング・ツリー」あるいは「全域木」とも呼ぶんだ．スパンというのは英語で「張り巡らす」という意味で，ここで木は辺の集合 V を「張っている」からだね．

レナ▶それでいったい全体何なの？ 枝を張る木に何か利用価値があるの？

ビム▶幾らかね！ 例えばドイツテレコムのグラスファイバー網を表すグラ

フを想像してごらん．この図は以前に僕が http://www.mfg.de/netzatlas/na_kap04na_041/nai_411.html[1] から保存しておいたもので，ドイツに 16 ある州の一つであるバーデン・ヴュルテンベルク州のネットワーク網の骨格を写したものだよ．

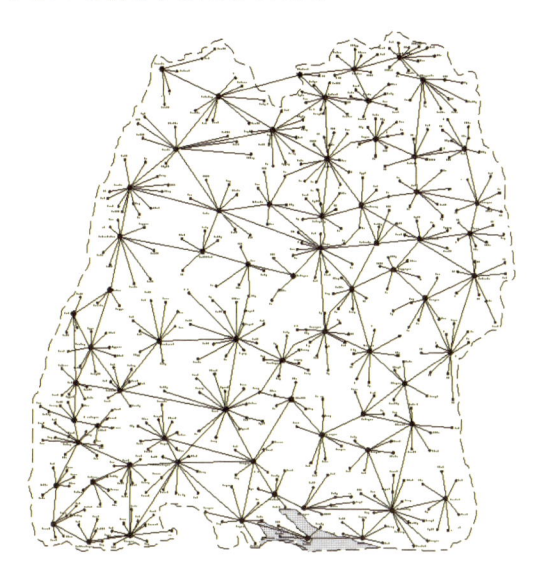

レナ ▶ へぇ．それで？

ピム ▶ この図でノードは異なるハブ，つまり集線装置を表している．そして辺の方はいま現在敷設されている回線にあたるんだ．さて，ここである会社 A，例えばドイツテレコムが，この回線を貸し出すとしよう．そこにもう一つ会社 B があって，例えばボーダフォンとして，この回線を借りることを検討しているとしよう．ただし借りる回線の数は，ネットワークのハブを全部つなぐのに必要な数だけ借りるものとする．つまり会社 B が借りる部分グラフでは，回線がすべて連結していなければならないわけだね．けれども会社 B は余計な出費はしたくはない．いま，「フェールセーフ」のようなことを脇において考えるならば，会社 B は必要以上の回線を借りる必要はないだろう．だから借りることになる部分グラフには閉路はないことになる．

---

[1] ［訳注］現在はデッドリンクのようである．

レナ▶そうね！特別な理由がないのであれば，閉路となる辺は省略して構わないだろうし，それでもグラフは連結したままでしょうからね．

ビム▶その通り．つまり会社Bが借りようとする部分グラフは木ということになる．

レナ▶でも，フェールセーフを脇に置いておくなんて，かなり非現実的じゃない？

ビム▶場合によるね．会社Bは会社Aの回線を借りるわけだから，万が一，回線のどれかが不通になった場合，代わりの回線を用意しておくのは会社Aの責任になると考えられるね．この種の契約があれば，会社Bの方ではフェールセーフについては考える必要はないよね．

レナ▶それはそうね．

ビム▶すると当然のことだけど，会社としては借り賃が有利な回線を選ぼうとするわけだ．それぞれの回線の賃貸料金をグラフの辺に重みとして書き加えるならば，会社は辺の重みが最小になるような全域木を選べばいいんだね．

レナ▶すべてのノードをつないでいて，借り賃もできるだけ安い木を選べばいいわけね？

ビム▶その通り．こういう問題を「スパニング・ツリー問題」あるいは「全域木問題」と呼んだりする．

レナ▶それでダイクストラのアルゴリズムは，できるだけ経路の短い木を作り出すわけだから，全域木問題を解くこともできるわけね．

ビム▶そうならいいんだけどね！前に取り上げたグラフに，ダイクストラのアルゴリズムを使って s を開始ノードとする最短経路木を求めた結果をもう一度見てみようか．

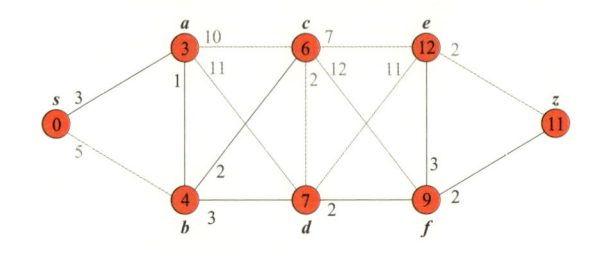

レナ▶借り賃は全部で16ってことかしら．

ビム▶そうだね．でももっと安くなる．b と d の間の辺を c と d の間の辺で置き換えるならば，借り賃が 15 の全域木を作ることができるよ．

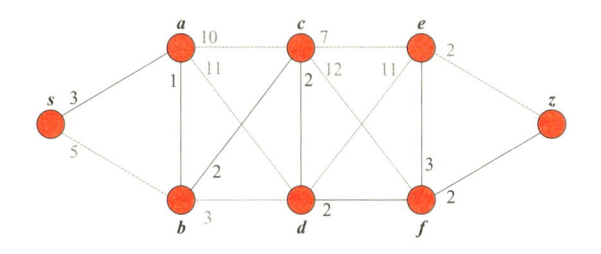

レナ▶でも s から d への経路は一つだけ増えちゃうじゃないの．
ビム▶その通り．でも全域木問題では，それはもはや重大ではないよ．それから，15 よりももっと安くなる経路もあるよ．
レナ▶ちょっと待ってね．自分でやってみるから．ええっと，f と e を結ぶ辺は，e と z を結ぶ辺で置き換えられるわね．

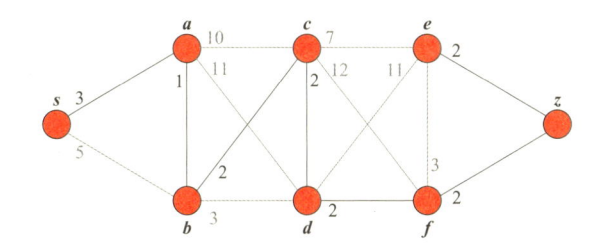

ビム▶正解！ この場合，借り賃が 1 と 2 の辺はすべて使っているから，これ以外の解を求めようとするとどうなるかな．解で使っていない辺の借り賃はもっとも安い場合でも 3 だけど，いま求めた解でもっとも借り賃の高い辺は 3 だよね．だからこの解を他の解に変えても小さくはならない．つまり最小の全域木が求められたことになるんだ．そして，これが唯一の解でもあるんだ．
レナ▶そして，s から z への経路で途中 b から d へは c という寄り道をしているから，長さは 12 となり，$s-z$ の最短経路である 11 よりは多いから，最短経路の木ではありえないということね．
ビム▶ちょっと待って，結論を急いじゃいけない．最小の全域木は，開始ノードを「変える」ならば，同時に最短経路木でもありうるんだ．

レナ▶それはダイクストラのアルゴリズムを使って s とは別のノードから出発するってこと？ それは想定外だわね！ それじゃ，どのノードが正しい開始ノードになるわけ？

ピム▶そんなものないさ！

レナ▶ないって，どういうこと？ 私をからかってるんでしょ！ ムカつくわね！

ピム▶とんでもない．ただ僕は，君の考え方では不十分だといいたかっただけなんだ．君の考え方は，単に s が開始ノードとして機能しないことを示しているに過ぎないんだよ．

レナ▶それで？ 最小の全域木を得ることはできないのを示すには，残り八つのノードを一つずつ開始ノードとしてダイクストラのアルゴリズムに詰め込まなきゃいけないってこと？

ピム▶いや，心配には及ばないよ．僕らは，最短経路木をすべて調べ上げようというわけではないからね．ただいまの最小全域木が，最短経路ではないことだけを示そうというわけだ．そのためには，最小全域木が別のあるノードを出発点とするならば最短経路木にもなりうると仮定した上で，実際にはそういうことはありえないのを示せばいいんだよ．

レナ▶「急がば回れ」ってことね．でも話が面倒になるだけなんじゃないの？

ピム▶すべての最短経路木を決定して，それから，どれも最小全域木でないことを示すよりはずっと早く済むよ．証明しようとすることの逆を仮定して，その上で，そういうことはありえないという結論を導くというのは数学ではよく使う手段なんだ．これを「背理法」とか「間接証明法」とかいう．

レナ▶何だか，「揚げ足を取る」みたいに聞こえるわね．

ピム▶これから実際に示そうと思っているのは，どれを開始ノードとして最短経路木を作成しても，グラフの最小全域木とは一致しないということだ．このことを背理法で証明するには，逆から出発すればいい．つまり僕らの作った最小全域木は，ある開始ノードを使った最短経路木と同じであると仮定するんだ．さて b は開始ノードになるかな？

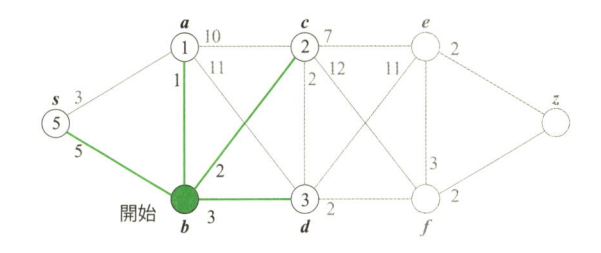

レナ▶ ええっと，ちょっと待ってね．ダイクストラのアルゴリズムを使って b から出発すると，まず最初に a が赤く塗られるわね．a の距離マークが一番小さいから．次に c と d が赤く塗られる．でも，そうすると最短経路木に b から d の辺が加わるけど，これは私たちの最小全域木には含まれないのよね．

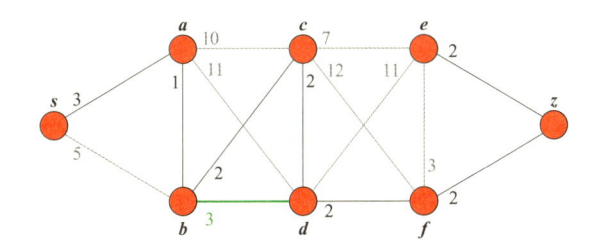

ビム▶ その通り．この辺が最小全域木に含まれることは決して「ない」．なぜなら僕らのが唯一の最小全域木だからだ．同じことは s や a を開始ノードにしてもいえる．この三つの場合，いずれも最短経路木は b から d への辺を含むことになるからね．

レナ▶ なるほどね．でも他にまだ五つのノードが残っているわよ．

ビム▶ なに，すぐ済むよ！最短経路木が同時に最小全域木であるとすると，d も e も f も開始ノードにはなりえない．なぜならこれらのノードを使う場合，向きは逆になるけど，b に至る最短経路は d から b への辺を通ることになるからね．

レナ▶ お見事！そうなると開始ノードになりうるのは c だけというわけね．

ビム▶ いや，c もダメだよ．c から e に向かう最短経路は，c から e に直接向かう辺を通るか，あるいは f を経由して e に向かう辺を通るかの二通りだからね．ところが，どちらも僕らの見つけた最小全域木には含まれていないよ．

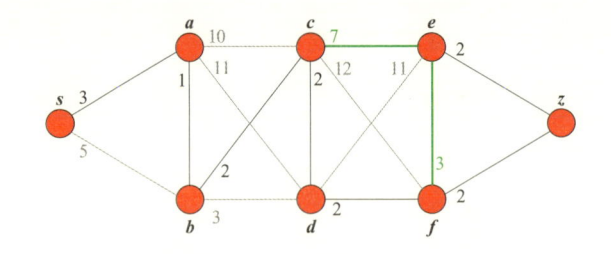

レナ▶ということは，どのノードも開始ノードにはなりえないわけね．
ビム▶そういうこと．でも，それは僕らの最初の仮定，つまり最小全域木は，ある開始ノードによる最短経路木であるという仮定に反するね．
レナ▶そうか！ だから「背理法」なんだ．まんざらでもないのね，この方法は．今度パパやママが，「親のいうことに逆らうんじゃありません」っていったら，数学では逆らうのはとても重要なのよと答えてやろうかしら．
ビム▶その時はパパたちの反応を僕にも教えておくれよ．ついでだけど，もしも本当にすべてのノードについて，それぞれを開始ノードにした場合の最短経路木を定めなければならないなら，ワーシャル–フロイドのアルゴリズムを使った方がいいだろうね．これは自動的に，それぞれのノードについて他のそれぞれのノードへの最短経路をはじき出してくれるからね．ダイクストラのアルゴリズムの場合にはそれぞれのノードをいちいち開始ノードに設定してから調べなければならないことを考えれば，ワーシャル–フロイドのアルゴリズムが遅いということにならないからね．
レナ▶ワーシャル–フロイドのアルゴリズムは負の重みがある辺に対してだけ優れているというわけではないのね．あ，ちょっと待って．電話が鳴っている．

素数ではなくて… 14

Prim, ohne Zahlen

　電話はママでした．用件は，思いがけずハンブルク時代の旧友であるマイアー夫人に出会ったので，一緒に喫茶店に行ったということでした．ビアガーデンじゃなくて，喫茶店ね．けれど，レナは別に腹を立てませんでした．

レナ▶お待たせ．もう少し頑張れそうよ．それで全域木問題の続きは？

ビム▶ダイクストラのアルゴリズムを少しだけ変更してみよう！

レナ▶本当に少しだけ？

ビム▶そう．少しだけ．それでも，開始ノードを見つけ出すことができるよ．そうしたら，ダイクストラのアルゴリズムの場合のように，各ノードの最初の距離マークとして，開始ノードとそれらを結んでいる辺の重みを選んで…

レナ▶…そして，また最小の距離マークのあるノードを決めるんでしょ？

ビム▶そうそう．ここまではダイクストラのアルゴリズムとは違わないよね．ここでもう一度，前に使ったグラフで考えようか．まず s を開始ノードに選ぶと，こういう図が得られるね．

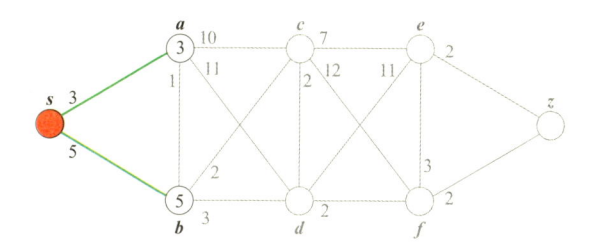

レナ▶でも，この先には進めないわよね？

ビム▶さしあたってはね．s に続くノードで赤く塗られるのは a ということになるね．この段階で塗られていなかったノードの中では a が重みが一番小さいからね．ただ，ここで残りの距離マークのアップデートの仕方が変わるんだ．ダイクストラのアルゴリズムであれば，次に s から a を経て他のノードに至る経路の長さが，そのノードへ直接向かう場合よりも短くならないかを検討しなければいけない．ところがこの場合，開始ノードである s との距離に関心があるのではなく，これまでに到達したノード，つ

まり s か a だけど,このどちらかとの距離を調べたいんだよね.すると b の距離マークは 1 ということになる.

レナ▶ …ダイクストラのアルゴリズムなら距離マークは 4 だったわね.

ビム▶ そう.また c と d についても同じようにする.ここで図を使ってダイクストラのアルゴリズムの場合と比較してみようか.次の二つの図のうち下の図がダイクストラのアルゴリズムを使った場合だね.

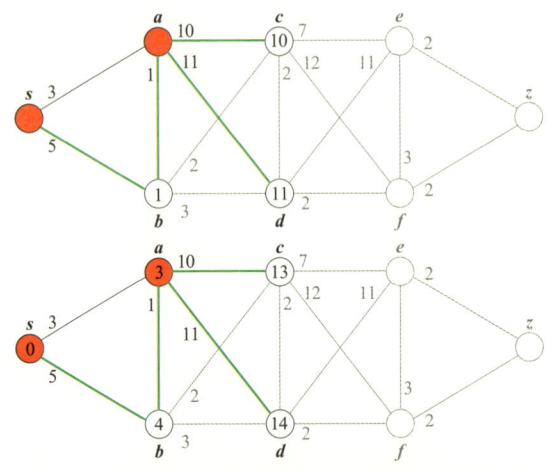

レナ▶ アップデートの方法以外は何も変わってないの?

ビム▶ まったくね!で,いまは b がもっとも距離の小さなノードであるから,いつものように b を赤く塗る.そして再びアップデートを行うわけだ.するとノード c と d には b から進むのがいいことが分かるね.だからそれらのノードの値を訂正するわけだ.

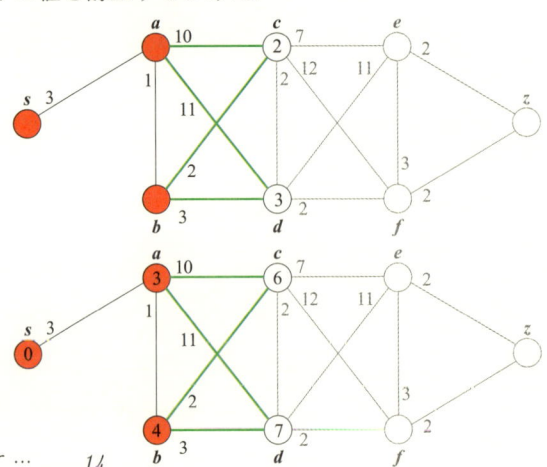

レナ▶ようやく違いが分かったわ．いま関心があるのはそれぞれの辺の値だけであって，sからの経路の長さではないわけね．だからアップデートはsとの距離を考えるのではなく，すでに色が塗られているノードのどれかとの関係を検討するわけね．

ピム▶その通り．じゃあ，この先を自分でやってみないかい？

レナ▶やってみるわ．まずcを塗るわよね．次にcから，まだ色の塗られていないノードのどれかと辺を作ってみたら，現在の距離マークよりも短くならないかどうかを調べてみるのね．同じことは，cからアクセスできるようになったeとfにも当然あてはまるはずね．

ピム▶完璧だね．それから？

レナ▶次にdの距離マークを更新しなければいけないわね．cとdの間の辺は重みが2だけど，dのここまでの距離マークは3だったから．

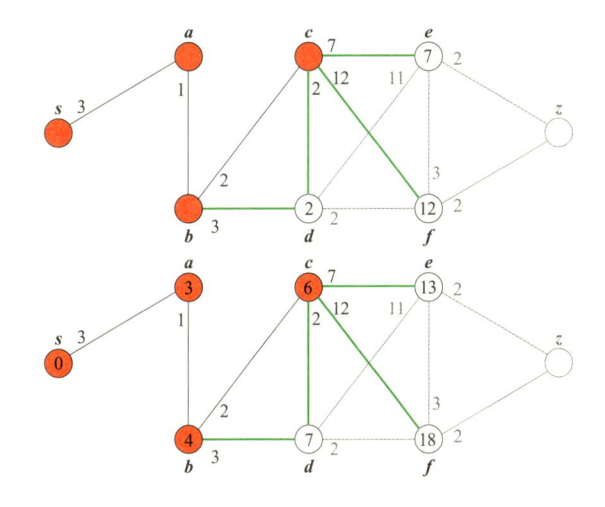

ピム▶すごいじゃないか！さて，そうすると，新しいアルゴリズムは次のステップでcから伸びる辺を通ってノードdに到達することになるのが分かるね．これに対して，下にコピーした最短経路問題の場合はbからdに直接進むのが有利だと見なしているね．

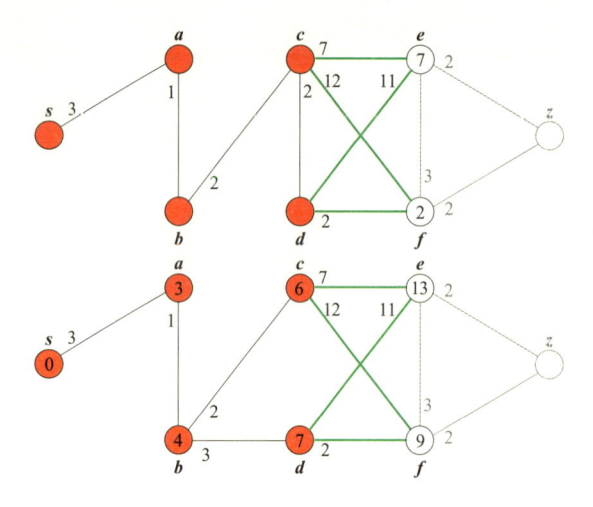

レナ▶ なるほどね．このノードって，さっき最小全域木と最短経路木が異なると確認した場所だったわね．

ビム▶ 残りは君一人でできるはずだよ．それじゃ，このアルゴリズムの手順を書いてみせようか．ダイクストラのアルゴリズムとの違いは赤くマークしておいたよ．

プリムのアルゴリズム

Input: 重み付きグラフ $G = (V, E)$
Output: グラフ G の最小全域木

BEGIN $S \leftarrow \{s\}$, distance$(s) \leftarrow 0$
　　　FOR ALL v from $V \setminus \{s\}$ DO
　　　　　　distance$(v) \leftarrow$ edgelength(s, v)
　　　　　　predecessor$(v) \leftarrow s$
　　　END FOR
　　　WHILE $S \neq V$ DO
　　　　　　finde v^* from $V \setminus S$ with
　　　　　　distance$(v^*) = \min\{$distance$(v) : v$ from $V \setminus S\}$
　　　　　　$S \leftarrow S \cup \{v^*\}$
　　　　　　FOR ALL v from $V \setminus S$ DO
　　　　　　　　　IF edgelength$(v^*, v) <$ distance(v) THEN
　　　　　　　　　　　distance$(v) \leftarrow$ edgelength(v^*, v)
　　　　　　　　　　　predecessor$(v) \leftarrow v^*$
　　　　　　　　　END IF
　　　　　　END FOR
　　　END WHILE
END

レナ▶こうやって見ると，ほとんど差はないわね．ビムがいった通り，ノードの値のアップデート方法だけが違うんだ．

ビム▶だから，「プリムのアルゴリズム」の計算速度はダイクストラのアルゴリズムに近いということが分かるだろう．

レナ▶何で，この方法はプリムのアルゴリズムっていうの？素数を英語でprime numberっていうけど，それと関係があるの？

ビム▶いや，関係ない．ロバート・C・プリム (Prim) というのが，このアルゴリズムの考案者なんだ．

レナ▶そう．それで，全域木問題はこれで片が付いたの？

ビム▶まだまだ．

レナ▶うーん．分からないなぁ．何が不足してるの？

ビム▶ダイクストラのアルゴリズムの場合，方法を検討する時には，なぜいつも $s-z$ 間の最短経路を見つけられるのか，説明が付けられたよね．

レナ▶そうね．だってノードに色を塗るたびに，そのノードに達するのに，これ以上短い経路はありえないことに疑問の余地はなかったしね．

ビム▶その通り．その場合，ノードに付けられた距離マークが手がかりになったんだったね．いわば，マークはダイクストラのアルゴリズムの「記憶」みたいなものだったね．

レナ▶でも，距離マークはプリムのアルゴリズムにもあるじゃない．だから，いつでも最小の距離マークとなるノードを選んでいたじゃない．

ビム▶そうだけど．こういう選択方法を使うことで，後でもっとよい辺を取り入れられるかもしれないという可能性を狭めかねないよね．

レナ▶つまり，このアルゴリズムでは正しい処理はできないっていいたいの？

ビム▶いやいや，そうじゃなくて，ただこれが機能することについては，もっと説明が必要だってことだよ．そのためには，ちゃんとした数学的証明を行う必要があるね．この場合も背理法による証明がベストだね．

レナ▶えー！そんなこと分かりっこないじゃない？だいたい数学のローリヒ先生が「証明」っていう時は，いつだってちんぷんかんぷんよ．

ビム▶了解．もちろん証明はたいていの場合簡単にはいかない．けれど，何かおかしなところがないかを確認するには，やっぱり証明が必要なんだ．

レナ▶それじゃ，さっさと済ませましょうよ！

ビム▶背理法による証明では，実際に示したいことの反対を仮定すること

から始まるんだったね．だから，ここで，こう仮定しようか．プリムのアルゴリズムが最小では「ない」全域木を作り出すようなグラフがあるとしよう．アルゴリズムはどこかの時点に至って「初めてミス」をすることになるね．いい方を変えると，アルゴリズムはどこかの時点で，そこまで構築された木が最小全域木にはならなくなるような辺を新たに選んで加えてしまうんだね．

レナ▶アルゴリズムが最初の間違った辺を加えるまでは実行を続けさせようというわけね．

ピム▶そうなんだ．でもアルゴリズムは赤く塗られたノードとまだ色の付いていないノードを結ぶ辺を常に選び出すわけだから，「間違い」の辺の両端の一方は集合 S に属し，他方は集合 $V \setminus S$ に属するはずだね．この辺の両端をそれぞれ v と w と名付けようか．v は集合 S の要素で，w は集合 $V \setminus S$ の要素とするね．

レナ▶「ヘルベルト」とか「エルビラ」とかいう名前じゃダメなの？

ピム▶それがお好みなら別にいいけど…

レナ▶いえいえ，ほんの冗談よ！ v と w で別に構わないわよ．

ピム▶図を使って具体的に示すとこうなるね．

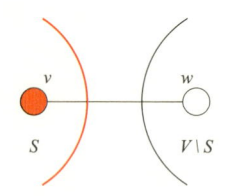

レナ▶ちょっと待ってよ！これって「間違い」の辺だけじゃない．グラフの他の部分はどうなったのよ？それにこの破線で描かれた弧は何を意味してるの？

ピム▶この図では残りの部分は省略したんだ．ここで問題なのは，グラフで v がすでに赤く塗られたノードの集合に属し，w がまだ色の付いていないノードの集合に属するということだけだからね．そしてこの二つの弧は，その前後左右のいずれかにノードの全集合があることを示しているつもりなんだ．赤い弧は赤いノードを「代表」していて，黒い弧は色の付いていないノードを代表しているんだ．

レナ▶この図は特にそれ以上の意味はないのね？ただ私たちがここまで話

してきたことを表しているのに過ぎないのね．
ビム▶そうだとも．この図で，これから説明することを君が理解しやすいようにするつもりなんだ．ところで v と w を結ぶ辺が最初の「間違い」の辺だと仮定していたよね．これは逆にいうと，その段階までアルゴリズムが選び出した辺は「正しい」ということになる．だから，この図の赤い側の部分木はグラフの最小全域木の一部であるはずだね．

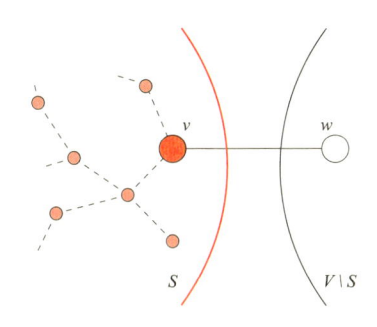

レナ▶この図でノードを小さくして，それにつながる辺を破線にしているのはどうして？ それに片方のノードが欠けた辺も幾つかあるのはどうして？
ビム▶「正しい」辺で構成される部分木はだいたいこんな感じになるはずだとイメージが分かればそれで十分だからさ．僕たちは，このアルゴリズムが役に立たないようなグラフが「存在する」と仮定しているだけだけど，でも，実際にはそういうグラフを僕たちは「知らない」．
レナ▶そうでないなら，実際にプリムのアルゴリズムが間違いをしてもおかしくないような例があるはずだし…
ビム▶… そして，僕たちは背理法を使って，そういうことはないと示したいんだよね．つまり「仮定した」反例を知らないのだから，この図でそうした部分を具体的に描いて見せるわけにはいかない．
レナ▶つまり，この図では，ここまでアルゴリズムが発見した赤いノードからなる最小全域木の部分だけを暗示しているだけなのね？ 実際にはグラフはそこでまったく違って見えるかもしれないけど．
ビム▶そうなんだ．こちらの側に選ばれている辺が「正しい」ということは，この部分木が最小全域木の部分であることを示しているわけだね．さて，ここで v から w への辺を付け加えてみると…
レナ▶… すると，もううまくいかなくなる．この辺は最初の「間違い」の

辺だから．

ビム▶正解．プリムのアルゴリズムは v から w への辺を選択した時，最初の間違いをおかすと仮定しているからね．だからこの辺は，アルゴリズムがここまで選んできたすべての辺を含んでいるはずの最小全域木の一部とはならない．

レナ▶アルゴリズムは v から w への辺を選択する代わりに，別の辺を選択すべきだったのよね．

ビム▶そう．最小全域木に属し，ここまで選んできたすべての辺を含むような S から $V \setminus S$ への辺を選ぶべきだったんだね．

レナ▶アルゴリズムがうまく機能しないなら，残念ながら，私たちはそういう最小全域木を知りえないことになるわね．

ビム▶知る必要はないんだ．いまの議論では，そういう特性を持った全域木が「存在」してさえいれば十分なんだ．この図では，そういう最小全域木はこういうふうに見えることになるかもしれない．

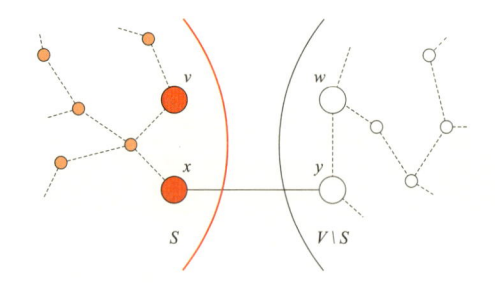

レナ▶アルゴリズムは x から y への辺を選べばよかったのね．

ビム▶そういうことになるね．この最小全域木は全体がつながって構成されているから，少なくとも集合 S の要素一つと $V \setminus S$ の要素一つを結ぶような辺を含んでいなければならないね．そういう辺の両端を，ここでは x と y と呼んでおこうか．もちろん x と v は同じノードであっても構わないし，また y と w は同じノードであっても構わない．けれども両方が両方ともに同じであってはいけない．なぜなら v から w への辺と x から y への辺は異なっているんだからね．

レナ▶それで？

ビム▶…アルゴリズムが選んだ v から w への「間違い」の辺を，僕らの「正しい」最小全域木に加えてみようか．

レナ▶そんなことをすれば，辺が一つ多すぎることになるわ．
ビム▶その通り．ここでまた図を「デフォルメ」すると，こんな図になるかな．

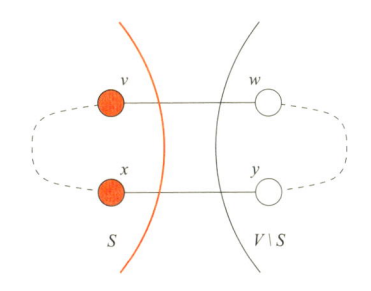

レナ▶ビムの描く円はずいぶん平べったいのね．
ビム▶さてここで x と y をつなぐ辺を取り除いたら，どうなるか分かるかな？
レナ▶円がまた崩れるわね．
ビム▶そうだね．けれども，全体はつながったままだね．
レナ▶つまり，それもまた全域木になっているってこと？
ビム▶そうなんだ．僕らは別の新しい全域木を作り出したことになるんだ．それも方法は簡単で，最小全域木の x から y への辺を，v から w への辺で置き換えただけなんだ．
レナ▶でも，何のために？
ビム▶アルゴリズムはいつも集合 $V \setminus S$ の中から距離マークが最小のノードを選んで赤く塗るから，y が w よりも距離マークが小さいということはありえない．つまりいま取り除いた「正しい」辺は v から w への「間違い」の辺よりも短いわけではない．けれど新しい全域木は，「間違い」の辺の代わりに，x から y への「正しい」辺を使った全域木より決して悪いというわけではないね．二つの木はただこの辺一つが違うだけだからね．
レナ▶そりゃ，そうね．最小全域木が改善されるのならば，x と y を結ぶ辺は v と w を結ぶ辺よりも短くなくちゃいけないものね．でも，そうであったならば，プリムのアルゴリズムは v から w への辺ではなく，x から y の辺を選んでいたはずだもんね．
ビム▶その一方で，新しい全域木は最小全域木よりもよいはずはない．さもなければ最小全域木は，本当は最小ではなかったってことになってしま

うから．

レナ▶それじゃ，二つの木の両方ともによいってことになるの！

ビム▶どうして僕らはこんな矛盾に突き当たったのかな．それは，アルゴリズムが v から w への辺を選択する際に「間違い」をおかしたと仮定したからだね．

レナ▶つまり，アルゴリズムのこの選択は正しかったというわけね．でも，後になってまた間違いをするってこともありうるんじゃない？

ビム▶いや，もうないよ．僕らはアルゴリズムは v と w をつなぐ辺で「最初の」間違いをおかしたと仮定していたんだ．そして，それが矛盾することが分かった．つまりアルゴリズムは最初の間違いなどおかさないんだ…

レナ▶…ええっと．最初の間違いをすることがないのなら，アルゴリズムは「決して」間違いをすることはない．だからアルゴリズムは正しいに「違いない」．賢いんだか賢くないんだか，背理法って，何だかねぇ！

ビム▶でも，悪くはないだろう？

レナ▶もう，たくさんって気分よ！

ビム▶まあ，確かにこの証明方法は自明とはいえないけどね．

レナ▶ん，待って！「自明」っていうのは，正確にいうとどういうこと？パパがね，その言葉をよく使うのよ．自分には簡単なことをいう場合になんか．

ビム▶これは数学者のお気に入りの言葉だね．自明っていうのは英語では trivial というけど，これはラテン語の trivialis が語源だよ．名詞は trivium で tres あるいは tria と via から構成されている．trivium はもともとは三叉路あるいは交差点って意味だったんだ．ここから trivial は身近な道路にでもよくあるもの，つまり日常的なもの，平凡なものを意味していたんだ．

レナ▶つまり trivial は重要でないってこと？

ビム▶ドゥーデンの外来語辞典には，trivial は「取るに足りないと思われるもの」，「独創的でないもの」，「卑近なもの」とある．中世には「自由人の身に付けるべき教養」は「三学」(trivium) と「四科」(quadrivium) に分類されていたんだ．三学というのは「言葉の教養」で，文法，修辞学，論理学（弁証法）のことで，四科というのは「計算の教養」で，算術，幾何，天文，音楽だよ．だから「自明」であったのは…

レナ▶…例えば国語ね！まあ，先生には黙っておいた方が無難ね！

ビム▶数学者の話を聞いていると，この世は「自明な」問題と「まだ解決していない」問題の二つだけで成り立っているような印象すら受けるよ．自明というのは，すでに解決したものということだ．
レナ▶ビムの背理法は，それじゃ，自明なわけね．だって私にとっては解決済みだからね．そんな気がするけど．
ビム▶結構だね．それじゃ，今日はこれくらいにしておこうか！
レナ▶了解．また明日ね．

　レナはパパやママが家に帰ってくる前には止めようと思っていたのをすっかり忘れていました．ビムから今日はおしまいといい出してくれたのは幸いでした．レナが居間のソファーにくつろいで，テレビをつけた，ちょうどその時にパパたちがドアを開けて入ってきたからです．

　レナの戦略は成功しました．パパとママはマイアー夫人と出会ったことを最初にちょっとだけ話すと，すぐさま，今日一日レナが何をしていたか尋ねたからです．レナは水泳に行ったことを詳しく話しました．そして夕方からはテレビを少し観ていたとも加えました．コンピュータのことはほんのちょっとだけ話しましたが，パパも，レナがどうして最初からコンピュータをちゃんと扱えるのか，詮索しようとはしませんでした．ビムのことを心配する必要はありませんでした．ママも，レナが四六時中パソコンをいじっていてはいけないとはいいませんでした．

　その晩は家族揃ってテレビを観て過ごしました．サッカーがちょうど夏休みなので，Sportstudio というスポーツ番組や Late Night Show というトーク番組の内容について議論になることもありませんでした．パパとママは，翌朝早くに山登りに出かける予定だったので早く就寝しました．ミュンヘンに来てからのパパは，ハンブルクの友達に電話すると，よく「自宅から見える山々」の美しさを自慢していましたが，このパノラマがパパとママを魅了していたのでした．

　パパとママが寝室に行ってからしばらくして，レナも寝ました．ただベットに入ってもいろいろなことが頭に思い浮かびました．彼女はヤンのことを考えました．ヤンがこの週末旅行に行ってしまったのは本当に残念です．彼がいれば，プールももっと楽しかったことでしょう．

ドイツのバイエルン地方のツークシュッピッツェから連なる山並みとアイプ湖

手に入るだけもらおう　15
Nimm, was du kriegen kannst

　日曜日の朝です！朝早くに起きる必要がないのは何よりです．レナはしばらく横になりながら，今日一日何をしようかと考えました．
　するとプリムのアルゴリズムのことを思い出しました．この方法の背後にあるアイデアはとてもシンプルでした．そう考えるとレナは飛び起きて次の瞬間にはコンピューターの前に座っていました．

ビム▶やあ，レナ．もうご飯は食べたのかい？
レナ▶いいえ，まだだけど，ちょっと思い付いたことがあって．
ビム▶何だい？
レナ▶プリムのアルゴリズムのことよ．処理のステップを繰り返すごとに選択肢の中で「一番安い」辺が取り入れられるのよね．これって一般的な戦略なの？
ビム▶そうだよ．「欲張りアルゴリズム」って呼ばれている．英語で greedy algorithm だよ．
レナ▶greedy っていうのは数学者の名前？
ビム▶いや名前じゃないよ．Giacomo Greedy みたいな名前の数学者は僕も知らないな．greedy ていうのは英語で「欲張り」って意味だよ．どんな課題の場合でも，ともかく与えられた選択肢の中からいつも欲張ってベストのものだけを選んでみるというのが，アルゴリズムでの基本的なアイデアの一つなんだ．ただし，このままだと最適な解はほとんど見つけられない．すでに話したけど，最短経路を定めるには，いつも次の「駅」に進んでいくだけではダメなんだね．
レナ▶でも，最小全域木ではうまくいったじゃない！
ビム▶そうだね．最小全域木の場合は，実はプリムの方法よりももっと欲張りになれるよ．
レナ▶もっと欲張り？私たちはいつだって一番安い辺を取っていったじゃない．
ビム▶僕らは最初に開始ノードを選ぶ必要があったね．それからマークの付いたノードの中からもっともコストの小さい辺を取っていったよね．だ

けど，実はそんな必要はなかったんだ．全域木問題を解くのなら，グラフで最小の重みを持つ辺から始めてよかったんだよ．それから次に小さな辺を選んでいくという処理を続けるんだ．もちろん閉路が生じないよう注意は必要だけどね．

レナ▶それでうまくいくの？　だってそうやって選んでいくと，それぞれの辺は互いに離れているじゃないの！　どうやったら木になるのよ？　木はつながっていないといけないんでしょ．

ビム▶それは問題じゃないんだ！　ここで新しいグラフを用意して，試してみようか．こんなのどうだろうか．

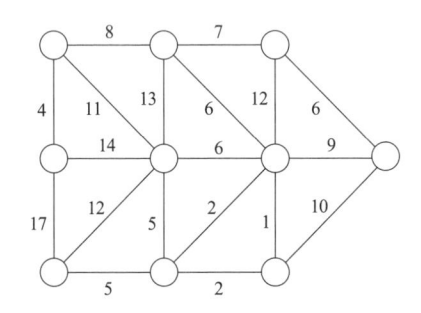

レナ▶結構よ．やってみましょうか．もっともお得な辺は重みが1のやつね．

ビム▶そうそう．今回は辺に注目するんだから，選び出した辺を塗っていこうか．緑色でどうだい？　こうすると，木の一部が緑色になるよね？

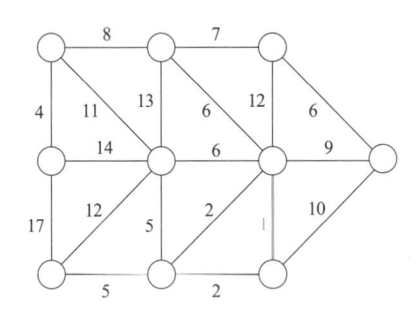

レナ▶もちろん．ナチュラルな色ってことね！　次は順番でいうと，重みが2の辺が二つあるわね．

ビム▶だけど注意して．必ず一つ一つ見ていくんだ．閉路にならないよう

に注意する必要があるからね．どちらを先に選んでも構わないから．今回は水平の辺を選ぼうか．

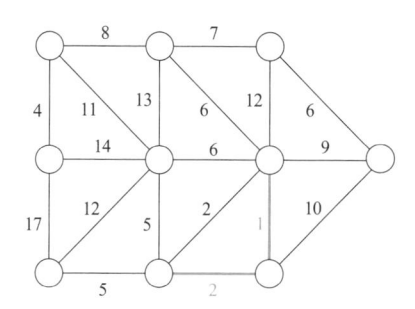

レナ▶ 了解．とすると，二つ目の 2 の辺はもう使わないことになるわね．閉路になっちゃうから．

ビム▶ その通り．この辺はグラフから完全に消してしまおうか．その方がグラフが分かりやすくなるからね．次は左上の 4 の辺になるね．

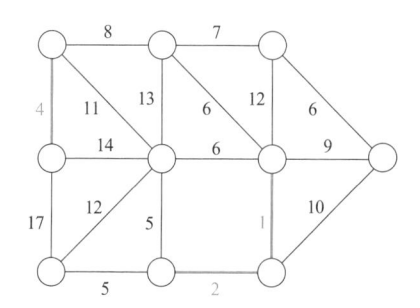

レナ▶ でもこうなると，色の付いた辺どうしがつながらなくなるわね．

ビム▶ なに，それはすぐ問題ではなくなるよ．とりあえず続けようか．原理は分かっているよね？

レナ▶ 当然よ！ 次は二つある 5 の辺だわね．これも並んでいるから，閉路にならないように気を付けないと．でも，この場合は大丈夫だわね．二つとも選択できるわね．

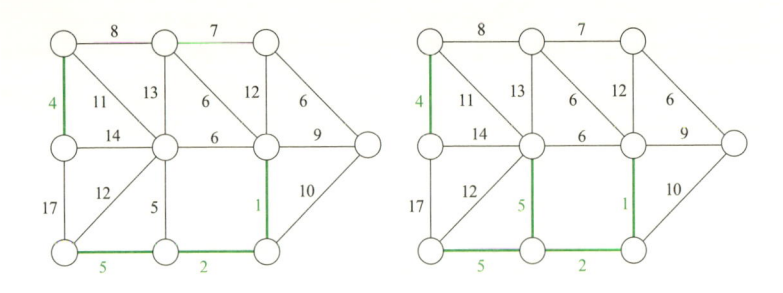

ビム▶ いいよ．全域木ができあがるまで，残りのステップを順番にやっていこうか．分からないところがあったら，尋ねてよ．

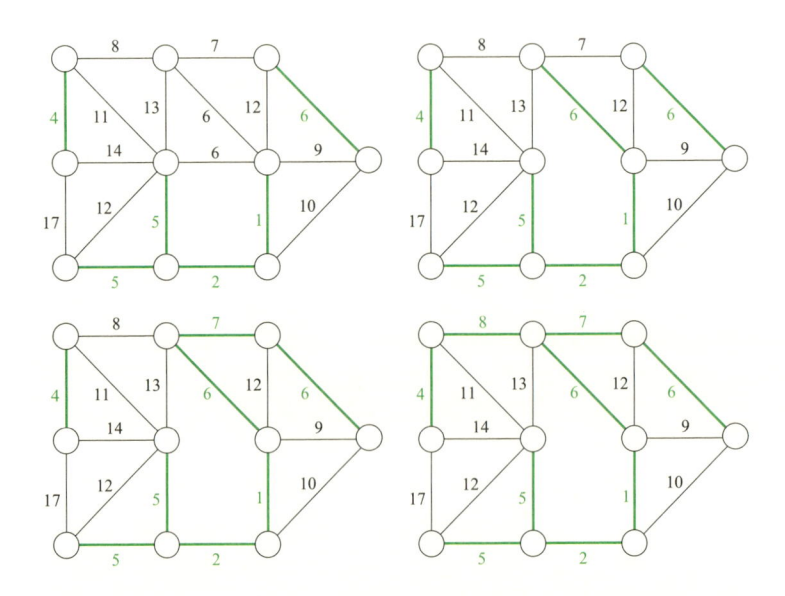

レナ▶ 全然大丈夫よ！ 連結も問題ないみたいね．それぞれの部分がひとりでにつながっていくから．いつもこんなふうにうまくいくの？

ビム▶ そうだね．最初のグラフが連結していればね．僕たちは閉路が生じないように気を付けていたから，例えばノードの数が n 個なら，$n-1$ 回のステップで全域木が生じるはずだよ．

レナ▶ 確かに，ここには 10 個のノードがあって，9 ステップで完成したわね．

ビム▶ これは欲張りアルゴリズムの一つで，やっぱり発明者の名前を取っ

て「クルスカルのアルゴリズム」と呼ばれているよ．http://www.math.sfu.ca/~goddyn/Courseware/Visual_Matching.html に Java アプレットがある．アプレットというのはインターネット経由で実行可能なコンピュータープログラムで，ここではクルスカルのアルゴリズムを使って美しい画像を作り出してくれるんだ．

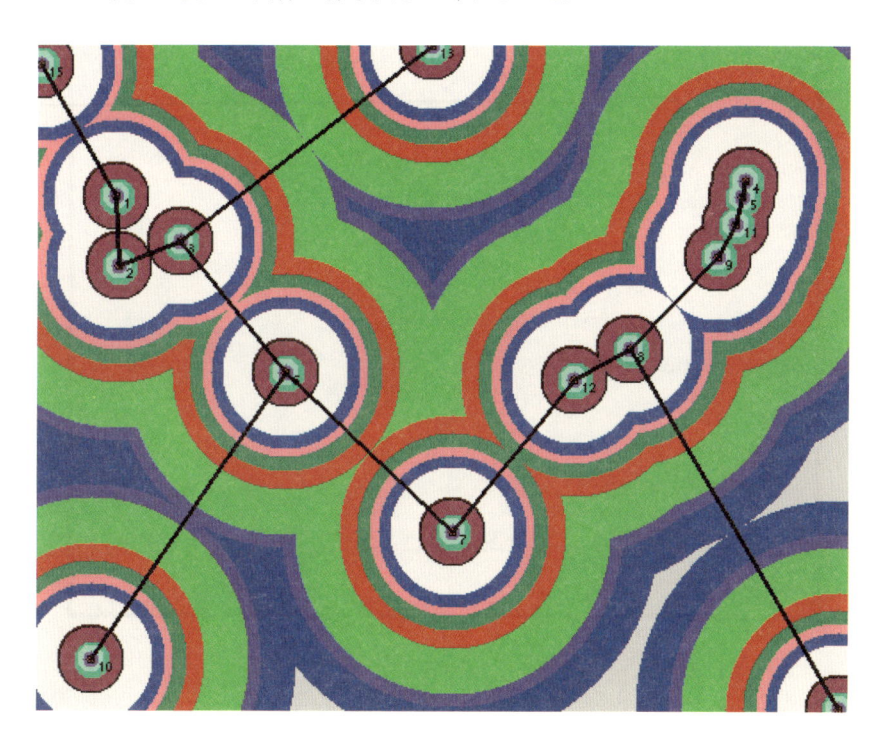

レナ▶すごい芸術的な絵ね！でも，この絵とアルゴリズムに何の関係があるの？

ビム▶このアプレットはノードが二つあれば，それらは辺でつながると仮定している．そして辺の重みはちょうどノード間の「直線距離」であるともしている．色の塗られた輪が「ふくらんでいく」につれて，最短の辺が決定されていくけど，アプレットではそうした最短の辺だけが描かれているんだ．

レナ▶すごいわね．でも一つ説明してちょうだいよ．結局，アルゴリズムは単純なわけでしょ．だったら，どうしてやたらと数学が顔を出すのよ．だっ

て次々と最善の選択肢を選んでいけばいいわけじゃない.

ピム▶ それはそうなんだけどね. まあ, これを見てご覧.

欲張りアルゴリズムとマトロイド

定義
E を有限集合であるとし, $\mathcal{I}$ を E の部分集合からなる空ではない族とする. $(E, \mathcal{I})$ の対は $\mathcal{I}$ が包含において閉じている, つまり以下が満たされる時, <u>独立系</u> であるという.

$$I \in \mathcal{I} \wedge J \subset I \implies J \in \mathcal{I}.$$

$\mathcal{I}$ の要素を独立集合という.
$\mathcal{I}$ のそれぞれの (包括で) 最大の独立集合を <u>基</u> という.
加えて

$$I_p, I_{p+1} \in \mathcal{I} \wedge |I_p| = p \wedge |I_{p+1}| = p+1$$
$$\implies \exists e \in I_{p+1} \setminus I_p : I_p \cup \{e\} \in \mathcal{I}$$

が満たされる場合, $(E, \mathcal{I})$ を <u>マトロイド</u> という.

注
$(E, \mathcal{I})$ がマトロイドならば, $\mathcal{I}$ のすべての基は同じ基数を持つ.

命題
$(E, \mathcal{I})$ は独立系である. $(E, \mathcal{I})$ は, ちょうど欲張りアルゴリズムがそれぞれの $c : E \to [0, \infty)$ に対して, c について最小の基を発見する場合, マトロイドである.

レナ▶ うわぁ！ こんなの理解しなきゃいけないの？

ピム▶ 理解する必要はないよ. 僕がいいたかったのは, 数学を使えば, 何でも解くことができるということだよ. ここで「マトロイド」は, グラフのすべての木からなる集合が一般的に持つ構造を記述したものなんだ. この構造について, 上の箱の説明の最後に, 欲張りアルゴリズムは実際の辺の重みとは独立に, 常に最適な解を見い出すと書いてあるんだ. だけど, ここで本当に肝心なのは, これが逆の方向を考えた場合にもあてはまることが示されていることだよ. 欲張りアルゴリズムが考えられるあらゆる辺の重みに対して, 最適な解をもたらすのであれば, その問題は必ずこうしたマトロイド構造を持っていなければならないんだ.

レナ▶ どうしてそれが肝心なの？

ピム▶ アルゴリズムが正しい解を導き出すならば, 問題の根底にある構造

を推論できるというのがすごいことなんだ．数学ではめったにないことだよ．つまり理論的な構造が実用的なアルゴリズムによって完全に特徴付けられるんだ．

レナ▶つまり，欲張りアルゴリズムが私たちのグラフで最小全域木を発見しさえすれば，全域木問題がこうした特殊な構造を持つことが分かるといいたいの？

ピム▶僕らのグラフで最小全域木を発見したらではなく，このアルゴリズムは「どんな」グラフで，また考えられる「ありとあらゆる」重みがあったとしても，同じことをするからだよ．特殊なグラフの場合，欲張りアルゴリズムは，いわば偶然に $s-z$ 間の最短経路を見つけたなんて話もありうるわけだからね．でも僕らは，必ずしもそうではないことを知っているわけだ．

レナ▶ふーん．数学で延々と取り組まなければならない理論的問題はあると．でも実践的なルートプラン問題では，少なくとも重みが負の辺がない限り，すべてかなり単純な問題だと．

ピム▶ちょっと待った！僕は最短経路問題と全域木問題について，特別に君のために二つの珠玉の結果を取り上げただけなんだ．問題がわずかに変わるだけで，さらに複雑になって，効率的なアルゴリズムがいまだにないということもあるんだ．

レナ▶例えば？

ピム▶例えば，ネットワークのフェールセーフだ．ニューヨークの停電を例に，これがどんなに重要かは話したよね．

レナ▶覚えているわよ．

ピム▶どこかの辺が取り除かれても，なお連結したままであるようなグラフを「二重連結」であると呼ぶ．グラフが二重連結となる最小の部分集合を定義しようとすると，とても難しい問題になるんだ．一方には「シュタイナー木問題」として知られる問題がある．例えば，グラスファイバー網を貸し出している会社はノードの一部だけを管理することで済ませたいだろう？例えば比較的大きな都市だけとか．でも別のノードを通過するようなケーブルを利用した方が，結局は得かもしれない．例をあげようか．次のようなグラフがあったとして，外側の四つのノードだけを管理するものとする．

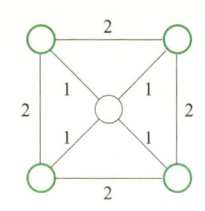

レナ▶それで？

ビム▶外側の四つのノードからなる部分グラフで最小全域木を定義してみよう．すると当然得られる木の重みは 6 となる．ところが管理下にないノードまで加えて考えると，最小全域木の重みは 4 になるね．

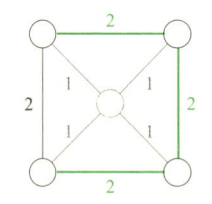

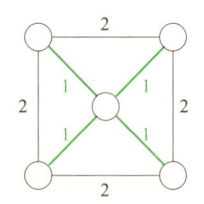

レナ▶これが，そんなに難しいっていうの？

ビム▶選択の余地があるノードの集合が大きい場合，どのノードが不可欠なのか試行錯誤が必要になって，またまた組合せの爆発するアルゴリズムになってしまうんだ．

レナ▶なるほどね．じゃあ，こんなに難しい問題を出された場合，どうすればいいの．電話会社は，お客に対して，「あなたのネットワークはフェールセーフではありません．というのは，そのための数学的な問題だけがどうしても解けないからです」なんて，まさかいうわけにいかないでしょ？でも，もう着替えて，朝ご飯を食べなきゃ．お腹ぺこぺこよ．

ゼンイキユーコーなんとかって？ 16
Arbor-was?

　パパとママはもう出発した後でした．レナは朝食をゆっくり食べ，今日は一日何をして過ごそうかと考えました．一日中家にこもっているなんてごめんです．でもヤンはいません．午後にでも英国風庭園に出かけてサイクリングでもしようかしら？そこは彼女たちの溜まり場なので，天気のよい日なら誰かに会うことができます．

英国風庭園からの中国様式の塔の眺め

　ただ，それも気が乗らない感じがしました．後でもっと楽しいことが思い浮かぶわよ…
　11時半にレナはテレビをつけてみました．『マウスといっしょ』を見逃したくなかったのです．彼女はこの番組の大ファンでした！ママは，「大きくなっても」相変わらず子供番組を見たがるのを喜んでいませんでしたが，パパは時々一緒に観てくれました．今日は，ソルトスティック（ザルツシュタンゲン）の作り方を放送していました．キャプテン・ブルーベアが，言葉を話す釣竿についての物語をしていました．そういえば，少し前，マウスがコンピューターが計算する仕組みを説明してくれました．この放送ならビムもきっと気に入るでしょう．テレビを観ていてソルトスティックがむしょうに食べたく

なったので，放送が終了した後，一袋かかえて自分の部屋に戻りました．

ビム▶やあ，レナ．
レナ▶こんにちは，ビム．ソルトスティックの作り方を知ってる？
ビム▶さあ．グーグルで調べてみようか．
レナ▶冗談よ．ところで解くのが難しい問題があるっていっていたわよね．だから全域木問題では方向のない場合だけ考えていたのかしら？ 最短経路問題では両方の場合について話したじゃない！
ビム▶もちろん，その場合の応用例もあるよ．グラスファイバー網の場合は方向は関係ないからね．
レナ▶方向のある木というのは，要するに辺の代わりに弧のある木のことでしょ．
ビム▶ちょっと違うなぁ．最初に根にあたるノードを決めようか．そこから木を伸ばしていこう．辺を，根から伸びた弧で代えるとこうなるね．

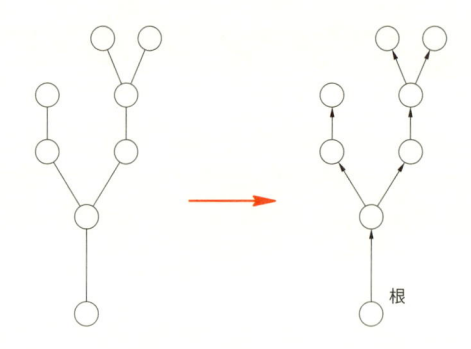

レナ▶ほら，単純じゃない．
ビム▶こうした「全域有効木」には前にも出会ったね．
レナ▶ゼンイキユーコー？
ビム▶英語でいうと arborescene で，arbor というのはラテン語でまさに木のことだよ．英語では枝分かれや木のような状態を表す表現だよ．とてもうまい表現だね．
レナ▶わかった．それで，どういうところで使うの？
ビム▶例えば無方向グラフで開始ノードの s から他のすべてのノードへの最短経路を定めると，全域木が得られる．

レナ▶ s からすべての経路が出ているから，辺の集合は連結しているわけでしょ．s から他のどれかのノードへの経路は「一つ」で十分なんだから，閉路は生じない．確かそう説明してくれたでしょ．

ビム▶ その通りだよ．この性質は有向最短経路問題の最短経路の弧にもあてはまることだよ．

レナ▶ 「有向最短経路木」っていうのは，要するに全域有向木のこと？

ビム▶ そうなんだ．全域有向木は次のような特徴を持つ有向グラフの弧の集合なんだ．まず根のノードである s から他のすべてのノードに到達できるとする．さらに s に向かう弧はない．また他のノードにはそれぞれちょうど一つの弧でつながっている．これを前に使った最短経路問題の解で確かめてみようか．

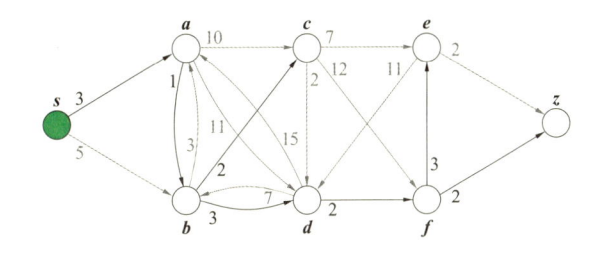

レナ▶ いいわよ．すべてのノードに s から到達することができて，s からは外に向かう弧が出ているだけなのよね．そして他のノードにはそれぞれちょうど一つの弧でつながっている．

ビム▶ 複数の弧がつながっていないという特性は，最短経路問題では，あるノードへの経路は複数にはならないということになるね．

レナ▶ そうなの．でも「最短経路全域有向木」は最小にはならないのでしょ？

ビム▶ ならないよ．僕らのグラフだと最小全域有向木は最短経路全域有向木よりも一つだけお得になる．

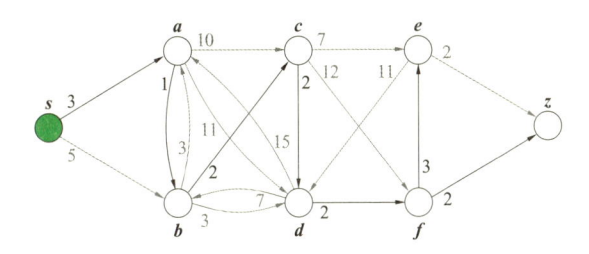

レナ▶欲張りアルゴリズムかなんかで，何とかならないの？
ビム▶いまいちね．何か名案でも思い付いて，効率的なアルゴリズムを見つけないとね．ともかく，次のグラフで最小全域有向木を見つける作業をしてみようか．欲張りアルゴリズムが役に立たないのが分かるよ．

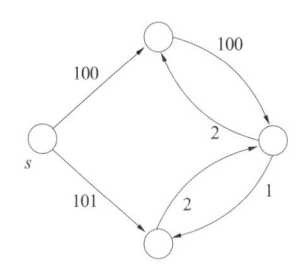

レナ▶私にやらせてよ．あれ，ちょっと待って．誰か来たみたい．

レナがドアを開けると，驚いたことに，そこにはヤンがいました．レナはとてもうれしくなりました．

レナ▶ヤンじゃないの？どうしたの？週末は旅行に行ったと思っていたわ！
ヤン▶その予定だったんだけどね．パパが会社の用事とかで早く帰ってきたんだ．それで，一緒に何かしないかなと思ってきたんだよ．昼ご飯の途中だったかい？
レナ▶いえ，大丈夫よ．朝ご飯が遅かったら．パパたちは家にいないの．入ってよ．

レナとヤンはしばらく話していましたが，結局，自転車でイザール川まで出かけて，ピクニックをすることに決めました．二人はバスタオルとスナック菓子を手早くバッグに詰め込むと，すぐに出かけました．イザール川では靴をぬいで，岸辺に腰掛け，いろいろ話したり笑ったり，また浅瀬に入っては，すぐに岸に上がってバスタオルにくるまったりして過ごしました．

イザール川の岸辺

ヤン▶僕が来なかったら，今日は一日何をするつもりだったんだい？
レナ▶別に．英国風庭園にでも行こうかと思っていたけど．あそこならいつでも友達に会えるから．それともビムの相手をしてたかなぁ．
ヤン▶ビム？ それって誰だい？

レナは口を滑らせてしまいました．彼女が数学なんかに取り組んでると知ったら，ヤンはどんな反応をするか見当が付きませんでした．でも，後の祭りです．彼女はヤンにビムのことを話してみました．

ヤン▶ビムは，ルートプランについて何でも詳しくて，とてもおもしろいソフトウェアだって？ 僕をからかってるんだろう！
レナ▶そんなことしないわよ．ビムは本当にいるのよ！ 私のことを，がり勉だと思わないでね．学校とは関係ないことなのよ．それに探偵小説みたいに面白いのよ．
ヤン▶想像できないなぁ．僕にも見せてくれないかい？
レナ▶もちろん！

彼女はヤンにすべてを話してしまいましたので，ビムを彼に見せることにしました．ちょうど雲がかかって，日がかげり出しました．荷物をまとめると，二人は帰りました．レナはヤンを自分の部屋に招き，コンピューターのスイッチを入れました．

レナ▶こんにちは，ビム．
ビム▶やあ，レナ．誰か来たんじゃないかい？
レナ▶そうなの．あなたにヤンを紹介しても構わないかしら．学校で隣のクラスの男の子なのよ．
ビム▶やあ，ヤン！よろしくね．
ヤン▶え，うん，こちらこそ．
レナ▶ヤンにはね，私たちがいつもおしゃべりしているとか，ビムは数学の天才だとか話したわよ．
ビム▶それは大げさだな．それはともかく，レナがいったように，僕らはいつも数学の話をしているんだ．もっと詳しくいうとルートプランについてだけどね．レナがどうしてそんなに興味を持つのか，僕にも分からないけど．ブラックホールやオリンピックやポップミュージックの話だって同じぐらいうまくできるんだけどね．でも彼女はルートプランにしか興味がないんだ！
レナ▶ちょっと，ちょっと！ヤンが私のこと誤解するじゃない．「ビムの方から」数学を別の面から考えてみようよっていったんじゃない．
ビム▶そうでした．
ヤン▶君ら二人はいつもこうなのかい？僕は，ビムというのはアニメ化された百科事典のようなものかと思っていた．あれ，画面が暗くなったね．どうしてだろう？
レナ▶ヤン，あなたがビムを傷つけたからだと思うわ．
ヤン▶そんなつもりじゃなかったのに！コンピューターソフトがそんなに繊細だとは思わなかったなぁ．
ビム▶心配しないで，冗談，冗談だよ．
ヤン▶もっとゆっくりしたいんだけど，今晩は弟の面倒を見なくちゃいけないんだ．あやうく忘れるところだったよ！実は，レナに一緒に来てもらって，音楽を聞いたりしたいと思っていたんだ．ビムが君にこれまで話してくれたことを聞かせてくれないかい？
レナ▶もちろん．でも，全部を一人で説明するのは無理よ！
ビム▶大丈夫だよ！フロッピーディスクをくれれば，画像とかリンク先を僕が用意するよ．
レナ▶すてき．

ヤンの家に向かう途中，彼はビムの話す数学が，学校の数学とどう違うのか知りたがりました．レナは，学校とは違って，ビムの数学では，何かの公式を不自然な練習問題とかで覚える必要はないと説明しました．そんなことせず，日常生活に直接かかわるような現実的な問題を解くことがビムの数学よ．とりわけ，現実の課題を数学で表現できるような形に変えることをモデル化というけど，これは一見すると唐突だけど，でも問題を解くのに必要で，自明ではない作業であることを理解させてくれたと，彼女はいいました．「自明」という言葉を口に出した時，彼女は一人で笑ってしまいました．ヤンは彼女のいうことに同意しました．モデルを立てるなんてことを二人とも学校では今まで一度も習ったことがありません．教科書で習うのは，何かが適当な数式で表現されていて，練習問題があれば，それらの公式を適当に当てはめることでした．だから難しいのは，せいぜい練習問題をどうやって公式に当てはめるかということでした．けれどレナが気に入ったのは数学のクリエイティブな一面でした．ビムと話していると，これから何が始まるのか見当もつかないのでした．

　その晩はとても素敵でした．レナは，こんなに楽しく話し合うことのできる相手には，もう二度と出会うことはないだろうと確信しました．もちろん，ビムとの話もとても楽しかったのですが，それとこれとは，まったく別物なのです．

　ヤンはとても聞き切れないほどの膨大な数のMP3ファイルを集めていました．彼は，レナに必要なソフトと彼女が気に入った曲の幾つかをCD-ROMに焼いてくれると約束してくれました．またヤンはビムやルートプランの話についてもいろいろ尋ねてきました．レナは自分でも感心するほど，ほとんどを覚えていました．もちろん，ビムが用意してくれたフロッピーディスクが役に立ちました．

　ヤンの弟のルーカスは確かにちょっと厄介でした．彼の描く絵を，二人は何度も見てあげなければなりませんでした．ヤンが彼にサンタクロースの家の話をすると，ようやく彼は静かにうとうとし始めました．時たま，「これ，サンタクロースの家」というつぶやきが聞こえてくるだけです．レナは，自分たちがルーカスのお守りをしているのかしら，ひょっとしたら逆じゃないかしら，と自問したりしました．

　レナが家に帰ってみると，もう夜の9時近くでした．門限ぎりぎりです．彼

彼女は明日の朝もヤンと約束していました．パパとママはすでに帰っていましたから，レナはまずは，両親の質問タイムをやり過ごさなければなりません．まったく親というのは…

町の散策も勉強　　　　　　　　　　　　　　　17
Studieren geht über flanieren

　　月曜日の午前中が唯一憂鬱の種でした．レナは，学校は永遠に終わらないんじゃないかとさえ思いました．いずれにしてもレナはうわの空で，昨日のことばかり思い出していました．
　　帰宅してみると誰もいませんでした．パパはいつものように会社ですが，ママがいつものように家で仕事をしているはずでした．まあ，いいか，とレナは思いました．ヤンがもうすぐやってくるし．しばらくすると呼び鈴が鳴りました．

　　レナ▶ヤン，いらっしゃい．入って．
　　ヤン▶今日，学校はどうだった？
　　レナ▶野暮なこと聞かないでよ．ヤンは？
　　ヤン▶いつもの通り．数学の時間に，君が昨日話してくれたことをずっと考えていたんだよ．そしたらもう我慢ができなくなってきて，それで聞いたんだ．
　　レナ▶何を？
　　ヤン▶いま勉強していることは，具体的にはどんな役に立つんですかって．
　　レナ▶それで？
　　ヤン▶先生は，そういう質問は予想していなかったみたいだった．
　　レナ▶すごいわね．そんな勇気，私にはないな．
　　ヤン▶ビムが活躍するのを実際に見ることを想像するとわくわくしてくるんだ．今日は何を話すのかな？
　　レナ▶自分で尋ねてみたらいいわよ！

　　二人はレナの部屋に入りました．レナがパソコンを起動している間，ヤンはコミュニケーションボックスに気が付きました．これのおかげでビムと話ができるのです．

　　ヤン▶こんな装置は初めて見たよ．いったいどうしたの？
　　レナ▶さあ．最初からパソコンに付いていたから．
　　ヤン▶パソコンを買っても，普通はこんな機械は付いてこないよ．

レナ▶つまり，この箱はビム専用ってこと？ 変だな．それならパパはビムについて何か知っているはずなんだけど．そうでなければ，パパはこの箱のことを変に思っていたはずだけど．

ヤン▶そうだね．お父さんに尋ねてみるのがいいんじゃないかな．

レナ▶それよりビムに直接聞いてみましょうよ！ これまで全然気が付かなかったわ！ こんにちは，ビム．

ビム▶やあ，レナ．

レナ▶ヤンも私も，ビムがどこから来たのか，誰が作ったのか知りたいのよ．

ビム▶面白い質問だね！ でも，残念ながら分からないなぁ．その答えは僕のデータベースにはどこにもないんだよ．僕が誰で，どこから来て，なぜ存在するのか？ 君たちで分かったら，教えてよ！

レナ▶ふーん．ビムは，ヤンと私にルートプランの話をするために存在するんじゃないの？

ビム▶そうだね．まあ，哲学はやめておこうか．今日はヤンのために面白いテーマを用意したよ．1735 年から知られている「ケーニヒスベルクの橋の問題」だ．

ヤン▶ちょっと古すぎるんじゃないかい？

ビム▶それは誤解だよ！ いまなお変わらず新しい問題だっていうことがすぐ分かるよ．ところで，ごみ収集車はもう来たかい？

レナ▶いえ．毎週木曜日だけど．変なことを聞くのね．

ビム▶いや，こういうわけなんだ．ここに 1650 年のケーニヒスベルクの市街地図を用意したから見てご覧．これはインターネットでも，例えば http://www-groups.dcs.st-and.ac.uk/~history/HistTopics/Topology_in_mathematics.html で見ることができるよ．ケーニヒスベルクを流れる川は知っているかな？

レナ▶ケーニヒスベルクというと，ケーニヒスベルガー・クロプセ（肉団子のホワイトソースがけ）しか知らないけど．ヤンは知ってる？

ヤン▶ケーニヒスベルクって，いまはロシアの一部で，カリーニングラードっていうことぐらいしか知らないよ．

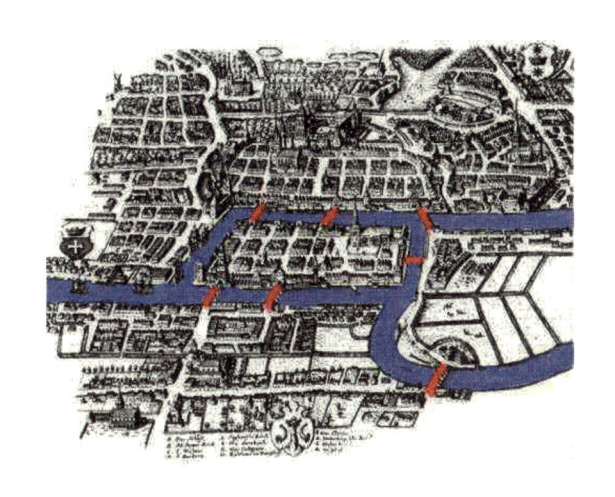

ピム▶その通り．ケーニヒスベルクを流れる川はプレーゲル川だよ．さて問題は，ここに七つの橋が描かれているけど，これをそれぞれ1回だけ渡る経路はあるかどうかということだよ．橋の途中まで渡って引き返すっていうのは，なしだよ．一度橋に足を踏み入れたら，必ず渡ってしまわなければいけないし，その橋にもう一度足を踏み入れてはいけない．これは昔の少年たちにとってはスポーツだったんだ．当時はテレビもインターネットもなかったからね．若い子たちは天気のよい日は町中を散策したもんなんだ．

レナ▶何だか私たちがテレビばかり観て過ごしているようないい方ね．ヤン，私たちだってイザール橋を散歩するのは好きよね？

ヤン▶するかい？

ピム▶まあ，いいよ．で，ケーニヒスベルクの若者たちには，七つの橋を通るルートを見つけることはついにできなかったんだ．だから多くの人々は，そもそも，そんなことは不可能だと思ったんだ．その後1735年になって，ついに有名な数学者のレオンハルト・オイラーが，自分ならこの問題を説明できるかと考え直したんだ．

レナ▶それで？ 彼は解けたの？

ピム▶彼には解けたんだ．彼はこの問題を徹底的に考え，この種の問題を一般的に，つまりケーニヒスベルクでの川の支流や橋の位置関係に限定せずに解く方法について，たくさんの論文を書いた．ある意味で，彼はこの問題を通してグラフ理論全体の基礎を築き上げたんだ．ここに彼が論文を発表し

た雑誌である 1736 年の *Commentarii Academiae Scientiarum Imperialis Petropolitanae* 誌の表紙を用意したよ．

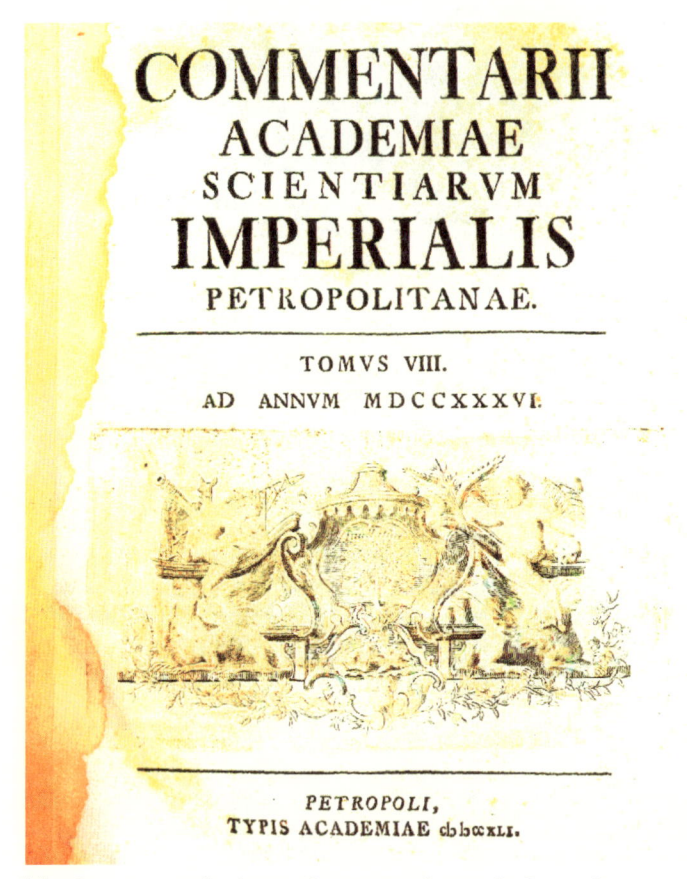

出典：*Commentarii Academiae Scientiarum Imperialis Petropolitanae* 8, 1736

レナ▶ずいぶん黄ばんでいるわね！左端には染みもあるじゃない！
ビム▶どうやらこの雑誌は水に浸かったかなんかしたらしいね．でも 250 年も経っているからそういうこともあったろうね．でも論文の最初のページの状態はもっといいよ．

SOLVTIO PROBLEMATIS
AD
GEOMETRIAM SITVS
PERTINENTIS.
AVCTORE
Leonh. Eulero.

§. 1.

Tabula VIII. Praeter illam Geometriae partem, quae circa quantitates verfatur, et omni tempore fummo ftudio eft exculta, alterius 'partis etiamnum admodum ignotae primus mentionem fecit *Leibnitzius*, quam Geometriam fitus vocauit. Ifta pars ab ipfo in folo fitu determinando, fitusque proprietatibus eruendis occupata effe ftatuitur; in quo negotio neque ad quantitates refpiciendum, neque calculo quantitatum vtendum fit. Cuiusmodi autem problemata ad hanc fitus Geometriam pertineant, et quali methodo in iis refoluendis vti oporteat, non fatis eft definitum. Quamobrem, cum nuper problematis cuiusdam mentio effet facta, quod quidem ad geometriam pertinere videbatur, at ita erat comparatum, vt neque determinationem quantitatum requireret, neque folutionem calculi quantitatum ope admitteret, id ad geometriam fitus referre haud dubitaui: praefertim quod in eius folutione folus fitus in confiderationem veniat, calculus vero nullius prorfus fit vfus. Methodum ergo meam quam ad huius generis problemata

出典：*Commentarii Academiae Scientiarum Imperialis Petropolitanae* 8, 1736, pp. 128-140

レナ▶これってラテン語？
ビム▶そうだよ．当時はラテン語が学者の間で使われていたんだ．
レナ▶どっちみち，私の得意科目じゃないわね．
ビム▶タイトルを訳すと，『位置の幾何学問題の解法』となる．「位置の幾何学」で，オイラーは，この問題は川の支流と橋の位置関係だけが重要なことを強調したかったのだね．つまり距離の数字上の大きさは重要ではないってことだよ．
ヤン▶提出された課題に答える代わりに，その老人は，尋ねられてもいな

い抽象的な事柄についての完全な理論を考え出したってわけかい？ 典型的な理論家だね！

レナ▶ヤン，そういういい方はよくないわよ．だってオイラーがケーニヒスベルクの問題だけを解いたのではないことは素晴らしいじゃない．どんな都市の場合でも，川と橋があるなら，どういう散歩が可能かを知ることができるわけだから．

ビム▶レナのいう通りだよ．オイラーの仕事のおかげで，君たちは同じ問題をミュンヘンに当てはめることができるんだから．ついでだから，ここでちょっとした絵を見せてあげよう．これはサム・ロイドが書いた数学の謎についての本から抜き出したものだよ．この絵ではオイラーが，数学で偉大な業績を成し遂げた老いた賢者のように描かれている．

出典：*Sam Loyd, Martin Gardner – Mathematische Rätsel und Spiele*
DuMont, 1978, P. 48

ヤン▶それで？ この絵に何か問題でもあるのかい？

ビム▶オイラーは 1735 年にはまだ 28 歳だったんだよ．それから，もっとよく絵を見てご覧．この絵には他にも間違いがあるよ．橋が八つあるじゃないか．この絵では地図が逆さになっているから，なかなか気が付かないけどね．

レナ▶確かにそうだわね．何でこんな間違いが起こるの？

ビム▶さあ，よくは分からないけど．ひょっとしたらロイドには八つの橋の謎の方がいいように思えたんじゃないかな．つまり彼はオイラーは間違っていたといってるんだよ．ロイドの時代は 19 世紀末だけど，その頃，この

八つ目の橋が描かれている場所には鉄橋があったんだ．もちろん，そんなものはオイラーの時代にあるはずはないけどね．
ヤン▶この問題がグラフと何か関係があるってことかい？
ピム▶そうなんだ．橋の周回路の問題を解くのに本当に必要な情報にのみ集中して考えてみると，川の支流で切り離された都市の区画をノードとして表現できることが分かる…
レナ▶…すると，それぞれの都市の区画を結ぶ橋は辺ということね．なるほど，これまで出てきたグラフと一緒だわね．すごいなぁ！
ピム▶インターネットで http://mathforum.org/isaac/problems/bridges2.html にアクセスすると，きれいな図が見れるよ．

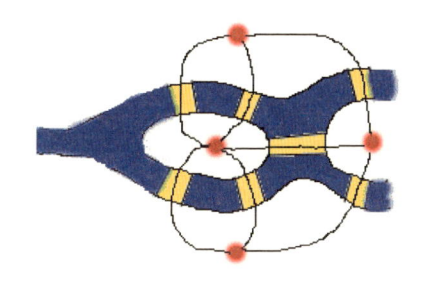

ヤン▶ちょっと待ってよ．僕にもちゃんと説明してくれない？
レナ▶簡単なことじゃない．都市のそれぞれの区画がノードを表していて，二つの区画を結んでいる橋が，それぞれ辺になっているのよ．
ピム▶すごいじゃないか．僕もすぐにお払い箱かな．そうすると，僕らの前には二つの無向多重グラフがあることになるね．このうち左はオリジナルの問題に対応していて，右側はロイドが描いた八つの橋の場合だね．ヤン，多重グラフの話はレナから聞いているかい？

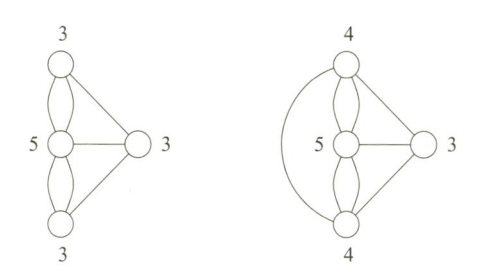

ヤン▶うん．二つのノードの間に複数の辺がありうるグラフのことだろ．それにしても，君らは僕より進んでいるなぁ．僕なら，これをグラフで表すという発想は出てこなかったよ．ノードに付いている数字は何だい？
ビム▶実はこの数字がこの問題を解く鍵になるんだ．でもそんなに複雑なことじゃないよ！ 右のノードの3はこのノードから3本の辺が出ているというだけの話だよ．
ヤン▶三つの橋がこの区画につながっているってことかい？
ビム▶その通りだよ．他の数字についても同じだよ．それぞれ，幾つの橋がそのノードにかかっているかを表しているんだ．これをノードの「次数 (degree)」などというんだ．
ヤン▶数字にはそれ以上の意味はないのかい？ 何だか超天才の仕事らしくないよ．
ビム▶小さい単純なアイデアが非常に役に立つということはよくあることなんだ．ところでロイドのように橋を1本加えると，二つのノードの次数が増えることに気が付いたかい？
レナ▶いえ，全然．ええっと…辺は二つのノードとつながるんだから，なるほど，そうね．
ビム▶よく分かったね．でも，このことに気が付くのは重要なんだ．このことから，グラフのノードの次数についてのある重要な特性を導けるんだよ．
レナ▶それは？
ビム▶次数が奇数になるノードの数はどんなグラフでも偶数個なんだ．この七つの橋のグラフの場合，四つのノードの次数はすべて奇数だね．一方，八つの橋のグラフでは二つだ．
レナ▶ふう．ちょっと待って．唐突だけど，地下室に大きな冷凍庫があって，アイスクリームが山ほど入っているのを思い出したわ！ ヤン，欲しくない？
ヤン▶喜んで！ 映画館の売店みたいだね！
ビム▶僕の分は？
レナ▶何いっているのよ．グーグルで「アイス」を検索してみなさいよ．健康に悪いって出てくるわよ！

▶電流のない電磁誘導　　　　　　　　　　　　　　*18*

Spannung ohne Strom

　しばらくするとレナが「黒い森のサクランボアイス」を二皿抱えてやってきました．

レナ▶お待たせ．それでケーニヒスベルクの二つのグラフの場合は，確かに次数が奇数のノードは偶数個だけど，でも，いつもそうだという証明にはならないわよね．

ピム▶もちろんならないね．でもこの二つのグラフから証明のアイデアを導くことはできるんだよ．もっと詳しくいうと，「完全帰納法 (complete induction) または数学的帰納法 (mathematical induction) による証明」って呼ばれている．

ヤン▶それって電磁誘導 (electromagnetic induction) みたいに物理と何か関係があるのかい？

ピム▶いや，違うよヤン．帰納というのは個々の事象から一般的な結論を導き出すことだよ．僕らはたったいま，ケーニヒスベルクの二つのバージョンのグラフで次数が奇数のノードが偶数個あることを確認したよね．そしてこれが常に正しいことを推測しようというわけだ．帰納法というのは，証明しようという推測が，自然数 m に依存する複数の部分命題に分けて表現可能な場合に，常に用いることができる．僕らの場合，ここで主張していることを次のようにまとめればいいんだ．

> 次の命題は負ではないそれぞれの数 m に対して成立する．
>
> m 個の辺からなるグラフはそれぞれ次数が奇数のノードを偶数個含む．

ヤン▶分からないよ．それぞれの m について命題が成立するなら，それぞれのグラフで次数が奇数のノードの数は偶数になると．これじゃ，さっきの推測のままじゃないか．

ピム▶その通りだね．でも m を使うことで，僕らは主張したいことを分解したことになるんだ．つまり辺が 0 個のグラフのそれぞれとか，1 個のグラフのそれぞれとか，2 個のグラフのそれぞれとか．

ヤン▶むしろ複雑になっただけじゃないか！だって，すべてのグラフにこの性質が成立することを示さなければいけないじゃないか．それじゃ，何のメリットもないよ．

ビム▶それがあるんだよ！辺が m 個あるグラフについて，命題をさらに部分的な命題に分解することで，それぞれを次々と証明していくことができるんだよ．

レナ▶でも，分解したらそれこそ部分的な命題の数は無限になってしまうじゃない．それを次々と証明していくつもりなら，いつまでたっても終わらないわよ！

ビム▶もちろん君のいうことは正しいよ．命題が m 個のそれぞれの場合についていちいち説明しなければならないのなら，証明の見込みはまるで立たないね．

レナ▶でも，すべてのグラフについて証明したいんでしょ．

ビム▶そうなんだ．でも，もっと賢いやり方があるんだよ．さっきの箱の中に書いた命題をすべて繰り返すのは手間だから，これを記号で $\mathcal{A}(m)$ と表そう．すると $\mathcal{A}(0)$ は「0 個の辺からなるグラフはそれぞれ次数が奇数のノードを偶数個含む」という命題を表すことになる．

レナ▶了解．$\mathcal{A}(1)$ は「1 個の辺からなるグラフはそれぞれ次数が奇数のノードを偶数個含む」となるわけね．

ビム▶その通り．一般に，$\mathcal{A}(m)$ は「m 個の辺からなるグラフはそれぞれ次数が奇数のノードを偶数個含む」となる．大丈夫かい，ヤン？

ヤン▶大丈夫さ！

ビム▶部分的命題をそれぞれ証明しようと思っても，それは決して終わらないから，この図のそれぞれの場合をいちいち証明していかなければならない．永遠にね…

$\bigcirc$ $\bigcirc$ $\bigcirc$ $\bigcirc$ $\bigcirc$ $\bigcirc$ $\cdots$
$\mathcal{A}(0)$ $\mathcal{A}(1)$ $\mathcal{A}(2)$ $\mathcal{A}(3)$ $\mathcal{A}(4)$ $\mathcal{A}(5)$

ヤン▶何とか止めることができるのかい？

ビム▶できるんだ．次のような原則を立ててね．

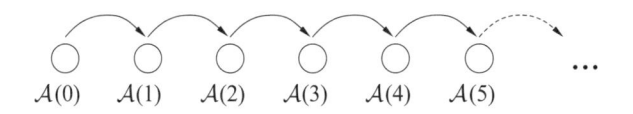

$\mathcal{A}(0) \quad \mathcal{A}(1) \quad \mathcal{A}(2) \quad \mathcal{A}(3) \quad \mathcal{A}(4) \quad \mathcal{A}(5) \quad \cdots$

レナ▶ノードからノードへと飛び移っていくってこと？

ピム▶よく分かったね！

レナ▶意味が分からないわよ．それでも永遠に飛び移っていくだけじゃない．

ピム▶それじゃ，最初に $\mathcal{A}(0)$ が正しいことを示そう．

レナ▶結構ね．それは本当に自明だわよね．グラフに辺がないなら，すべてのノードの次数は 0 に決まっているから，次数の数は偶数よね．

ピム▶そう．次数が奇数となるノードは一つもないんだよね．したがって $\mathcal{A}(0)$ は正しいよね．これが「帰納法の出発点」なんだ．そうしたら，命題が m 個の辺のグラフで正しいのであれば，$m+1$ 個の辺のグラフでも命題が成立することを，それぞれの m について示すんだ．

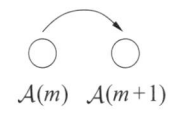

$\mathcal{A}(m) \quad \mathcal{A}(m+1)$

レナ▶m は特性を絶えずその次の数に「引き継がせる」ってことを示していけって意味かしら．

ピム▶それはいいたとえだね．これが僕らのグラフで成り立つことを見てみようか．$\mathcal{A}(m)$ から $\mathcal{A}(m+1)$ へのステップで，m 個の辺を持つグラフはそれぞれ次数が奇数となるノードを偶数個含むと仮定しようか．これは「帰納法の仮定」と呼ばれるよ．さて次に命題が $m+1$ 個の辺を持つすべてのグラフに成立することを示さなければならない．

レナ▶でも m が大きければ，数はとても多くなるわね．

ピム▶すべてのグラフをいちいち調べる必要はないんだ．すべてに共通の特質，つまり $m+1$ 個の辺を持つことを利用すれば十分なんだ．

レナ▶それでいいの？

ピム▶まあ，見てご覧．あるグラフが $m+1$ 個の辺を持つとしようか．ここから辺を一つ除くと m 個の辺を持つグラフになるよね．帰納法の仮定から，このグラフで次数が奇数のノードの数は偶数に他ならない．ところで，

グラフから辺を取り除く場合，三つの可能性がある．その辺が関係する二つのノードがいずれも奇数の次数である場合と，二つとも偶数のノードの場合と，一方のノードの次数が偶数で他方が偶数の場合の三つだ．二つのノードに関連する三つの可能性は，二つを結ぶ辺を取り除いた「後」では，こんな感じになるかな．

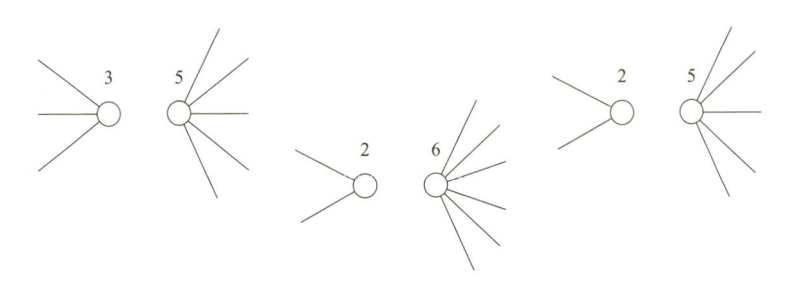

レナ▶確かに．原理的にこれ以外の可能性は考えられないわよね．それで，これが何の役に立つの？

ビム▶帰納法の仮定に基づくと，辺を一つ減らしたグラフは次数が奇数となるノードを偶数個含むことになる．さて，取り除いたはずの辺を再びグラフに付け加えると，この三つの可能性のいずれでも，次数が奇数となるノードを奇数個含むようなグラフが生じないことを示さなければならないわけだ．最初の可能性の場合を見ると，次数が奇数であった二つのノードは，取り除いた辺を加えることで，次数は偶数個になるね．したがって，グラフ全体で次数が奇数のノードの数は二つ分減るけど，偶数であることには変わりない．

レナ▶私は大丈夫．ヤンはどう？

ヤン▶問題ないよ．

ビム▶二つ目の場合は次数が偶数のノードがともに奇数に変わるんだね．だから前より奇数のノードが二つだけ増えることになる．でも，グラフで次

数が奇数であるノードの数が偶数であることには何の変わりもない.

レナ▶それはそうよね.
ビム▶そして最後の場合は，次数が偶数のノードと奇数のノードがつながるわけだけど，すると二つのノードの偶数と奇数が逆転するだけだから，次数が奇数のノードの数には変化は起こらない.

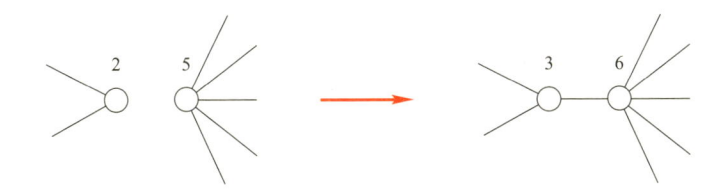

レナ▶つまり，いずれの場合も同じってことね.次数が奇数のノードの数はいつでも偶数だと.
ビム▶そうなんだ. $\mathcal{A}(m)$ から $\mathcal{A}(m+1)$ への「帰納法のステップ」がうまく成立したわけだよ.これで僕らの完全帰納法は完成だよ.
ヤン▶ちょっと待ってくれよ.命題が「それぞれ」の m に成立するってのは，どうやって確かめられるのか説明してくれないか？
ビム▶もちろん.帰納法の出発点で $m=0$ の場合に命題が成立するのは確認しているよね.すると帰納法のステップで辺が一つのグラフの場合にも成立することが分かる. $m=0$ なら $m+1=1$ だからね.さらに $m=1$ の場合にも帰納法のステップを適用して， $m+1=2$ の場合にも正しいことが得られる.
ヤン▶なるほどね.命題が $m=2$ の場合に正しいのが分かっているなら， $m+1=3$ の場合にも証明ができる.あとはこれをずっと繰り返せばいいんだ.
ビム▶レナが最初にいった通りで，特性は次々と引き継がれるんだ.このテーマについて次のような詩があるけど，お気に召すかな.

> 数字の 1 よ
> かつて自然数が
> （彼らは自分たちがなにがしのものであると信じていたのだが）
> 老いて無力な数字の 1 にあざけりの言葉を浴びせかけた
> 彼はなんと弱くなんと弱かったことか
> あざけりの言葉を受けて
> 数字の 1 はその痛みにくじけながらこういった
> 「お前たちは恩知らずだ–
> お前たちを生み出したのはこの私ではないか！」
>
> 出典：Hubert Cremer – *Carmina Mathematica*,
> Verlag J.A. Mayer, 1977, P. 18

ヤン▶おお！何と恩知らずなのだ，この若僧は！って，僕のおばあちゃんもいつもいってるよ．

ビム▶まあ，今日はこれでお開きにしようか．君らは他に何か用事があるんだろ？

ヤン▶いや，別にないけど．でも映画に行く気はあるかい，レナ？今日は映画の日だよ．週末より安いんだ．

レナ▶でも，もう少し話も聞きたくない？それとも退屈？

ヤン▶退屈なことはないよ．でも，今日はもう十分だよ．『2001 年宇宙の旅』を上映している映画館があるんだけどな．

レナ▶SF 映画の？古くさい映画を見たがるのね．

ヤン▶SF の古典だよ．SF 映画は嫌いかい？

レナ▶あんまり．こじつけが多いから．

ヤン▶でも，映画なんてどれもそんなものだよ．特に SF 映画は現実の物語を扱っているわけじゃないからね．おまけに監督のスタンリー・キューブリックは『2001 年宇宙の旅』で，とびきりお金のかかる特殊効果を使っているし．

レナ▶まあ，いいわ．いうこと聞きましょうか！それじゃ，ビム，また明日ね！

ビム▶ごゆっくり！

レナは，どんな映画でも一緒に行ったことでしょう．ヤンが一緒ならば．でも彼女は，ビムが今日はここまでといったことにヤンがすぐに納得したことが気がかりでした．ひょっとしたら彼はレナほどにはビムの話に興味がないのかもしれません．多分，それはレナにも責任があるのでしょう．パパは，レ

ナが何かを気に入ると，それに熱中する傾向があることを，自分とまったく同じだといっていつも自慢していました．でもママは，そんなことはちっとも自慢にならないと相手にしていません．

　レナは映画を気に入りました．特にコンピューターのハルがよかったです．ハルは少しビムに似ていました．ただしハルとは違って，ビムはとてもフレンドリーですけど．『2001年宇宙の旅』をきっとチューリングは気に入っただろうな，とレナは考えました．

　ヤンは家までレナを送ってくれました．この映画はとても長かったので，もう夜の9時近くになっていました．もちろん平日の門限です．それにもかかわらず今日はパパたちのお説教が軽いような気がしました．彼女がすかさず謝ったので，パパたちの気勢をそぐことができたのか，あるいはヤンがいたせいなのか，それは分かりません．きっとパパたちもヤンを気に入っているのでしょう．パパなんかは，ヤンはレナを家に送ってくるから頼もしく思うと，たびたびいっていましたし．

オイラー的か否かという歌

Eulersch oder nicht, was für ein Gedicht

次の日，学校でレナはマルティーナに，金曜日のパーティーにヤンを連れていってもいいかしらと尋ねました．「もちろん，いいわよ」とマルティーナはにやにや笑いながら答えてくれました．それどころか，最近レナが姿を見せなかった理由を知っているわよ，とも付け加えました．

レナが家に帰ってみると，ママが家を出ようとしているところでした．

レナ▶ただいま．
ママ▶お帰り，お姉さん．ご飯はレンジでチンしてね．マイアーさんが今朝電話してきてね，一緒にショッピングでもしましょうよと誘ってきたのよ．今日，何か用事があるの？
レナ▶ヤンが来ることになっているけど．
ママ▶あらあら．それじゃ，行ってくるわね．

レナは世の中がますます分からなくなりました．いつもなら，「宿題を片付けるのを忘れちゃダメよ！」とか「忘れずに部屋を少しは片付けなさい！」とか念を押されるはずなのです．ところがヤンのことを口にした途端，ママの表情が少し変わったのでした．昨日の夜と同じだわ，とレナは思いました．ヤンは，パパやママには特別の効果があるらしい．

ちょうどレナが戸棚から皿を取り出した時，玄関の呼び鈴が鳴りました．約束通り，ヤンがやってきたのです．幸い，ママはいつもよりたくさんの料理を用意していました．

ヤン▶やあ，ビム．
ビム▶やあ，ヤン．今日も仲間に加わるかい？
ヤン▶もちろんさ！面白い話だからね．でも，今日は長居はできないんだ．物理で研究発表をすることになっちゃったんでね．ダニエルと僕が，ツヴァイホルツ先生の「手に汗握る」授業の最中にSF映画の話をしていたのが，先生には気に入らなかったらしいんだ．罰として，ダニエルはあさってまでに，光の速度についてレポートを書く羽目になって，僕の方はレーザーの働きについての「論文」を書かせてもらえるというわけさ．

ビム▶なに，問題ないよ．これなんかどうだい．

```
Hausarbeiten.de
    ...das Wissensarchiv im Internet                          POWERED BY grin

HAUSARBEITEN     Hausarbeit /archiv/physik/physik-laser.shtml in der Datenbank nicht gefunden
  ARCHIV
  SUCHEN         "Laser" ist der erste Teil einer schriftlichen Ausarbeitung, die ich im Dezember 1996 für den Physikunterricht erstellen
  EINSENDEN      mußte.
  NEWSLETTER     Das Thema war frei wählbar (mußte im weitesten Sinne etwas mit Physik zu tun haben :-)), und da ich schon immer
                 wissen wollte, wie ein Laser funktioniert, habe ich mir dieses Thema mal vorgenommen...
                 Wie gesagt, der erste Teil heißt "Laser" während der zweite Teil mit der Glasfasertechnik beschäftigt. Den zweiten
COMMUNITY        Teil finden Sie auch auf meiner Homepage (siehe Menü links!)
  MITGLIED WERDEN
  CHAT           Inhaltsverzeichnis                     （目次）
  DISKUSSION       • Was ist ein Laser?                 （レーザーとは何か）
  STUDIUM          • Wie erzeugt ein Laser ein "Lichtbündel?"  （レーザーと光束）
  JOBCENTER        • So schaukelt sich der Laser selbst auf    （レーザーの拡大）
  LIFE             • Die Entwicklung des Laser          （最初のレーザー）
  MONEY            • Der erste Laser
                   • Die verschiedenen Laserarten       （さまざまなレーザー）
NACHRICHTEN        • Die Anwendung des Laser - Vom Diamantbohrer zur Laserkanone （レーザーの応用分野）
  TOPTHEMEN        • Der Laser als Waffe                （兵器としてのレーザー）
  BILDUNG          • Die "friedliche" Anwendung des Laser （レーザーの平和利用）
                   • Der Laserdrucker                   （レーザープリンタ）
SERVICES           • Das CD-ROM-Laufwerk                （CD-ROMとレーザー）
  HANDY-LOGOS
  KLINGELTÖNE
  FREE SMS       Was ist ein Laser?         （レーザーとは何か）
  BUCHTIPPS
  WÖRTERBUCH     [zurück]

INFO             Ein Laser ist grob gesagt ein "Energieumwandler für elektromagnetische Schwingungen im Bereich der Lichtwellen". Ein
  HILFE          Laser strahlt Licht aus.
  IMPRESSUM
  PRESSEBERICHTE In Grundzügen kann man die Funktionsweise eines Lasers mit der einer Glühlampe vergleichen:
  README         Dem Glühfaden der Glühlampe wird elektrische Energie zugeführt. Die Metallatome des Glühfadens laden sich mit
                 dieser Energie auf, d.h. sie treten in einen höheren Energiezustand und geben diese Energie in Form von Lichtteilchen
PARTNER          (sogenannten Quanten oder Photonen) wieder ab. Danach kehren sie in ihren energieärmeren Zustand zurück.
```

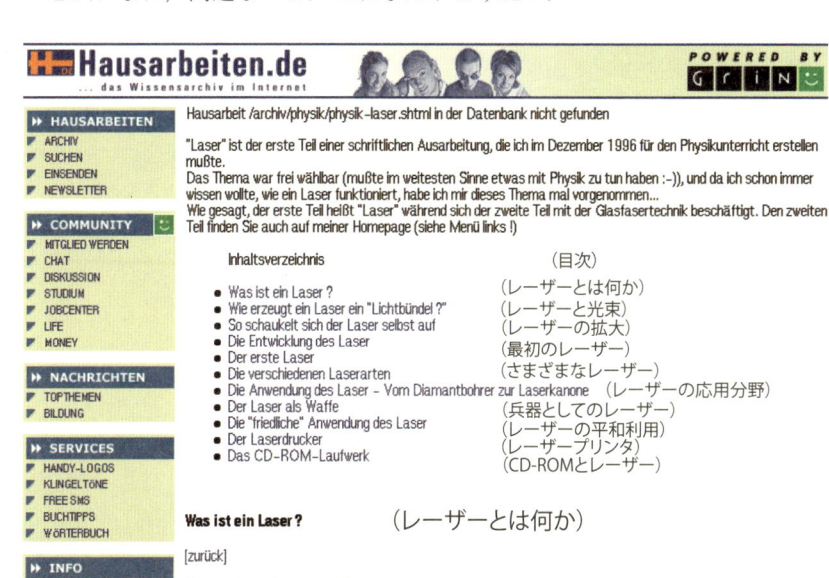

ヤン▶これはレーザーについての解説じゃないか！こいつはすごいな！まさに僕に必要な情報だよ．どうやって見つけたんだい？

ビム▶そんなの簡単さ．http://www.hausarbeiten.de/ にアクセスすれば，昔の宿題が山ほど見つかるよ．

ヤン▶カンニングのマルチメディア版か！怠け者の国にいるみたいだね！

ビム▶さあ．まあ，のみ市程度のものかな．ここにあるレポートがいいかどうかは分からないからね．君も自分で中身をよく理解しないといけないよ．

ヤン▶もちろんだよ．このアドレスをメールで送ってくれるかい？家で見てみるから．

ビム▶もう送ったよ．

レナ▶ちょっと待って．ヤンのメールアドレスをどうして知ってるの？

ビム▶君のメールのアドレス帳にあるじゃないか．

レナ▶ちょっと私のメールのアドレス帳の中を探し回ったりしないでよ！そのうち，私のメールもみんな読んでるなんていうんじゃないでしょうね！

ピム▶そんなことはしないよ．悪かったよ．もうしないよ．

レナ▶なら，いいわ．話題を戻しましょうか．ケーニヒスベルクの橋を一周するのが可能かどうかを調べるのに，ノードの次数が何の役に立つの？

ピム▶始めに三つの言葉を説明しておこうか．まず開始ノード s を出発してグラフのすべての辺をただの一度だけ通るそれぞれの経路を「オイラー小路」と呼ぼう．この経路が再び開始ノードの s に戻ってくる時は「オイラー閉路」と呼ぶ．そしてオイラー閉路を含むようなグラフは「オイラー的」だとする．

ヤン▶オイラー的？ 自分の名前が形容詞になるほど有名になるなんてすごいじゃないか．

レナ▶そうかな？ パパもいつも「レナ的無秩序」なんていうわよ．

ピム▶まあ，いいじゃないか．それで，僕らは s を出発して，経路の途中のどこかのノードまでいくとしようか．そのノードへは，これまで使っていない辺を通っていくことになり，それから別の辺を通って出ていくことになるね．つまりあるノードにいくには，いつでも，このノードにつながるちょうど二つの辺を渡ることになる．このことから，ノードの次数についてある結論が導けるよね？

ヤン▶次数が 2 よりも小さくなるノードはない．

ピム▶その通り．次数が 0 のノードを通過することはできない．そんなノードは経路に含めるわけにはいかない．だいたい，そういうノードは孤立したノードだから，オイラー小路を考える上では特に問題とはならない．これとは違って，次数が 1 のノードは袋小路だ．

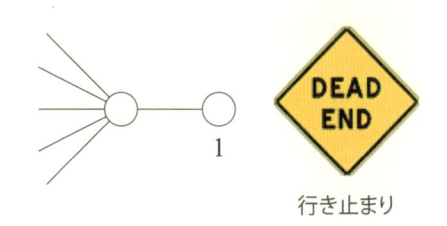

行き止まり

ヤン▶入れるけれども，出られない．

ピム▶そう．ノードへいくには一つの辺を通らなければならないのだが，そのノードを別の辺を使って去ることができないのだから，袋小路は経路の

開始ノードか目標ノードでなければいけない．こういうノードを使ってはオイラー閉路はできないよ．ノードの次数がもっと大きい場合はどうなると思う？

レナ▶次数が 2 のノードならちょうど一回だけ通行可能ね．でも次数が 3 になると，また袋小路の問題になるわね．だって一度通過すると，一つ辺が余っていることになるから．

ビム▶レナ．君はもう問題を解いてしまったも同然だよ！いま，どの辺も一度だけしか使ってはいけないのだから，使うたびに消してしまおうか．するとオイラー小路の開始ノードでも目標ノードでもないノードを通過するたびに，そのノードの次数は 2 だけ減るね．つまりオイラー小路の内部のノードは，最初に次数が奇数であれば，奇数のままなんだね．逆に偶数だったら，常に偶数のままだよ．

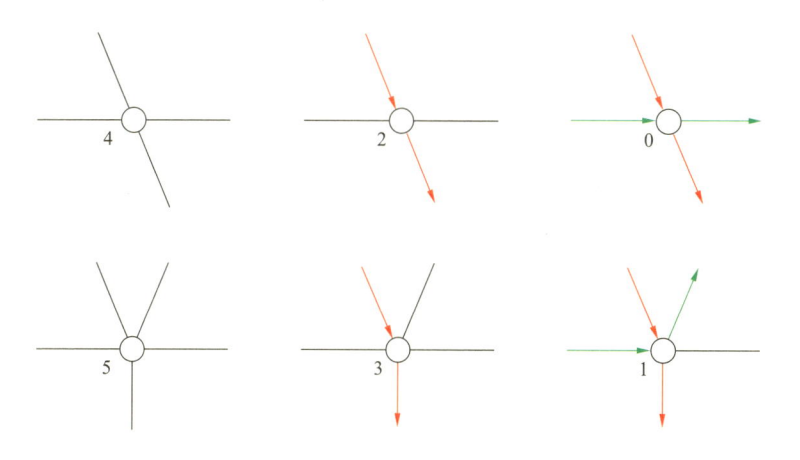

ヤン▶ということは，次数が奇数のノードは，最後にいつも辺が一つ残ることになるわけだ．

レナ▶それがオイラー小路の開始ノードか目標ノードでなければ．

ビム▶そうなんだ．開始ノードと目標ノードが異なるオイラー小路の場合，s を去る回数は s に到達する回数よりも 1 回多くなるし，目標ノードであれば，まったくその逆になる．オイラー閉路の場合は $s = z$ だから，このノードを通過する回数と去る回数は同じでなければいけない．だからノードの次数が問題を解く鍵になるんだね．ついでにいうと，僕らはオイラーの定理をほとんど証明してしまったことになる．

> **オイラーの定理**
>
> 孤立した辺を除いて連結したグラフ $G = (V, E)$ は，それぞれ以下の性質を満たす．
> a) V の中の次数が奇数のノードがたかだか二つであるならば，G にはちょうど 1 個のオイラー小路が存在する．
> b) V のノードの次数がすべて偶数であれば，G にはちょうど 1 個のオイラー閉路が存在する．

ヤン▶個々のノードからどれだけの辺が出ているかを数え上げさえすれば，答えが分かるんだ．すごいな！ということは，ケーニヒスベルクにはオイラー小路は存在しないんだ．四つのノードすべての次数が奇数だからね．
ビム▶その通り．それが七つの橋のグラフの解だね．また別の詩があるんだけど，見せようか．

> ケーニヒスベルクの市民らは
> プレーゲル川にそって
> その岸辺を散歩していた
> その川には七つの橋がかかっていた
>
> オイラーよ，ここへ来て我々と一緒に散歩をしてくれ
> 市民たちはそういって懇願した
> 我々は七つの橋を散歩し尽くすが
> どの橋も一度しか通行しないようにしたいのだ
>
> 「それは無理な注文だ」とオイラーは叫んだ
> 「ここに Q.E.D. がある
> 君たちの島を頂点だとすると
> どれも次数は奇数じゃないか」
>
> 出典：William T. Tutte, in: Denés König
> – *Theorie der endlichen und unendlichen Graphen*, Teubner, 1986, Umschlag-Rückseite

ヤン▶Q.E.D.って何だい？
ビム▶ラテン語の quod erat demonstrandum の略語で，「証明終了」って意味だよ．数学者が自分の証明の最後によく書き加えるんだ．

ヤン▶次に宿題があった時のために覚えておこう．
レナ▶八つの橋があるバージョンでは，次数が奇数となるノードは二つだけだよね．だからオイラー小路が存在するんだわ．
ヤン▶うん．なるほど．ここでもオイラー閉路は存在しないけど，オイラー小路はあるんだね．だからロイドは八つ目の橋を付け加えたのじゃないかな．彼は答えが欲しかったんだ．
ピム▶多分ね．もう一度八つの橋のグラフを描いてみよう．その右側にオイラー小路の考えられる一つのパターンを並べておこうか．どういう経路を進めばいいのか分かりやすくするため，ノードにはつながらないようにして道を描いてみたよ．

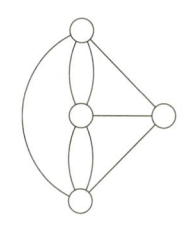

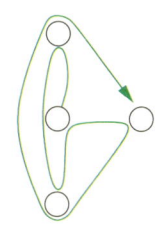

レナ▶でも，オイラー小路はどうやって見つけるの？ケーニヒスベルクの二つ目のグラフの場合は簡単かもしれないけど，グラフがもっと大きいものになったらどうするのよ？
ピム▶いい質問だね！ここまで僕らは，次数が奇数のノードが二つよりも多くなればオイラー小路は存在しないことを示しただけだ．だから次数が奇数のノードが最大でも2個であるならオイラー小路が存在することも示さなければならない．でも，この課題は，こういう経路を作成するアルゴリズムを使えば片付けることができるよ．
レナ▶ややっこしいの？
ピム▶そんなことは全然ないよ．まず開始ノードを選ぼうか．次数が奇数のノードが二つあるなら，そのどちらかから選ばないといけない．そうでないなら，どれを選ぼうとも自由だ．そこから別のノードへの辺を一つ選んで開始ノードを後にしよう．こうして，これ以上進めなくなるまでたどっていくわけだ．到達した先のノードの次数が偶数なら，まだ使っていない辺を選んでそこを後にする．開始ノードを出発した後，これ以上進めなくなるようなノードは一つしか存在しない．つまり目標ノードだね．これ以

上進めなくなったということは，目標ノードに達しているはずだ．例を見てみよう．辺の数字は，緑の経路をたどっていく順番を表している．

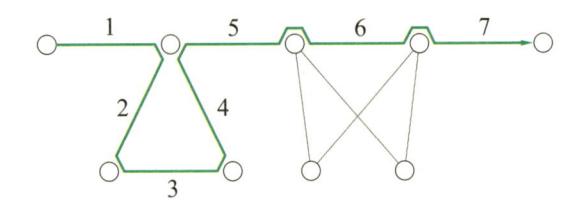

レナ▶でも，全部の辺を通っていないじゃないの．
ビム▶そうだよ．これをまず修正しないとね．そこで緑の経路以外のまだ使っていない辺を含むノードを一つ選んで，これを新しい開始ノードにするんだ．そして灰色の辺をこれ以上進めなくなるまで進むんだ．すると最初の場合と同じ理由で，この部分を「一周」すると，もとのノードに戻ってこなければならない．するとこんな閉路ができるね．赤く塗って区別しておこう．

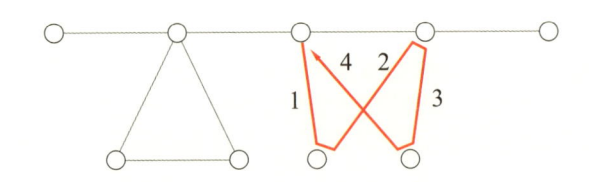

ヤン▶経路は一つじゃなく，二つになったじゃないか．
ビム▶その通り．この赤い閉路を緑の経路に組み込まなくちゃいけないね．また最初の開始ノードから出発して緑の経路にそって，赤い閉路が始まるノードまで進もうか．次に閉路の中を進んで，そのまま緑の経路に出て進もう．するとこんなふうにオイラー小路ができ上がるね．

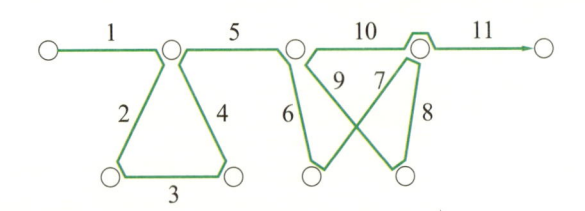

レナ▶グラフがもっと大きくなって，すべての辺をまだ通っていない場合も，この手順を実行すればいいの？

ビム▶そうだよ．すべての辺を使いきるまでね．最後には必ずオイラー小路ができているはずだよ．

レナ▶よく分かったわ．始めにノードの次数をチェックする必要があるのね．そして次数が奇数のノードの数が2よりも多くなければ，いまのアルゴリズムを使ってオイラー小路を見つけるのね．あ，静かに！ママが帰ってきたんじゃないかしら．今日はこのぐらいにした方がよさそうね．

ヤン▶何で？ママはビムが嫌いなのかい？

レナ▶いいえ．ママはビムのことをまったく知らないわ．でも，ママは私が一日中パソコンの前にかじりついていると機嫌が悪いのよ．だからパソコンの前に座っているのを見られたくないのよ．

レナは間違っていませんでした．ママはちょうど車のドアを閉じて，トランクを開けていました．すぐにヤンと彼女はコンピューターを後にして，ちょうど出かけるところだったかのように振る舞いました．

レナ▶こんにちは，ママ．

ママ▶こんにちは，お姉さん．ヤン，こんにちは．何かするところ？

レナ▶ちょっと出かけようかと思っていたの．

ママ▶あら，そう．行ってらっしゃい．でも，帰るのが遅くならないようにね．

ヤンとレナは何かいいことないかと，いろいろ考えましたが，結局，散歩することに決めました．ヤンは，にやにやしながら，散歩じゃなく散策だね，といいました．

➤オイラーとサンタクロース   20
Euler und der Nikolaus

　ヤンが家に帰ってくると，ルーカスが飛び付いてきて，興奮しながら，サンタクロースの家をいろいろ描けるようになったと話しました．ヤンは別に感心しませんでした．楽しかった今日一日も，弟とサンタクロースの家でおしまいか．ところがよく見ると，ルーカスの絵にはオイラー小路がいっぱい隠されていました．ここにもオイラーの問題があるじゃないですか．明日ビムに尋ねよう．その晩はヤンはルーカスとずっと一緒に過ごしました．二人はサンタクロースの家をいろいろと形を変えながら描きました．ルーカスが寝る時間になった時には，山ほどの絵ができ上がっており，ルーカスはうれしそうにそれらを抱えてベットに入りました．

　その頃レナは家でテレビを観ていました．パパとママはアメリカ人の仕事仲間と一緒にどこかで食事を取ってから，劇場に出かけているのでした．

マックス・ヨーゼフ広場の国立劇場

　ニュース番組の後，レナはしばらくネットサーフィンをしていましたが，かなり早くにベットにつきました．彼女はしばらくの間眠れず，今日は素敵な一日だったと思い起こしていました．

　水曜日，レナとヤンは午後4時に待ち合わせをしました．ヤンは，それま

でサッカーをしたかったのです．レナが学校から帰宅すると，すでに昼ご飯の準備ができていました．ママは，昨日の接待の話をしました．パパの会社がアメリカで大きな契約を結ぶところで，とても大事な仕事だったそうです．そのためパパは今朝から一週間の予定でアメリカに出張していました．

ママはしばらくすると，予想通り，昨日の午後，レナはヤンと何をしていたのかを尋ねてきました．ママは自分の最初のボーイフレンドのことを話し出しました．それは結構面白い話でした．おしゃべりの後，レナは宿題を早めに片付けようと頑張りました．

ヤンがやって来た時，ママは庭にいて新聞を読んでいました．だからママには呼び鈴は聞こえませんでしたが，レナはそれを待ち構えていました．

レナ▶入って．サッカーはどうだった？
ヤン▶まあまあ．ふくらはぎを思いっきり蹴られちゃったよ．
レナ▶足を引きずっているじゃない．薬か何かないか，ママに聞いてみる．

レナが庭に走っていくと，ママが新聞を片手に眠り込んでいるのが見えました．

レナ▶ママ！起こして悪いけど，いまヤンが来たの．冷たい湿布薬か何かないかしら？
ママ▶冷凍庫を見てご覧なさい．確かあるはずよ．ヤンは怪我でもしているの？
レナ▶ううん，たいしたことないけど．サッカーをやっていたんだって．

湿布はアイスクリームの下にありました．変だな，とレナは思いました．この間見た時はなかったような気がするけど．多分，これは遺伝子のせいね．ビムが数日前，命に関わる事柄，例えば獰猛な虎とか，アイスクリームとか地下鉄の路線図に気を取られるのは遺伝子のせいだと解説していたから．

レナ▶湿布でも貼っておいて．でも怪我のせいで，いい副作用があったわよ．
ヤン▶何だい？それ？
レナ▶ママが，負傷した友達が相手なら一日パソコンで遊ぶのが一番だって．
ヤン▶幾らでもからかうがいいさ！コンピューターといえばね，昨日面白いことを発見したんだ．君とビムに教えてあげなくちゃ．

レナ▶へぇ，すごいわね．私も昨日はネットをあっちこっち検索していたわ．

二人はレナの部屋に入りました．レナがコンピューターを起動する間，ヤンは彼女の CD を何枚か眺めていました．

レナ▶さあさあ，いつまでも怠けていないで！起きてよ，ビム！ヤンがまた来たわよ．用事があるのよ．

ビム▶おやおや．それじゃ，取りかかろうか！

レナ▶昨日ネットでオイラーについて何か情報がないか調べてみたのよ．ところがたくさんありすぎて，全部読むには一週間は必要ね．

ビム▶それじゃ，レナのいうところの怠け者のソフトウェアに任せてもらおうかな．www.students.trinity.wa.edu.au/library/subjects/maths/euler.htm[1]．というサイトなんか取っかかりにいいんじゃないかな．オイラーについてのウェブページがたくさんあっても全然不思議じゃないよ．彼は偉大な数学者の一人だし，さらにまた非常に多くの論文を残してもいるからね．全部で 886 もの論文や本を発表しているんだ．彼の死後，すべてを出版するのに 30 年もかかったほどだよ．*Opera Omnia*（全集）の始めの三部だけで 72 巻にもなるんだ．値段は 10,000 ユーロもする．1975 年には第四部の最初の巻が出版されたけど，いまだに完成していないんだ．オイラーは信じられないほど多方面で活躍しているから，「オイラーの定理」や「オイラーの式」というのが，いろいろなところに顔を出すほどだよ．彼の仕事のほとんどは彼が完全に失明した後に行われているんだ．

ヤン▶どうやって？数学では，何を行っているか見る必要はないのかい？すべてを覚えておくなんて不可能だろ？

ビム▶いや，オイラーにはできたんだ．こういう話がある．彼の二人の弟子が，ある厄介な足し算の課題で争っていた．17 個の項を足し合わせた段階で，二人の計算結果は小数点 50 位で一致していなかったんだ．オイラーは，暗算で計算して，二人の争いを仲裁したそうだよ．

ヤン▶うわぁ．オイラーはとてつもない記憶力に恵まれていただけでなく，ものすごい集中力もあったんだね．

レナ▶そうね．私が昨日読んだ情報では，オイラーの子供だか孫だかが，彼

---

[1] ［訳注］現在はデッドリンクのようである．

の仕事中，いつもかたわらで遊んでいたそうよ．
ビム▶そうなんだよ．彼の同僚のティエボーは次のような言葉を残している．

> 子供を膝に，猫を背に，オイラーは不朽の名作を書いた．

レナ▶それよ，私が読んだのも．
ビム▶それからオイラーの肖像の描かれたスイスの紙幣を見たことがあるかい？ www2.physics.umd.edu/~redish/Money/ でも見られるよ．裏面にはオイラーが発明した約 71% の効率の水タービンが描かれている．現代でもタービンの効率は 80 % を越えていないんだ．また我々の太陽系の記述もオイラーの天文学での業績によるところが大きいんだ．

Schweizer Nationalbank 10er-Note der Sechsten Serie, 1976

ヤン▶何でスイスの紙幣なんだい？オイラーはケーニヒスベルクの人かと思っていたけど．
ビム▶いや，彼は生涯のほとんどを（ロシアの）サンクトペテルブルクで過ごしたんだ．だけど生まれたのは（スイスの）バーゼルだよ．
レナ▶生涯については私もネットで見つけたわ．けど，彼はいったいどう

いう人だったのかしら？

ヤン▶さぞかし世間離れした人だったろうね？

ビム▶そうでもなさそうだよ．伝えるところでは，彼はユーモアに溢れ，決して気難しい人間ではなかったそうだ．時々怒ることもあったようだけど，自分のことを自分で笑い飛ばすこともあったらしい．それから学者の間では嫉妬から時たま問題が起こったりするけど，そういうこととともオイラーは無縁だったようだよ．彼は新しいことは何でも歓迎するたちで，自分の発見を同僚に譲ったりもしていた．

ヤン▶そんな天才がケーニヒスベルクの橋の問題のようにごく一般向けのテーマに手を出すなんていうのは例外なんじゃないかい？ 数学者はおよそ実用的なことから遠いところにいるからね．

ビム▶申し訳ないけど，それもピントはずれなんだ．もちろんオイラーはとても多くの基礎研究を残しているけど，他方で，彼の業績の多くが光学や航海術，音響学，水力学，音楽に関わるものなんだ．さらにはオイラーは多くの数学記号を発明したけど，これらはやがて標準的な表記法になって，現にいまでも世界中で使われているんだ．また数学においておそらくもっとも重要な定数記号の幾つかは彼が作ったものだよ．例えば彼にちなんでオイラー数といわれる e や円周率を表す π だね．これはいまでは誰でもパイという名前を知っているよね．他に実数に解が存在しない -1 の平方根を虚数 i で表すけど，虚数を導入することで，この世界の多くの事象を数学的に解き明かすことが初めて可能になったんだ．この中でおそらくもっとも美しいといわれるのは，オイラー自身が見つけ出した次の公式だよ．この中で三つの定数が一つにまとめられていて，世界でもっとも美しい数式に選ばれたこともあるんだ．

$$e^{i\pi} + 1 = 0$$

レナ▶選ばれたって？ 数式の美人コンテストがあるの？

ビム▶ *The Mathematical Intelligencer* という数学の専門雑誌が 1988 年に，読者に対して 24 の候補者リストから選んでもらっているんだ．ちなみに第 2 位もオイラーだった．さらに第 10 位の公式はフェルマが提案したものだけど，オイラーが初めて証明したんだ．

レナ▶フェルマ？ 何だか聞いたことがある名前よ．
ビム▶彼の提案した公式が，当時は誰も予想しなかったことだけど，「フェルマの最終定理」として有名になったからだよ．

> $x^n + y^n = z^n$ は 2 より大きな n について整数解を持たない．

レナ▶何だか，ピタゴラスを思い出させるけど．
ビム▶そう．$n = 2$ の場合がちょうどピタゴラスの定理だよね．でもこの場合は整数解が存在する．フェルマはあるメモの端にこの定理を書き込み，かたわらに次の文章を書き加えていた．

> Cuius rei demonstrationem mirabilem sane detexi hanc marginis exiguitas non caperet.

レナ▶またラテン語！
ビム▶この意味は「私はこの命題の真に驚くべき証明を持っているが，余白が狭すぎるのでここに記すことはできない」．残念ながらフェルマはこの証明を後にも書き記さなかった．そのため，この定理は一種の謎になり，その後 350 年もの間，偉大な数学者たちを悩ますことになった．オイラーもその一人だ．ようやく 1994 年にアンドリュー・ワイルズがこの定理を証明するのに成功した．この定理を巡る物語はとても有名になったから，いまならこの式は第一位になるだろうね．
ヤン▶オイラーももうサンタクロースの家を知っていたかな？
ビム▶日曜日に君が弟と遊んだ子供のなぞなぞのことかな？
ヤン▶そう．家を一筆書きで描けるかというやつ．
ビム▶それなら http://www.mathematische-basteleien.de/house.html にもっと詳しい説明があるよ．オイラーはこのなぞなぞを知っていたのかって？ そんなことはわからないな．

Haus des Nikolaus (サンタクロースの家)
Inhalt dieser Webseite (このサイトの目次)
Was ist das Haus des Nikolaus?　Figuren aus einem Linienzug: (様々な線画) 　(サンタクロースの家とは何か？)　Springertour auf dem Schachbrett Drei Möglichkeiten (三つの可能性)　　(チェス盤上のナイトツアー) Aufschreiben einer Lösung (解答例)　Lissajous-Figur (リサージュ曲線) Es gibt 44 Häuser (44種の家がある)　Reklame (広告から) Alle Häuser beginnen unten　　Das Haus des Nikolaus im Internet 　(全ての家は下から始める)　　(インターネット上のサンタの家) Variationen (類似の例)
"Zurück zu Juergen Koeller's Homepage (ケラーのホームページに戻る) "Mathematische Basteleien" (数学工房)

Was ist das Haus des Nikolaus? (サンタクロースの家とは何か)
サンタクロースの家は，ドイツに古くから伝わる一筆書き遊びである．

この家は八つの直線を一筆書きすることで描かれ，それぞれの直線は一回だけ通過することが許される．それぞれの直線を描く際，「サ，ン，タ，ク，ロー，ス，の，いえ」と八つの言葉を発音して描くのが普通である．

いえ

ヤン▶どっちみち彼は解いただろうね！
レナ▶なぞなぞを知らないのなら，解きようがないわよ．
ビム▶いや，ヤンの方が正しいよ．ちょっと見てご覧．まあ，こんなふうに描くしかないよね．

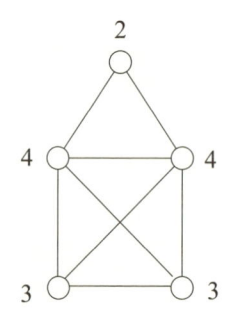

```
          2
         ○
        ╱ ╲
       ╱   ╲
    4 ○─────○ 4
      │╲   ╱│
      │ ╲ ╱ │
      │  ╳  │
      │ ╱ ╲ │
      │╱   ╲│
    3 ○─────○ 3
```

レナ▶この数字はノードの次元のこと？
ヤン▶そうみたいだね．サンタクロースの家を一筆書きで描くのは，オイラー小路を見つけるのと同じことだよ．
レナ▶ということは，サンタクロースの家では必ず下のノードから出発する必要があるのね！
ビム▶そうだよ．ちょっとガブリエレ・ハイダーの描いた絵を見てみようよ．とってもきれいだよ．

G.H.

Haus vom Nikolaus I

Kuhmist und Acryl
auf Leinwand
120cm x 110cm
1993

▲ ◀

ⓒ VG Bild-Kunst, Bonn 2001

レナ▶『キャンバスの上の牛糞』って，またおかしなタイトルね！

ヤン▶まったくだよ．僕らは環境にやさしい数学をやっていることになるね！

レナ▶「環境にやさしい」のもいいけど，お腹にやさしいものも欲しいわね．冷蔵庫に何かないか見てくる．

ヤン▶いい考えがあるよ．僕がおごるのはどうだい？ この近くにおいしいドネルケバブサンドのスタンドがあるんだ．

レナ▶足は大丈夫なの？

ヤン▶全然！ インディアンは痛みを知らない[2]さ！

レナ▶さっき，そういってくれればよかったのに．

ヤン▶ビム，その間君は何している？

ビム▶君たちが食事を楽しんでいる間，僕は人類最後で最大の謎でも解いていようかな．

レナ▶ほら吹きねぇ！

---

[2]［訳注］ドイツでヒットしたミヒャエル・ヘルビヒ監督・主演のコメディー映画『荒野のマニト (Der Schuh des Manitu)』(2001年)の副題が「インディアンは痛みを知らない」であった．

今日はごみ収集車が散策する

Heute flaniert die Müllabfuhr

　レーザーに関するレポートのため，ヤンは宿題サイト（hausarbeiten.de）からテキストを選び出していましたが，そこにほとんど手を加えませんでした．あいにくツヴァイホルツ先生もインターネットが好きで，困ったことに同じレポートを見つけて読んでいました．何という偶然でしょう！幸いなことにツヴァイホルツ先生はヤンのことを特に悪くは思いませんでした．それどころか先生はインターネットで情報検索することを認めていました．ただし丸写しは論外です．でも突っ込んで質問をしてみると，ヤンはテキストの内容を十分に理解していましたから，今回は特にお咎めなしとしました．ただし後で，ヤンはもっといろいろな文献を利用して，これを再提出することとしました．

　一方，レナは学校に行くことができなくなりました．階段で足をくじいて捻挫をしていたのです．ヤンが「足をダメにした」翌日だから不思議です．ママが彼女に付き添って医者に連れていってくれました．お医者は，それほどひどくないと診断しました．足には軟膏が塗られて，包帯が巻かれました．そういうわけで午後の水泳教室も当然おじゃんになりました．

　レナは水泳の後でヤンのところに寄るつもりでしたが，彼の方が来てくれました．

　　ヤン▶さて，学校に行く気がなくなったのかな？
　　レナ▶よくいうわね！
　　ヤン▶結構，結構．ちょっとからかっただけだよ．見たところよさそうじゃないか？
　　レナ▶足の方はまだかなり腫れているんだけど，あまり負担をかけなければ，だいたい大丈夫よ．それでお見舞いのお花やプラリネ（チョコレート）はどこ？
　　ヤン▶お花にプラリネ？
　　レナ▶男ったらダメね，って近所の奥さんならいうところよ．
　　ヤン▶で，実際のところ何があったんだい？
　　レナ▶階段でくじいたのよ！今日は散策というわけにはいかないわね．

ヤン▶まあ，君の家に落ち着いたんだから，ビムにまた話でもしてもらおうじゃないか！
レナ▶いいわね！コンピューターが起動する間，ママに，何かつまむものを用意してくれないか聞いてきてくれない？
ヤン▶了解！

ヤンはしばらくして，大きなポテトチップスの袋を抱えて戻ってきました．それから彼はコミュニケーションボックスのスイッチを入れました．

ヤン▶やあ，ビム．世界の最後の謎はどうなった？
ビム▶やあ，お二人さん．僕は「その」答えを見つけたよ．
レナ▶何の答えよ？
ビム▶すべての答えだよ！
ヤン▶生命の答，宇宙の答，そして万物の答ってわけかい？
ビム▶当たり．
ヤン▶42 だろ！
ビム▶おや，君も知っていたかい．
ヤン▶もちろん！
レナ▶ちょっと待ってよ！二人とも何わけ分からない話をしているのよ？
ヤン▶ごめん，ごめん．ただ，ビムはどうやら僕と同じくダグラス・アダムスのファンらしいね．
レナ▶ええっと，大昔の SF 小説を描いた人のこと？何て小説だっけ？
ヤン▶『銀河ヒッチハイク・ガイド』．
レナ▶そう，それ．そのうち一度は読んでみようかしらね．
ヤン▶絶対読むべきだよ！それはそうと，ビム．君が説明してくれたケーニヒスベルクで散策に興じる若い貴族たちも結構なんだけど，でも，彼らはオイラーの数学が重要で，実際に応用されていることを説得力をもっては教えてくれなかったけど．
ビム▶確かに，それだけなら僕でも説得されないだろうね．ケーニヒスベルクの橋の問題は面白い話ではあるけどね．グラフのすべての辺を通るツアーに関する問題は，これとはまったく異なる問題にも顔を出すんだ．
ヤン▶例えば？
ビム▶今朝はごみ収集車は来たかな？

レナ▶来たわよ．でも，何でそんなことを何度も聞くのよ？
ビム▶ごみ収集車はオイラーの業績を使っているからさ！
レナ▶何ですって？ ごみ収集車は散策しているわけじゃないわよ！
ビム▶いや，いや．ある意味では市内のすべての通りを散策してるんだよ．ごみ収集で予算を節約するためにはオイラーの業績を使うことができるんだよ．もちろん予算というのは，各家庭が税金やごみの廃棄料として払わなければならないお金だよ．これは一部の若い散策ファンだけじゃなく，誰にとっても切実な問題だよね．
ヤン▶全然分からないよ．
ビム▶ちょっと想像してみてよ．ある車庫があって，ここからごみ収集車が出発して市内の通りを回るとしようか．すると担当地区の通りをすべて回って，ごみを収集しなければならないだろう．すると交差点に来るたびに，どの道に進むか選択しなければならないね．グラフにしてみようか．

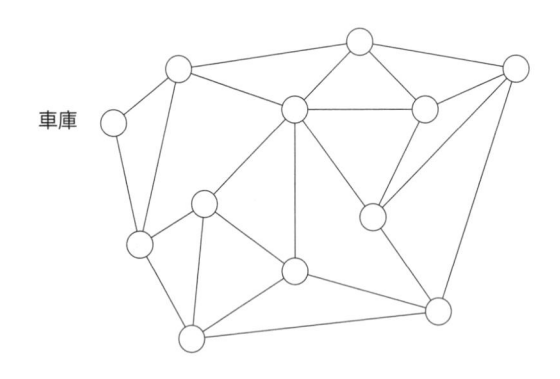

車庫

ヤン▶そうか．辺が通りを表していて，ノードは交差点だね．これぐらいはもう分かるよ．
レナ▶そうよね．だから次はノードの次数を定めるだけで，市内のすべての通りを通って車庫に戻るオイラー閉路があるかどうかが分かるわけね．
ヤン▶そうだね．もしもオイラー閉路が存在しないなら，市の清掃部はストライキを始めて，市民たちはごみの山に埋もれることになるかもね．そいつは節約しすぎだな！
レナ▶ヤンのいう通りだわ．たとえオイラー閉路がなくとも，ごみ収集車は回収して回るべきよ．
ビム▶ちょっと待って．結論を急ぎすぎだよ．まずはこの例題をよく見て

みないとね．君らも気が付いているとは思うけど，とりあえず僕はすべてのノードが偶数になるようにグラフを選んだんだ．だからオイラー閉路はあるわけだ．でもオイラー閉路がどうしてごみ収集の役に立つのかな？

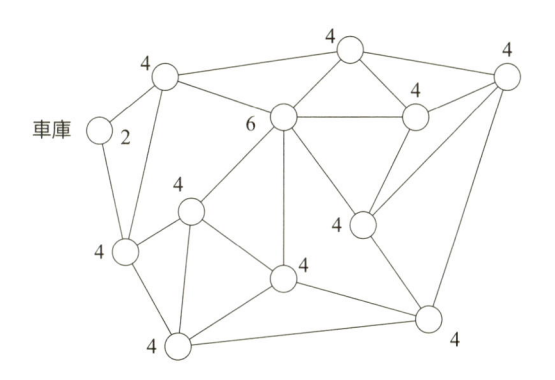

レナ▶そんなの分かりきったことじゃない．ごみ収集車は市内のすべての通りを通って，ごみを回収する必要があるわけでしょう？オイラー閉路にそって走れば，余計に走る必要は全然ないわけよ．でも，オイラー閉路から外れれば，一部の通りを何度も通行することになってしまうから，もうごみは何もないところを走る羽目になるわね．

ビム▶すごいじゃないか！どの辺も一度は通らなければならないわけだよね．そしてオイラー閉路を走れば同じところを二度も通る心配はない．グラフのすべてのノードの次数が偶数の場合，オイラー閉路であれば，ごみ収集のための最適なルートだというわけだね．

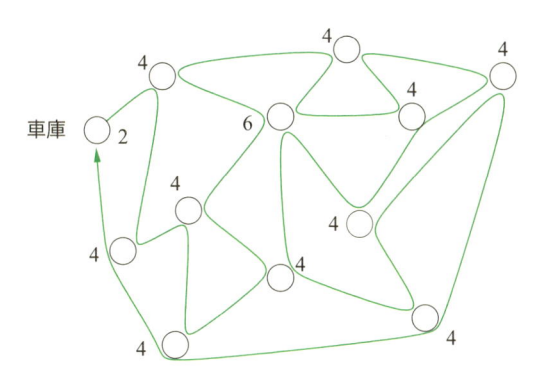

ヤン▶でもオイラーを使わなくとも，ごみ収集のための周回はできるんじゃないかな？グラフがオイラー的なら，オイラー閉路みたいのは簡単に見つけられるよ．

ビム▶もちろん，可能だろうね．でもね，オイラーのおかげでね，市の清掃事業のためのルートの設計者は，どんな場合に市内の通りを回るオイラー閉路が見つからないかを正確に知ることが可能になるんだ．それに，どの交差点でも，そこにつながる通りの数が偶数であるような町なんてありそうもないじゃないか．実際の市街地図では，道路が二股三股に分かれているし，袋小路もあるもんだよ．だから普通はこんなふうになっている．

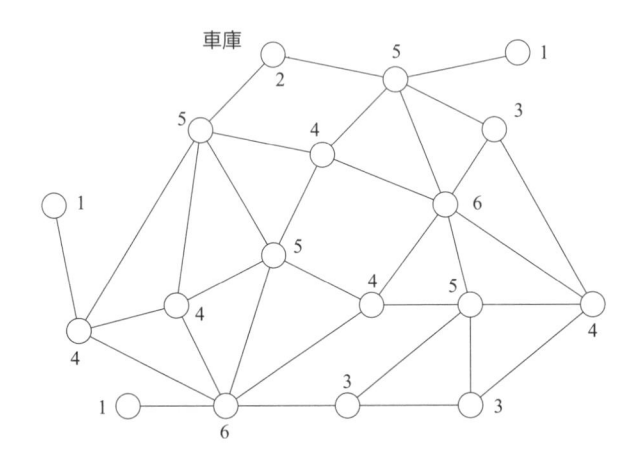

ヤン▶こうなるとオイラー閉路もないんだから，オイラーの業績もごみ収集にはもう役に立たないよ．袋小路に置かれたごみも収集しなければならないんだから．そうなると，結局，一度道路を進んでいって，それから同じ道を引き返すより他にないじゃないか．つまり同じ辺を二度利用することになるわけだ！

ビム▶ちょっと待って，ヤン．君のいう通り，このグラフにはオイラー閉路はないよ．それでもオイラーの定理は役に立つんだな．

ヤン▶どうやって？次数が奇数のノードがたくさんあるんだから，オイラー小路はないだろう．

ビム▶重要な問題は，必要なルートにとってクリティカルなノードをどうやって扱うかだ．その答えは「操業橋渡し運行」だ．

ヤン▶操業運転のことかい？

ビム▶僕が作った言葉だよ．操業の橋渡しをする運行方法のことだよ．これは，いったんすべての辺で作業を終えた後，次数が奇数のノードから抜け出るために，一度使ってしまっている辺を数回通行するという解決策だよ．この場合，すでにその通りのごみは回収し終わっているから，仕事はないんだね．

レナ▶そういうことはできるだけ少ない方がいいに決まっているわね．

ビム▶もちろんだよ．だから，操業橋渡し運行をどうやって少なく済ませられるかが重要な問題になる．ごみの収集作業自体は最適化できないからね．どこをどう通っていこうが，ごみを収集する手間はいつも一緒だからね．操業橋渡し運行を不必要に行うと，多くの時間をロスしてしまう．いい方を変えると，可能な限り最短の操業橋渡し運行となるルートをうまく選べれば，時間もコストも節約できるわけだ．

レナ▶操業橋渡し運行に必要な時間全体をできるだけ短くする必要があるのね．

ビム▶そう．でも辺の重みは，やっぱりいろいろありうるからね．操業橋渡し運行に必要な時間は有意義かもしれないけど，走行する区間やコストのことも考えなければならない．ここで操業橋渡し運行による辺の重みと，いま僕らが取り組んでいる最適化には関係のない本来のごみ収集での辺の重みを混同しないよう，「操業橋渡し運行」を緑色に塗って表してみたよ．

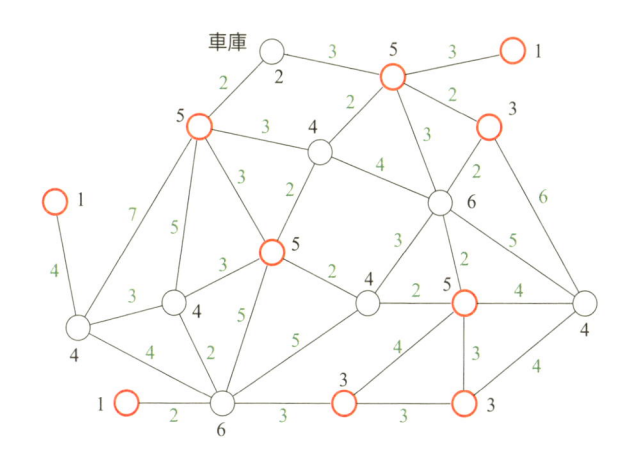

レナ▶ノードの一部を赤く塗っているのはなぜ？

ピム▶これは次数が奇数のノードだよ．僕らはこれを除去しなければいけない！

レナ▶「除去する」って，どういうこと？

ピム▶これまで見てきたように，問題になるのは次数が奇数のノードだけなんだね．次数が偶数のノードは行って戻ることができる．必要なら，そこにつながる辺をすべて使いきるまで何度も行ったり来たりできる．けれど次数が奇数のノードは少なくとも一つの辺を二度使わなければならない．そこで二度通行しなければならない辺を僕らのグラフでは二重にして書き表そう．するとその両端のノードの次数はそれぞれ一つ増えることになるね．こうすると次数が奇数のノードは偶数のノードに変わるわけだ．

レナ▶それを「除去する」っていうのね．でも片方のノードが偶数だった場合，今度は奇数になってしまって，結局，骨折り損じゃない．

ピム▶それはそうだね．次数が奇数であるノードから偶数のノードへの操業橋渡し運行を作り出したところで，クリティカルなノードの数は変わらない．だから両方のノードの次数が奇数であるような操業橋渡し運行ばかりであれば，話は一番簡単になるわけだ．もっとも，隣り合うノードの次数がいつでも奇数であるわけではない．例えばこんなふうにね．

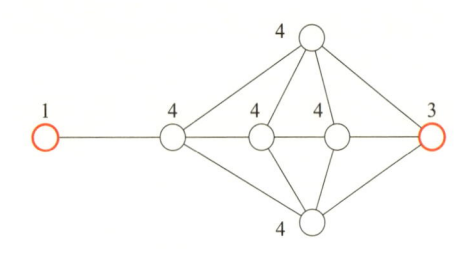

レナ▶それで，どうしたらいいの？

ピム▶簡単だよ！クリティカルなノードどうしをつなぐ操業橋渡し運行を作成すればいいんだよ．そうすると，この経路の途中にあるすべてのノー

ドについても，これらに入って再び出るわけだから，次数はどれも二つだけ増えるね．だから，これらの間のノードについても，次数が偶数という性質は変わらないままだね．

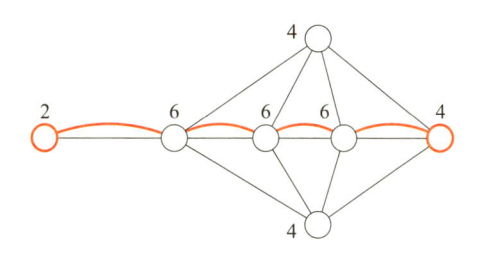

レナ▶なるほどね．クリティカルなノードにはどれも一回は操業橋渡し運行が必要だというわけだから，二つのクリティカルなノードの間を運行するようにしてしまえば，一石二鳥というわけね．

ビム▶その通り．いま必要なのは次数が奇数のノードどうしをつなぐ操業橋渡し運行なんだ．ところで次数の奇数のノードは常に偶数個であるのは覚えているかい？

ヤン▶もちろん覚えているよ．完成帰納法で証明したじゃないか．

ビム▶完成じゃなくて，完全帰納法だって！次数の奇数のノードは常に偶数個なんだから，これらのノードを操業橋渡し運行によって開始ノードと目標ノードのペアに分けることができるわけだよ．もとのグラフを使って説明すると，例えばこんなふうになる．

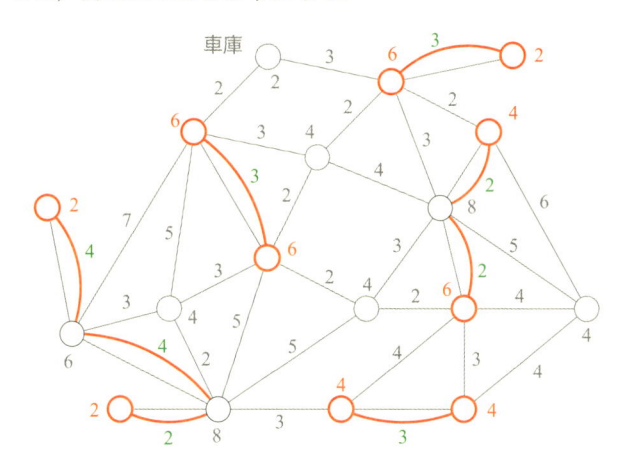

187

ヤン▶すごいね．見事にペアができるもんだ．でもさ，どの区間に操業橋渡し運行を加えたらよいのかは，グラフによっては，いまみたいに簡単には見分けられないのじゃないかな？

ビム▶そうなんだ．ここに最適化問題が立ちはだかるわけだよ．どうすれば操業橋渡し運行のコストを最小化できるかい？

レナ▶私たちは，クリティカルなノードのペアを，全体がもっとも安上がりになるように組合せる必要があるわけね．

ビム▶レナのいう通りなんだ．そのためには，まず次数が奇数のクリティカルなノードだけを含むグラフを新たに作ってみるんだ．ただしこの新しいグラフは「完全」でないといけない．つまり，二つの任意のノードの間が辺で結ばれていないといけない．

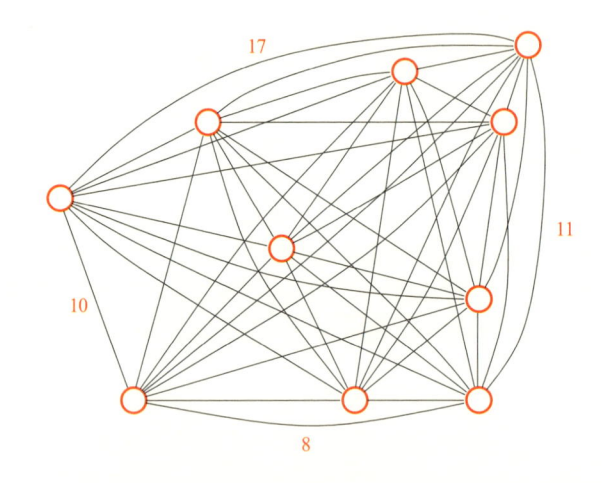

ヤン▶これまた辺がやたらとあって，ごちゃごちゃしているね！こんなグラフが役に立つのかい？

ビム▶新しいグラフで辺は，二つのクリティカルなノードの間で考えられる操業橋渡し運行をすべて表している．もちろん，もとのグラフではクリティカルノードの間に辺が通っているとは限らないわけだけど．さて，二つの赤いノードの間で操業橋渡し運行をすると決めたなら，今度はこれを最短経路で実現してみようと考えて当然だ．だから新しいグラフの辺の重みは，もとのグラフの二つのノードの間の最短経路の長さと考えてみる．話が分かりやすくなるように，新しい辺の重みを幾つか今回は赤い字で記し

ておいた．もとのグラフの緑色の重みと区別できるようにね．例えば，左の辺の重みの 10 は，もとのグラフの二つのクリティカルなノードの間の最短経路になっていて，その三つの辺の長さ 4, 4, 2 の合計になっている．

レナ▶つまり，新しいグラフの辺の重みは，もとの「通りのグラフ」で該当するノードの間の最短経路の長さに常になっているということね．すると，この場合も，それぞれのノードを開始ノードや目標ノードと見なした場合の最短経路問題を解く必要があるわけね．

ピム▶クリティカルなノードだけでいいんだ．つまり，赤いノードだけ！それでも，とても多くなるのが普通だけどね．

ヤン▶僕にはまだ新しいグラフの必要性が分からないよ．

ピム▶心配はいらないよ！それじゃ，次数が奇数のノードのペアどうしを結ぶ操業橋渡し運行を計画するのにもっとも安上がりな方法を探してみよう．操業橋渡し運行である辺をもとのグラフに付け加えてみると，すべてのノードの次数が偶数になるね．だからこの後オイラー閉路を見つけることができるわけだ．この新しいグラフではそれぞれの辺が一つの操業橋渡し運行を表しているから，操業橋渡し運行を最適化するには，つまり最短にするには，このグラフの「ペアリング問題」，あるいは「組合せ問題」を解く必要があるんだ．

ヤン▶ペアリング問題？何だい，それは？何だか面白そうじゃないか！

ペアリングの時間

ビム▶あれ,「組合せ問題」についてはまだ説明していなかったか. それじゃ,急いで説明しようか！

レナ▶お願いね！

ビム▶それじゃ, 組合せ問題の二面的な性質から始めようか. 一般には「割り当て問題」として知られている. レナ, 君は素晴らしい水泳選手だけど, 次の競技会で 4 × 100 メートルメドレーリレーに出場を望んでいるとしようか.

レナ▶メドレーリレーなんかいままで一度もしたことないわよ. 面白そうだけど, 出場できるメンバーはいつも同じになるわ. 競技会に参加する人数自体が女の子 4 人だけだから.

ビム▶ともかく, 次に誰がどのスタイルで泳ぐかを決めなければならないね.

レナ▶それは難問だわね. カルラは四つのどのスタイルでも一番成績がいいけど, イーネスとターニャと私はドングリの背比べだから. でもイーネスはバタフライが少し苦手かな.

ビム▶競技成績が問題の場合, 少しの変化が大きな効果をもたらすかもしれないね. そこでこの問題をグラフにして考えてみようか.

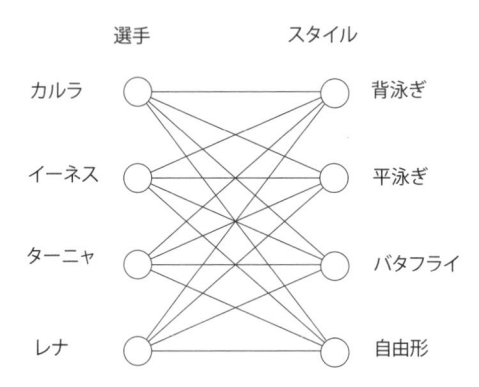

選手　　　スタイル

カルラ　　　　　背泳ぎ

イーネス　　　　平泳ぎ

ターニャ　　　　バタフライ

レナ　　　　　　自由形

レナ▶選手とスタイルをノードに見立てて並べたわけね. でもこのグラフで辺は何よ？

ビム▶それぞれの辺は，誰がどの競泳スタイルで競技を行うかを割り当てたものだよ．例えば「カルラ」から「背泳ぎ」へとつながる辺は，カルラが背泳ぎに挑戦するという意味だよ．こう考えると，いまの組合せの問題は辺を選択する問題と考えることができる．すると問題はこうなる．つまり，「最良」の割り当てを得るために，16個の辺から四つをどうやって選べばよいか？

ヤン▶でも何が一番かを決定するには，評価基準が必要じゃないかい！

ビム▶もちろん．基準はレナとチームメイトたちがそれぞれのスタイルでこれまでに出したタイムとしよう．グラフが見やすくなるように，タイムはノードの横ではなくて，選手の横に記すことにしたよ．

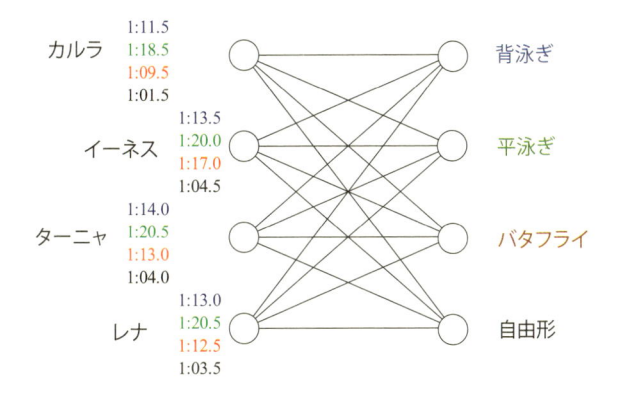

カルラ　1:11.5 / 1:18.5 / 1:09.5 / 1:01.5
イーネス　1:13.5 / 1:20.0 / 1:17.0 / 1:04.5
ターニャ　1:14.0 / 1:20.5 / 1:13.0 / 1:04.0
レナ　1:13.0 / 1:20.5 / 1:12.5 / 1:03.5

背泳ぎ　平泳ぎ　バタフライ　自由形

レナ▶どうして私たちのタイムを知ってるのよ？

ビム▶君らの水泳クラブがホームページで，選手のこれまでの競技大会の記録を公開しているじゃないか．ただし各自の成績を平均しているから，その点，誤解しないようにね．

レナ▶タイムは構わないけど，でも，私たちはいまはもう少し速くなっていると思うわ．ここのところ，ずいぶん練習しているからね．まあ，試合に出てみないと分からないけど．数字の色はスタイルごとのタイムを表しているわけね．ここから，辺のベストコンビネーションを見つけようというわけでしょ？

ビム▶ただし，すべての選手がどれか一つの辺だけを進むようにね．

レナ▶当たり前じゃない．メドレーなんだから．カルラは速いけど，一人で全部泳ぐわけにはいかないわよ．

ビム▶ そうだね．メドレーだから，それぞれのスタイルに辺が一つ対応してないといけないしね．

レナ▶ それも，当たり前．そうでなくてもいいのなら，誰も平泳ぎなんかやりたくないわよ．

ヤン▶ この問題はきっと「欲張り」なアルゴリズムで解くことができるんじゃないかな？

ビム▶ いや，ダメだよ．欲張りアルゴリズムはこの場合最適な解を見つけてくれない．例えば自由形ではカルラが 100 メートルで一番速い．そうすると欲張りアルゴリズムは，次にレナをバタフライにして，イーネスを背泳ぎに選ぶだろうね．すると「平泳ぎ」は残ったターニャということになる．この場合，メドレーの合計タイムは 4 分 48 秒と見積もられる．でも最適なのは，むしろレナが 100 メートル背泳ぎでスタートして，イーネスが平泳ぎ，カルラがバタフライで続き，そして最後の 100 メートルをターニャが自由形で泳ぐことだろうね．このキャスティングなら，合計タイムは 4 分 46 秒 5 と期待できるんじゃないかな．

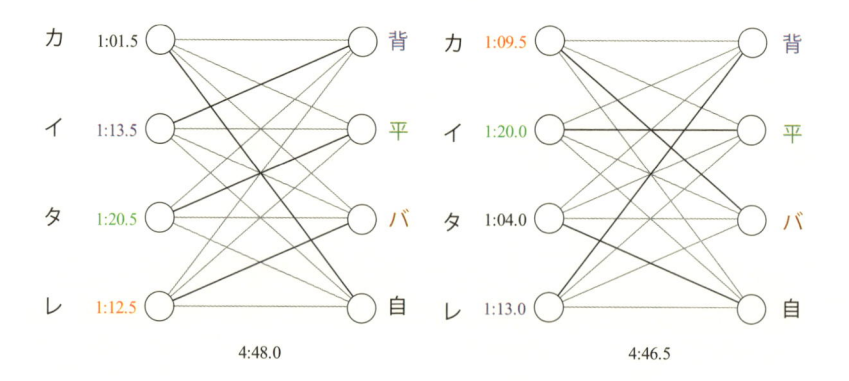

カ	1:01.5	背	カ	1:09.5	背
イ	1:13.5	平	イ	1:20.0	平
タ	1:20.5	バ	タ	1:04.0	バ
レ	1:12.5	自	レ	1:13.0	自

4:48.0　　　　　　4:46.5

レナ▶ 1 秒半も速くなるの！そこまでできたら本当にいいんだけど．でも私は背泳ぎの方が得意だし，メドレーの最初だからリレーのタイミングに気を遣う必要もないわけね．

ヤン▶ うん．ビムのいうことは分かったよ．でもベストな割り当てを決めるために考えられるコンビネーションを計算し尽くすのに，そんなに時間はかからないじゃないか．

ビム▶ よく考えてご覧！四人のチームなら確かにそうかもしれない．でも，

もう少し数が多くなるともちろん問題となるよね．
ヤン▶チームのメンバーが増えるってことかい？
ビム▶例えば，君が派遣会社の社長だとしようか．君は毎日，派遣社員を別の企業やら見本市やらに仲介するのが仕事だ．さて君は人事記録に派遣社員の能力などのプロフィールを管理している．企業からの依頼は 18 時までに来る．そのすべてに遅れないように対応するには，君は，翌朝誰をどこに派遣するか，できるだけ早く回答しなければならない．そこで君はノートを開いて左のページに派遣社員を，右のページに企業を書く．それらはノードとして表現するのが可能だ．労働力と仕事を結ぶ辺を，君はさっきのプロフィールを参考に，労働力と仕事内容が適合しているかを判断しなければならないわけだ．これも結局，さっきのメドレーリレーと同じく割り当て問題ということになるね．

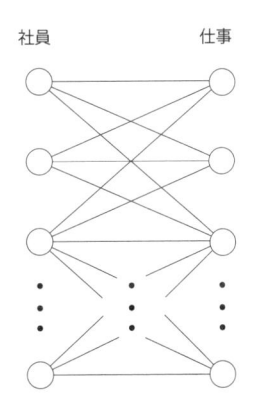

レナ▶ノードの数がずいぶん増えたわね！
ビム▶派遣会社が軌道に乗れば，それは増えてくるよ．それぞれの人材がどんな仕事もこなせるならば，n 人の派遣社員がいて n 個の仕事があれば，考えられる割り当ては $n \times (n-1) \times (n-2) \cdots \times 2 \times 1$ となる．
ヤン▶どうして？
ビム▶こう考えてご覧．まず最初の派遣社員をアンドレアスとしようか．彼に n 個の仕事から一つを割り当てるとすると，可能性は何通りかな？
ヤン▶n 通りじゃないか！
ビム▶じゃあ，アンドレアスに一つ仕事を割り当てたとしよう．すると二人目のベルントに仕事を割り当てるには幾通りの可能性が残されているかな？

ヤン▶アンドレアスに割り当てられた仕事を除いた残りじゃないか．
ビム▶つまり $n-1$ 通りだね．するとアンドレアスとベルントの二人に同時に仕事を割り振る場合，その組合せは $n \times (n-1)$ 通りになるわけだよ．
ヤン▶ああ，そういえば，そんなこと数学で習ったよ．三人目を加えるならさらに $(n-2)$ 倍するわけだね．これを続けると，最後から二人目に残されている仕事は二つだけで，最後の社員には一つだけだね．
ビム▶上出来だよ．まとめると $n \times (n-1) \times (n-2) \times \cdots \times 2 \times 1$ だね．これを簡単に $n!$ と書き表して，n の「階乗」と読むんだ．10人社員がいて10個の仕事があれば，割り当ての可能性は360万通りより多くなる．
ヤン▶ふぅ！ それってレナがいっていた組合せの爆発ってやつじゃないか．
ビム▶まさにその通り！ でも，この問題を何とか我慢できる時間内に解くことを可能にするアルゴリズムはあるんだ．
レナ▶何とか我慢できる時間内？ そのアルゴリズムは前に話したフォルダでいうと，どこに属するの？
ビム▶最良のアルゴリズムは $O(n^3)$ フォルダに入る．
ヤン▶派遣会社なら，そんなことしている間にも，新しい仕事の依頼があったり，仕事の応募者が増えていくわけだよね．それに数日間継続するような仕事も多いだろうし，一日で二つの仕事を引き受けたいという社員もきっと多いはずだよ．
ビム▶そういうことも可能だよ．もちろん，そういう場合は数学モデルを当てはめてみないといけない．そのためには数学モデルもかなり複雑になる．例えば，最後の仕事の依頼が届く前に仕事の一部を割り当てておかなければならない時，これを「オンライン問題」といったりする．ところが面白いことに，同時に複数の労働力を必要とするような仕事の場合，問題はそれほど難しくはならないんだ．これは「輸送問題」で，割り当て問題とまったく同じようにして解を求めることができる．
レナ▶どうして輸送問題なの？ 別に何かを輸送しようというわけじゃないじゃない．
ビム▶輸送問題という名前は，次のような観点から名付けられたんだよ．さっきのノートの左側のページのノードが社員ではなく，例えば学校用の白チョークの製造業者と考えてみてくれないか．また右側のページのノードは，その製造業者の白チョークを調達する学校だとしようか．それから

左のノードには数値が記されていて，それぞれの製造業者が納品可能な白チョークのロット数が表されている．同じように右側のノードの数値はそれぞれの学校が調達しようとしているロット数だとする．すると辺の重みは，各製造業者から各顧客への輸送の費用だと考えることができる．各学校の需要を最小の輸送費用で満たそうとするのが，輸送問題というわけだよ．

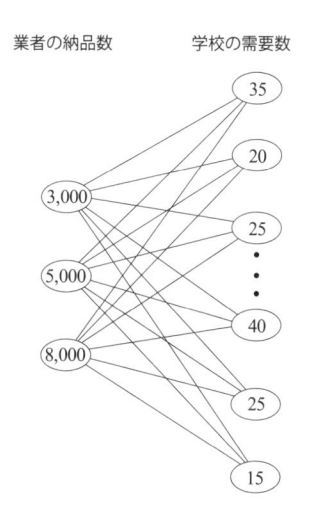

ヤン▶なるほど，それは結構な話だけど，でも仕事の割り当て問題とどう関係するんだい？

ビム▶いいかい．それぞれの仕事に労働力をどれだけ必要とするかを書き留めておくなら，これは輸送問題の一つになるじゃないか．各製造業者がそれぞれ一単位を製造し，各購買者が前もって定められた単位を必要としているわけだよ．ここで単位というのは，まる一日で可能な仕事の量を意味している．

レナ▶仕事の多くは数時間で終わるから，労働力を複数の仕事に割り当てることも可能なわけね．

ビム▶仕事の遂行に時間的な制約がないのであれば，これは一般的な輸送問題として表すことができるよ．仕事にさらに条件が加わると難しくなってくるけどね．例えば，仕事の一部を仕上げた上でないと，別の仕事に取りかかることができないとかね．

ヤン▶で，ごみ収集問題を続けようよ．

ピム▶そうしよう．これまで僕らは組合せ問題の二面性を見てきた．ここで「二面性」というのはノードを「二つ」のグループに分けるという意味合いだ．派遣会社の問題では派遣社員と仕事だね．メドレーリレーでは，選手と競泳スタイルだ．

レナ▶分かってるって．左のノードが一つのグループで，右が別のグループというわけね．ダンス教室の男の子と女の子みたいなもんね．

ピム▶そうそう．確かにノードの一部を左に，一部を右に分類するのはいつも簡単なことだけど，でも二面的なグラフで重要なのは，それぞれのグループの内部では辺があってはいけないことだ．

レナ▶それは，そうでしょう！仕事に人を割り当てようというわけだものね．

ピム▶そうだね．だけど，いまのごみ収集問題で次数が奇数のノードをこういうふうに二つの部分集合に分けることはできない．操業橋渡し運行のグラフを割り当て問題として僕らは考えたわけだけど，あらゆるノードのペアどうしに辺が存在しているからね．これは一般化された組合せ問題だといえる．つまりノードを，それぞれのグループ内部では辺が存在しないように分類することが必ずしも可能ではない組合せ問題だ．二面的かどうかという組合せ問題を，専門的には「マッチング問題」と呼んでいる．

レナ▶二面的でないと二面的な場合よりも解くのが難しくなるの？

ピム▶そうともいえるし，そうでないともいえる．一般化されたマッチング問題に使われるいわゆるブラッサムのアルゴリズムは，二面的なバージョンの問題を解くのに使われる最良のアルゴリズムと同じ $O(n^3)$ のフォルダに属している．このアルゴリズムはジャック・エドモンズに由来するんだけど，自分が丹精込めた「花」，つまり「ブラッサム」を1965年に世に出した時，多くの人たちは，爆発しない解法の中でもっとも難しいものの一つだといったし，いまでもそういわれている．ノード間の直線距離の場合なら，このアルゴリズムの特別なバージョンの実装を http://www.math.sfu.ca/~goddyn/Courseware/Visual_Matching.html で見ることができる．ここは，ついこの間，全域木のクルスカルのアルゴリズムが作る美しい模様を見たところだね．マッチング問題でも，このビジュアルなアルゴリズムは，解を図として示してくれる．図ではノードを中心に輪が，隣のノードか輪に接触するまで「ふくらんでいく」様子が描かれている．けれど，二つのアルゴリズムは全然別物なんだ．ちなみにアルゴリズムが求め

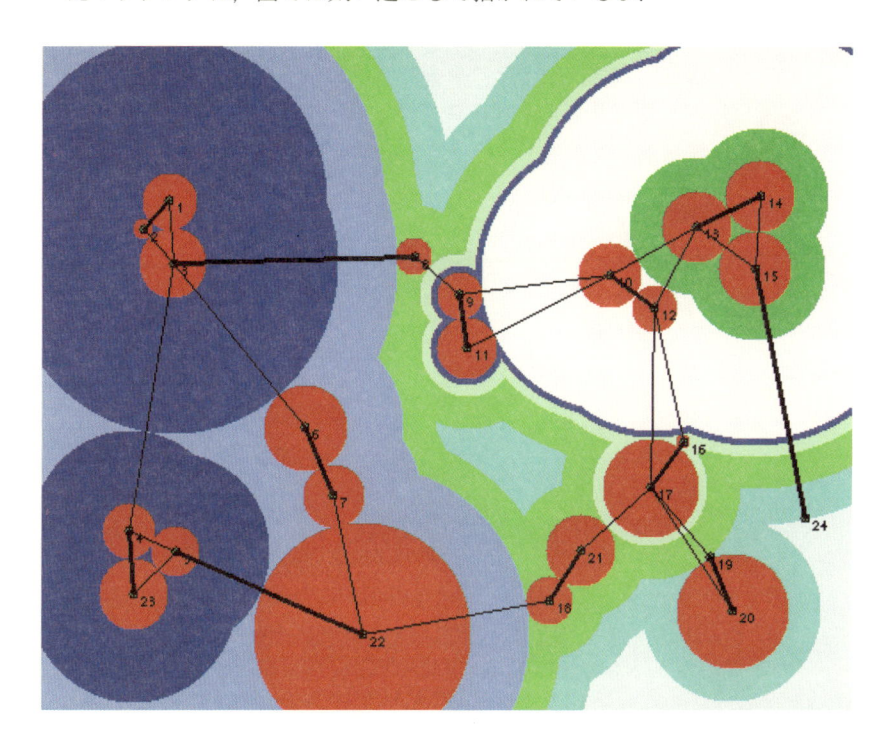

たマッチングは，図では太い辺として描かれているよ．

ヤン▶これはすごいね！
ビム▶この「色彩輪法」も直線距離の場合にしか有効じゃないんだ．ごみ収集の場合，補助グラフの距離を色で埋めつくすことは，まずできない．
ヤン▶なるほど分かったよ．多分，この問題を処理する方法はあるんだろうね．でもごみ収集の話はまた明日聞きたいな．今日はもう十分だよ！
ビム▶いいとも．

　レナ自身は，この話がどう決着するのかすぐに知りたかったのですが，ヤンのいう通りでもありました．集中力が続かなくなったら，休むに限ります．レナはヤンに，ビムが教えてくれたサイトのJavaアプレットを自分でも試してみたらと勧めました．そこで二人はしばらくの間いろいろな模様を描いて遊びました．見ているうちに，二人とも，アルゴリズムが輪を成長させていく仕組みが分かったような気がしてきました．
　その後しばらく二人はおしゃべりしていましたが，やがてヤンは家に帰る

ことにしました．廊下を出ると，レナのママが彼を引き止めて，手際よく夕食に招いてしまいました．レナはあまり気乗りしませんでした．ママがヤンに，あれこれと質問しなければいいなぁと思ったのです．幸いにしてその心配は無用でした．ママとヤンはずいぶんと打ち解けたようでした．

中国からの手紙

翌朝，レナの足はもう快方に向かっていました．学校ではもちろんクラスメートに彼女の小さな「災難」について事細かに報告しなければなりませんでした．すると心配していた通り，レナはいろいろとからかわれました．休憩時間に彼女は併設クラスのターニャに会いました．水泳教室はいつも通りだったそうです．ついでにいうと，ターニャは，いつかメドレーリレーを泳ごうよというアイデアに賛成してくれました．

学校が終わると，レナとヤンは一緒に街中に出かけました．その晩はマルティーナのパーティーに行く予定だったので，贈り物を調達する必要があったのです．レナは可愛いスウェットシャツを考えていましたが，彼女の気に入ったシャツはどれも値段が高すぎました．四件店を回った後で，レナは諦めてしまいました．足の方は大丈夫でしたが，これ以上ヤンを付き合わせる

のは気が引けたのです．彼ももううんざりしている様子でしたから．男の子とショッピングは無理な組合せです！結局，二人ともマルティーナのお気に入りバンドのバラードの CD を買いました．これなら彼女もきっととても喜んでくれるでしょう．それに，テンポはゆっくりで踊るのにもぴったりです．

　ヤンの方は両親に，学校の後そのまま買いものに行き，それからレナの家に寄って，そこから直接パーティーに行くとすでに伝えてありました．幸い今日は金曜日です．明日は朝遅くまで寝ていて構いません．宿題は週末に片付ければ済みます．

　レナのところでは，とりあえずアップルジュースの炭酸割りを飲みました．ショッピングは本当に喉が乾きます！ビムを起動する前に，彼女はメールをチェックしました．新着メールが二つありました．一通はアメリカに出張中のパパからです．予定通りに仕事が進んでいるとのことでした．またママによろしく伝えてくれとのことです．レナはパパのメールを印刷して，後でママに渡すことにしました．もう一通は変なメールでした．送信者が中国にいるのは分かるのですが，それ以外は全部文字化けしていました．多分中国語なのでしょう．レナは戸惑いました．誰が中国から彼女にメールを送ったんだろう？いったい何のために？パパが太平洋まで寄り道したのかしら？でもありえないわね．それにパパは中国語なんか書けないわよ！じゃあ，誰よ？だとすると送り先を間違えたのかしら．それともこれはウィルスメールなのかしら．ヤンが，ビムにこのメールの差出人を調べられるか聞いてみたらどうだいと提案しました．

　　レナ▶こんにちは，ビム！
　　ビム▶やあ，レナ！中国からメールが来たって？
　　レナ▶何ですって？私のメールを読まないでっていったでしょ．あんたには何の関係もないんだから！
　　ビム▶読んだりしないよ！
　　レナ▶じゃ，どうして私が中国からメールを受け取ったって知っているのよ？
　　ビム▶だって僕が書いたからだよ．ちょっとした冗談にね！
　　レナ▶最高ね！待っててね．お返ししてあげるから．あんたにウィルスでも組み込んでやろうかしら．お望みなら中国からね！ところで，ビム．マッチング問題で寄り道したけど，結局ごみ収集問題を解くのに必要なものはすべて揃ったの？

ビム▶もちろん．一般化されたマッチング問題も効率的に解けるようになったから，残されているのは，すべてを正しく組合せることだよ．これは専門的には「中国の郵便配達員問題」と呼ばれているよ．

レナ▶何だ．それで，あんなメールを送ったのね．もっと早くいってくれればいいのに．一瞬，コンピューターウィルスに感染したかと思ったわよ．

ビム▶大丈夫だよ．ただし「見知らぬ」メールの場合，その心配があることに注意しておく必要はあるよ．

ヤン▶それにしても，変わった名前の問題だね．由来は何だい？中国ではごみ収集を郵便配達員が行っているわけじゃないよね．

ビム▶そうじゃないよ．この問題は中国人の管梅谷（グァン・メェイグウ）が 1962 年に発表したものなんだ．郵便配達員問題と呼ばれるのは，郵便配達員も街中のすべての通りを回らなければいけないからだよ．つまり同僚の市のごみ収集係と同じ問題を抱えているわけだよ．同じことは，例えば除雪車とか，道路清掃とか，そういうケースでも考えられるよね．

ヤン▶新聞配達の場合にも応用できるね．

ビム▶もちろんだよ．ただグラフを正しく作らなければいけないよ．さて，ここにそのアルゴリズムがある．

中国の郵便配達員問題のアルゴリズム

Input： 重み付きグラフ $G = (V, E)$
Output： G のそれぞれの辺を含み，長さが最小となる閉じた経路

ステップ 1：G で次数が奇数となるノードの集合 V' を定める．
ステップ 2：V' に属する任意の二つのノード v, w の最短経路の長さを定める．
ステップ 3：V' のノードの集合による完全グラフ G' において，
　　　　　これらの距離に関して最適化するマッチング M を定める．
ステップ 4：G とマッチング M の辺に属する G の経路から，
　　　　　多重グラフ G'' を構築する．
ステップ 5：G'' でオイラー閉路を定める．

レナ▶ちょっと待ってよ！これは，いままでビムが教えてくれたアルゴリズムとは全然違うじゃない．

ビム▶今回は公式は使わなかったんだ．例えば三つ目のステップを公式で表したとしても，その詳細をここで話すつもりはないからね．君たちが望

むなら，このアルゴリズムを一歩一歩確実に，君たちが全部納得するまで見ていこうか．

ヤン▶最初の二つはアルゴリズムに入力するのが街路網で，最後に出力されるのがグラフのすべての辺を通る求めるべきツアーってことじゃないかい？

ビム▶その通り．重要なのは出力されるのが閉じた経路だということだよ．つまり最後に出発点に戻ってくる経路のことだよ．最後には車庫に戻りたいだろう？ 続けようか？

ヤン▶アルゴリズムのステップ1ではまず次数が奇数のノードを定めているね．これを操業橋渡し運行でつないでいく必要があるからだね…

レナ▶…それから，ステップ2ではクリティカルなノードのすべてのペアの最短経路を定めているわね．この経路の長さはクリティカルなノードによる補助グラフで辺の重みとして必要になるんでしょ．

ビム▶合格だよ！ 任意の二つのクリティカルなノードvとwの間の最短経路の長さを新しいグラフG'の辺の重みとして使うんだね．ヤンも覚えているかい？

ヤン▶もちろん！ マッチング問題を解くために必要としたグラフだろ．これはアルゴリズムのステップ3で行うんだね．

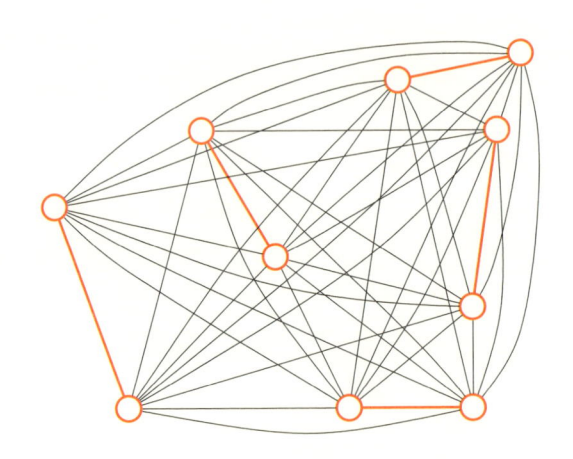

ビム▶そう，その通り．僕はG'で最適なマッチングとなる辺を赤く塗っておいたよ．マッチングのそれぞれの辺に，もとのグラフでのノード間の対応する最短経路距離がここでも定まるね．つまり操業橋渡し運行だ．ステップ4は，こうしてでき上がった経路の辺を，もとのグラフGに付け加える

というだけのことだ．こうしてすべてのノードの次数が偶数となり，新しくでき上がったグラフはオイラー的になるんだね．

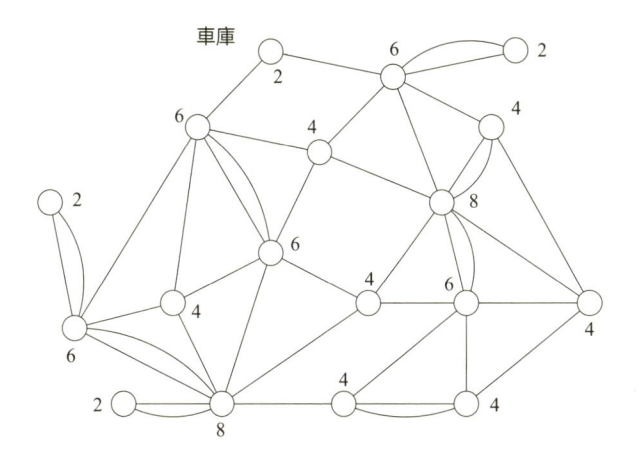

ヤン▶なるほどね．操業橋渡し運行をもとのグラフに付け加えたら，次はステップ5でこのグラフ全体のオイラー閉路を定めさえすればいいわけだね．
ビム▶そう．ここでツアーがたどりやすくなるように，求めた解に方向を表す矢印を加えてみたよ．本当は僕らのグラフは無方向なんだけどね．もちろん，これとは逆の向きでごみを収集しても構わない．

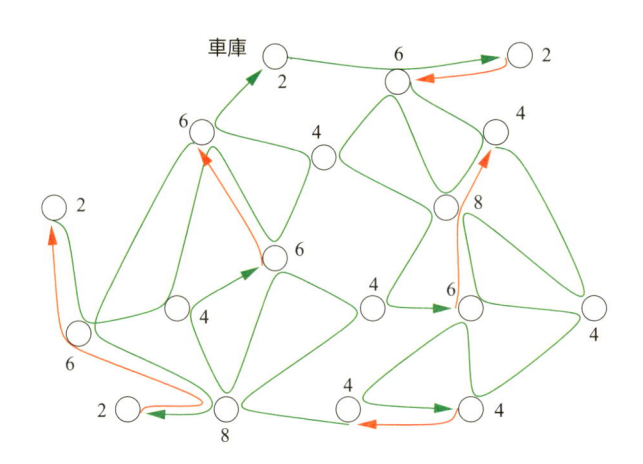

レナ▶操業橋渡し運行は均一に散らばっているわね．清掃課の人が苦労しないようにしてあげたの？

ビム▶お望みなら，そういうことにしておこうか．もちろん操業橋渡し運行をツアー上にさらにうまく分散させることも可能だよ．

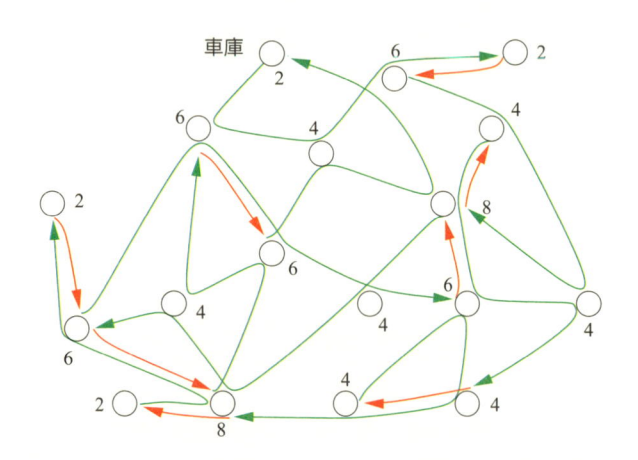

ヤン▶ビムは前に，操業橋渡し運行では，次数が奇数のノードどうしをつながなければいけないといっていたね．

ビム▶そうだよ．そうするんだね．ただ，このグラフの場合は一ヶ所では済まないけどね．必要となる操業橋渡し運行となる辺をグラフに追加したら，このグラフ上の「それぞれ」のオイラー閉路をごみ清掃のルートとして使うことができるようになるんだ．どうかな．中国の郵便配達員問題の別の応用例についても聞いてみたいかな？

レナ▶もちろん！

ビム▶プロッタって何か知っているかい？

レナ▶ハリー・プロッター？

ビム▶うまいことというね．前に見たことないかな？

レナ▶私はないけど．ヤンはどう？

ヤン▶曲線なんかを描くための装置じゃなかったかな？でもいま時は普通のプリンタで間に合うだろ？

ビム▶そうだね．何を描くかによるよね．例えば大きな設計書のように，たくさんの細かい線ばかりで，画面のほとんどが空白のままであるような場合は，線にそって針，つまりインクの噴射口が動くプロッタで作成した方

が，1行1行が点の集まりであるプリンタよりも都合がいいんだ．
ヤン▶で，それが中国の郵便配達員問題とどう関係するんだい？
ビム▶そんなに急がないで！例えば，この絵をプロッタはどう描くのがいいかな？

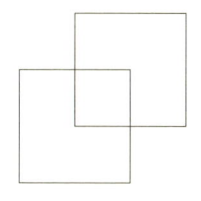

ヤン▶最初に一方の四角形を描いて，それから二つ目の四角形を描く．

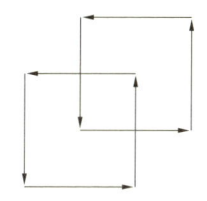

ビム▶こういう解答はどうかな？

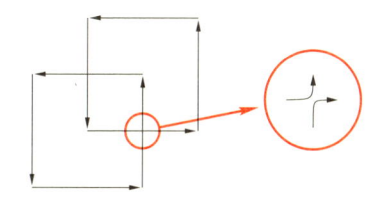

ヤン▶ははあ．ビムのいいたいことが分かったよ．この図をグラフと考えると，オイラー閉路が含まれているというわけだね．だから図を一筆書きすることができると．
ビム▶そうなんだ．グラフがオイラー閉路を含んでいないようなら，例によって次数が奇数のノードから最小の「ペア」を作って，操業橋渡し運行を行う時間を最小にすればいいわけだね．いまの例なら，印刷ヘッドがインクを出さないで移動する経路にあたるね．専門用語では，「ペンアップ」の時間といって，描画が行われている「ペンダウン」の時間と区別している．そこでペンアップの時間を最小化したいわけだ．ただし公共サービス

の場合とは二つの違いがあるけれど．

ヤン▶何だい？

ビム▶この図を見てご覧．

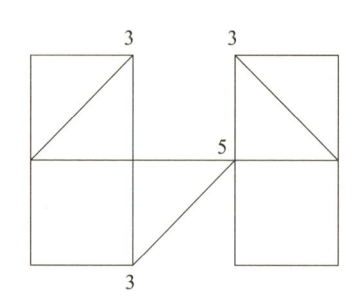

ヤン▶どこが違うんだい？ これがごみ処理の街路網なら，次数が奇数のノードの間に二つの操業橋渡し運行を行うことになるじゃないか．プロッタの場合なら，次数が奇数の四つのノードの間を二回ペンアップ運動を行う必要があるね．

ビム▶そうだけど，でも操業橋渡し運行を使った街路網の場合は，もともと与えられていたグラフの制約に従う必要があるけれど，プロッタでは，ペンアップ運動をクリティカルなノード間の直線距離にそって動かすことができる．だから，次のように，まったく異なる解答があるわけだね．

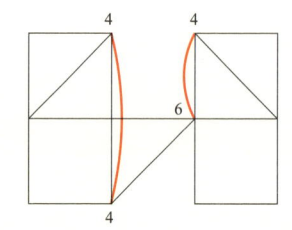

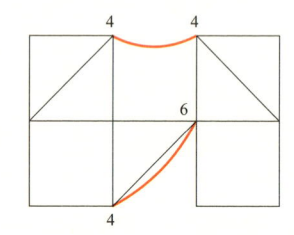

レナ▶ああ，なるほど．アルゴリズムのステップ2で最短経路問題を解く必要がなくなるわけね．クリティカルな点の直線距離をマッチング問題に直接利用することができるから．

ビム▶レナ，お見事！

レナ▶それで二つ目の違いというのは？

ビム▶それが残念ながらプロッタの問題をとても難しくしているんだ．街

路網の場合には，それらが連結していることは明らかだったわけだけど，それがプロッタが描く図の場合には必ずしも当てはまらない．部分的につながっていない図を描く必要が頻繁にあるんだ．連結していないある部分から別の部分を，どうやってペンアップ運動するかは，とても難しい問題になるんだ．

レナ▶私には別の問題がずっと気にかかっているんだけど．

ビム▶何だい？

レナ▶中国の郵便配達員問題ではいつも無向グラフの場合だけを考えていたわよね．でも街中の場合，一方通行がかなりあるから，ごみ収集車もそれに従わなければならないじゃない．

ビム▶素晴らしい！僕は，君らがそれを質問してくれないのじゃないかと思っていたよ．うん，それはとても面白い問題だよ．一番簡単な解決法は，ごみの収集車両は一方通行にも進入可能だとする特別許可を出してもらうことかな．さしあたって，街中の通りが一方通行だと仮定しようか．つまり実は有向グラフであると考えるんだ．この時，僕らは無向グラフの場合とほとんど同じようにして解くことができるんだ．無向グラフの時とまったく同じ方法で，最小の回数の操業橋渡し運行を付け加えてから，オイラー閉路を構築してみるんだよ．このグラフを見てご覧．前の通りのグラフとはちょっと違うね．通りはすべて一方通行で，その代わりに袋小路がなくなっている．

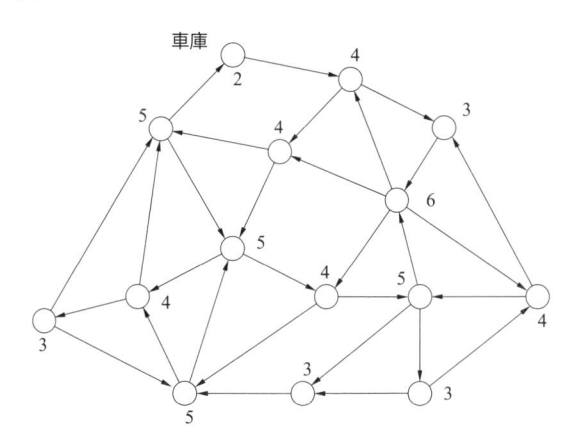

レナ▶こうなると，進む方向に選択の余地はあまりないわね．

ピム▶その通り．それにそもそも，あるノードから別のノードへの移動ができるのかどうかもはっきりしていない．街路網ではこういうこともあるはずだよ．それぞれのノードに別のそれぞれのノードへ進む経路が存在する有向グラフを「強連結」であるというんだ．有向グラフでは次数が奇数のグラフを特定するだけでは十分ではないんだ．ごみ収集のグラフであれば次数が6のノードで，二回も操業橋渡し運行が必要になる．その理由が分かるかな？

レナ▶分かるわよ．このノードを出ていく弧は四つあるのに，ここに向かう弧は二つしかないじゃない．

ピム▶その通り．ノードに入っていく弧の数を「入次数」，ノードから出ていく弧の数を「出次数」という．有向グラフがオイラー閉路を含んでいる可能性があるのなら，そのグラフは孤立したノードを除けば，当然ながら強連結しているはずだね．さらにどのノードでも，入次数と出次数の数が一致していないといけない．これが当てはまらないノードはすべて，操業橋渡し運行を加えて結び合わせないといけない．さっきの次数が6のノードのように，入次数と出次数の差が1よりも大きい場合は，必要なだけ何度も操業橋渡し運行を使うことにもなる．

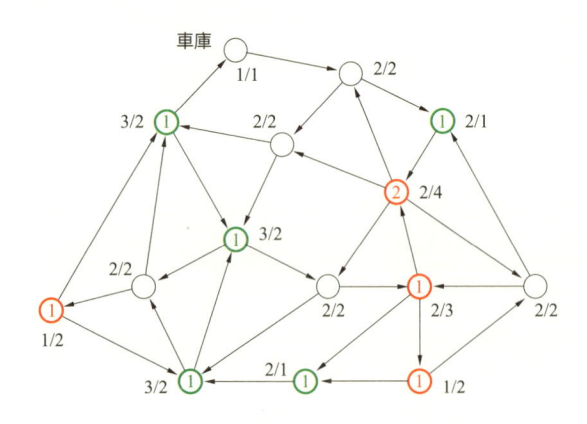

レナ▶ふーん．ここではノードの隣の数字は入次数と出次数を分けて書いたというわけでしょ．でも「問題ノード」を二色に分けているのはなぜ？それからノードの中の数字は何を表しているの？

ピム▶色は二つのノードを区別するためだよ．赤いノードは入るよりも出る弧の方が多く，緑のノードは逆で，出るよりも入る弧の方が多いんだ．そ

してノードの中の数字は，入次数と出次数の差を表している．ここでまたクリティカルなノードだけに還元した補助グラフ G' を作ってみると，一般化されたマッチング問題の代わりに，輸送問題が得られる．そしてずっと簡単に解くことができるよ．

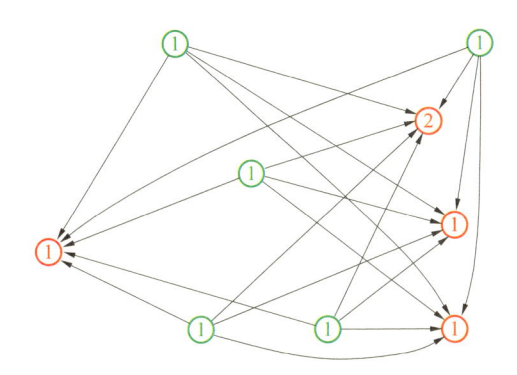

ヤン▶ちょっと待った！ よく分からないな．輸送問題は割り当て問題みたいなものじゃなかったっけ．左と右にどれだけの入口と出口があるかが指定されていたね．そのためにはグラフが二面的でなければいけないんじゃない？ このグラフはとてもそんなふうには見えないけど．

ビム▶図に惑わされないようにね．よく見てご覧．赤いノードどうしは弧でつながっていないし，緑のノードもそうだ．君が望むなら，緑のノードをすべて左にして，赤いノードをすべて右にしてグラフを描き直しても構わないよ．

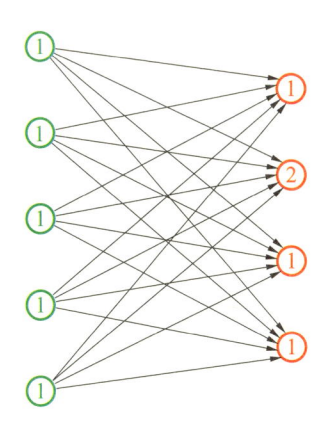

ヤン▶ああ，これなら分かるよ．最初の絵は分かりにくかったよ．
ビム▶そうだね．よく注意して見ないとね．二面的というのはグラフの特性であって，グラフの描き方じゃないからね．ただし右のノードとか左のノードというようないい方はよくするんだけどね．
レナ▶赤よりも緑のノードの方が多いようだけど，問題ないの？
ビム▶大丈夫．ただし緑のノードのそれぞれから操業橋渡し運行を「輸送出口」として付け加えなければいけないけど，全部で5本だ．逆に5本の操業橋渡し運行を赤いノードにやっぱり「輸送入口」として付け加えないといけない．三つのノードに1本ずつで，次数が6のノードには2本だね．
ヤン▶了解．問題ないよ．でも街中の通りがすべて一方通行なんて考えるのは非現実的だけどね．
ビム▶それはそうだよ．実際のごみ収集で必要となるのは混在したグラフになる．つまり辺と弧が入り混じったグラフだね．
レナ▶それって違いがあるの？最短経路問題の説明をしてくれた時，一つの辺を二つの弧に変えればいいっていったじゃない．ヤンのために，もう一度見せてくれない？

ヤン▶これはどんなトリックだい？同じじゃないよ！辺の場合には望み通りにゴミ箱を空にできるけど，弧の場合には二度空にすることになるじゃないか．二度空にした方がいいってことかい？そんなの聞いたことないよ！
ビム▶ヤンのいう通りだ．前に使った古いトリックはここでは通用しない．ここで辺は通りのゴミ箱を空にすることを表しているけど，その通りを走る方向はどうでもいい．ところが，互いに向きの異なる二つの弧は，ゴミ箱を空にしなければならない二つの一方通行を表しているとしよう．
レナ▶いいわよ，譲歩しましょうか．そんなに難しくはないんでしょ？
ビム▶変に思うかもしれないけど，中国の郵便配達員問題のアルゴリズムは，無向の場合も有向の場合も，どちらも $O(n^3)$ フォルダにあるのだけど，二つが混在しているバージョンは再び難しい問題になるんだ．早い話が，効率的なアルゴリズムが存在しない可能性が高いんだ．
レナ▶有向の場合だけ，あるいは無向の場合だけなら難しくないのに？変な話ね！

ヤン▶レナ，そろそろ出かけないとやばいんじゃないか？マルティーナは絶対に時間通りに来いって念を押していたよ．温かい料理を用意しているからって．
レナ▶あ，もう電車の時間ね！

　レナとヤンは地下鉄を利用しました．マルティーナのところまでは駅二つだけでしたが，もうかなり遅くなっていました．レナの足の状態では走る勇気が出ませんでした．最短距離でね！そういう言葉が彼女の頭には浮かびました．
　マルティーナのパーティーはとても賑やかでした．音楽もよかったし，料理も最高でした．でも何よりも素晴らしかったのは，パーティーでヤンと一緒だったことです．足の痛みも忘れるほどでした．注意しなくちゃいけないよ，とヤンはいいました．そしてテンポがゆっくりな曲の時だけダンスをしました．もちろんヤンとです！彼って素敵じゃない？
　レナのママが，パーティーが終わったら，二人を迎えに来てくれて，家まで送ってくれるといっていました．だから今日は門限を気にする必要もありません．夜を十分に楽しむだけです．

チェックメイト 24
Schach-Matt?

　土曜日，レナは十分に眠りました．ひきたてのコーヒーとオーブンからの焼きたてパンの香りに目を覚まして，急いで部屋着に着替えると，ママと一緒の朝食をたっぷりと取りました．ママはもちろん昨晩のパーティーのことを聞きたがりました．レナは，誰が呼ばれていて，どんな食べ物や飲み物があったか，また存分に踊ったことを話しました．そう聞いてママは心配そうでした．レナの足が心配だったからです．でも痛みは少しもないとママに断言したので，話は収まりました．もちろん，レナがヤンとだけ，「足をいたわるかのようなスローな」音楽の時だけ踊ったことは黙っていました…

　今日は一日中ヤンに会わずに過ごさなければいけません．彼はパパとニュールンベルクのサッカーの試合に行くといってました．ついでに城の見学に行くのだそうです．

　レナは午後になったらすぐに休んでいた水泳教室に行って遅れを取り戻そうと決意しました．自分のコーチの耐久プログラムをレナはよく知っていましたので，自分一人でもメニューをこなすことはできるのです．それでも彼女は足にあまり負担をかけないよう，腕の使い方に気を付けなければなりませんでした．

　帰宅するとレナはママのソファーを借りて，庭で横になりながら『王様の手品師』というインドの童話を読みました．マルティーナが昨晩貸してくれたのです．彼女がすぐに読み通してしまったというのがレナの興味を引いたのでした．彼女は本当は本の虫というわけではありませんでしたが，でも本を手にすると，いつも時間を忘れてしまうのでした．お隣の庭からグリルの匂いがただよってきて，レナは水泳から帰った後，ほとんど何も口にしていないことを思い出しました．ママは仕事部屋にいて，とても忙しそうでした．サンドイッチを作ってあげたらママも喜ぶかしら？　レナはそう思いました．そうしてあげると案の定，ママは大喜びでした．

　皿を抱えてレナは自分の部屋に引っ込みました．パパはまたメールを送ってきてくれたかな？　いいえ，残念！　今日は新しいメールは届いていませんでした．それで，ビムとおしゃべりでもすることにしました．きっと何か時間つぶしになる面白い話題を知っているに違いありません．もちろん，後でヤ

ンにも話してあげるつもりです．

ビム▶ちょっとしたゲームはどうだい？
レナ▶いいじゃない．ゲームは大好きよ．
ビム▶それじゃ，インターネットの `http://www.midaslink.com/east/knight.htm` にアクセスして Java アプレットを見てみようか．

```
Knight's Tour
(ナイトのツアー)

遊び方:
1. マス目をクリックしてナイト
   を移動させる
2. 同じマス目を二度使っては
   いけない

成績:
58-60  合格!
60-63  優秀!
64     チャンピオン!

                                        The Solution

                                        Challenge A Friend

                                        Score: 1

              Click Here To Replay
           Visit us at Midas Of Concord
```

レナ▶チェス盤みたいね．でも「ナイト (Knight)」っていうのは何？チェスにナイトなんかないでしょ！
ビム▶馬の形をしたコマがあるだろ？あれがナイトだよ．これを英語では高貴な騎士を表すんだ．チェス盤では馬にまたがって「駆ける」ってことなんだろうね．でも，同じマス目に何度も進入してはいけない．すでに足を踏み入れたマス目は黄色いマーカーが付けられて，ゲームの間は進入禁止になる．このゲームの目標は，できるだけたくさんのマス目に足跡を残すことだよ．馬のコマの動かし方は知っているかい？
レナ▶もちろん．前方に二マス進んで，横に一マスでしょ．チェスは 3 年前にパパから教わったわ．

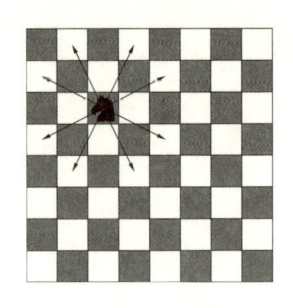

ビム▶それじゃ，やってみるかい？
レナ▶どれ，見てみましょうか．

すぐにレナはゲームを始めてみました．できるだけ多くのマスを取ろうとして，何度も最初からやってみました．トライするたびに得点は高くなっていきました．始めはすぐに自分で袋小路に陥ってしまって苦労しましたが，だんだん，このゲームの意地の悪いところが分かってきたような気がしました．特に四隅は要注意です．そこから出ていくには二つの可能性しかないのですが，隅に入るときにそのうち一つを使ってしまうのです．

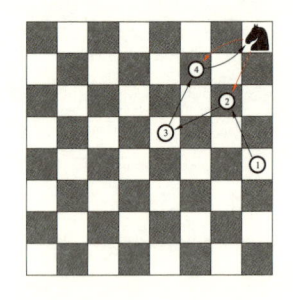

だから，隅から進む二つのマスのうちの一つが，この時点でまだ空いているように注意しなければなりません．さもなければ隅から一歩も出られなくなります．でも，最後には彼女にもうまくいきました．64点，つまり全部のマス目を埋めることができました．彼女はもう一度試してみました．意地の悪いアプレットは今回はスタート地点を変えてしまったので，彼女はまた失敗してしまいました．悔しいことに，一度実行した手は，もとに戻すことができないのです．そうだわ．彼女はあるアイデアを思い付きました．パパの大きなチェス盤を持ち出して，紙を一枚用意すると，それを64個に切り分けました．そしてそれぞれの上に1から64までの数字を書き込みました．そして再びゲームを始めました．今度は解答を見つけたら，それに従って実行

すればいいのです.「オフライン」の方法は，こういうところが便利です．袋小路にはまりこんでしまったら，一度置いた紙をのけて，もう一度よい経路を探せばいいのです．

　しばらくすると，レナは，ビムが何か目的があってこのゲームのことを教えてくれたのじゃないかと思い始めました．これもグラフに関係あるに違いありません．どこかにルートプランの問題が隠れているのでしょう．

　このゲームはヤンも楽しめるわね．そう考えてレナはヤンにメールを送りました．

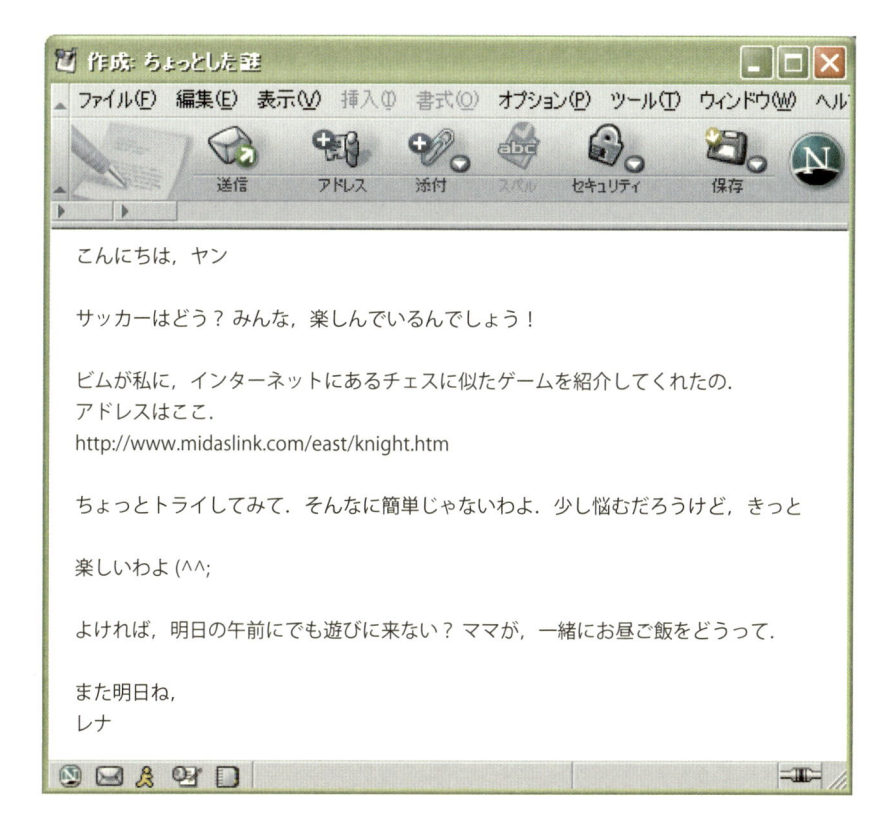

```
こんにちは，ヤン

サッカーはどう？ みんな，楽しんでいるんでしょう！

ビムが私に，インターネットにあるチェスに似たゲームを紹介してくれたの．
アドレスはここ．
http://www.midaslink.com/east/knight.htm

ちょっとトライしてみて．そんなに簡単じゃないわよ．少し悩むだろうけど，きっと

楽しいわよ (^^;

よければ，明日の午前にでも遊びに来ない？ ママが，一緒にお昼ご飯をどうって．

また明日ね，
レナ
```

　それから彼女は一階に降りると，ママと一緒に映画を観ました．
　日曜日の午前，ヤンは彼女の家にやってくると，あのゲームを褒めちぎり始めました．

ヤン▶君がメールに書いていたあのゲーム，すごいよ．
レナ▶もう解けた？ 64 マス取れた？
ヤン▶もちろん！何回やっても大丈夫だよ！
レナ▶え，信じられない！私なんか一回だけしか完成させられなかったわよ．

　レナがアプレットをスタートさせると，ヤンがものすごい勢いでゲームを始めました．始めにヤンが成功した時は，まぐれ当たりで成功したのかしらとレナは思いましたが，でもスタート地点が変わって二度，三度とゲームを続けても，結果は 64 でした．レナが感心していると，ヤンはコンピューターに別のアドレスを入力し始めました．それは http://w1.859.telia.com/~u85905224/knight/dknight.htm という URL でした．するとチェス盤の格好をした大きな Java アプレットが現れました．

Home | email | Warnsdorff Regel

ナイト跳び

これはレオンハルト・オイラーも取り組んだ古い問題である．問題はこうである．ナイトをチェス盤の上で動かし，すべてのマス目を一度だけ通過させることができるか？ また，もしもこれが可能であるなら，次の問題として，ナイトの動かし方は何通りあるか？ この問題にはさらに次のような条件を付けることもできる．すなわち，ナイトはすべてのマス目を通過した後，再び最初のマス目に戻ってくること．このような問題はコンピューターを使えば解くことができると思われるかもしれない．もっとも簡単な戦略は，ナイトが移動できるすべての経路をコンピューターで総当たりに試すことである．しかしながら，多くのルートは袋小路に入ってしまい，すでに通過したマス目を再び使わない限り，ナイトはそれ以上進めなくなる．こうした場合には，一度ナイトを後退させ，もう一度別のマス目に移動してみなければならない．それでも，再び袋小路に陥る場合は，さらにマス目を戻るより他にない．こうした戦略は，「バックトラッキング」と呼ばれる．

Zug für Zug: linke Maustaste. Vollständige Reisen: rechte Maustaste

　最初の一行目でレナははっとしました．オイラーはこんな問題にも取り組んでいたんだ．彼女が想像していた通り，ナイトの進路の問題もケーニヒスベルクの橋の問題の形を変えたものに過ぎませんでした．この文章にはさらに，最後にナイトが出発点に戻ってくるという閉じたツアーについても書かれていました．これが彼女にはもう一つのヒントであるように思えました．
　次にこのサイトの作者は，レナがチェス盤と紙切れを使って解いた方法を詳しく解説していました．つまり，ともかくさっさと進めて，袋小路にはまったら，後戻りをして迂回するというやり方です．この後，こうした「バックトラッキング法」の問題点についての説明がありました．これについてはレ

ナももうよく知っています．見積もってみると組合せの爆発を起こすということです！

レナ▶何だ．自分で解き方を見つけたわけじゃないんだ．
ヤン▶まさか．しばらくやっていてね，グーグルのサーチエンジンで「ナイトのツアー」を検索することを考え付いたんだ．そうしたらこのページも見つけたんだ．
レナ▶ここにバックトラッキング法と書いてあるのは，昨日自分で試してみたわ．でもヤンは後戻りなんかせず，いつもすぐに答えを見つけているみたいじゃない．
ヤン▶このサイトをよく見てご覧．別のページにもっとすごい戦略があると教えてくれてるんだよ．「ウォーンスドルフの規則」っていうらしいよ．
レナ▶いまそれを使ったの？感心しちゃったわよ．

ヤンはページの左上にあるリンクをクリックしました．新しい画面は同じようなレイアウトでした．そのサイトの説明とアプレットのおかげで，すぐにレナもヤンがどういう方法を使ったのか分かりました．

レナ▶ビムがこの方法を知って驚くかどうか見てみない？
ヤン▶そうだね．さぞかし驚くだろうね！

レナはビムのアイコンのあるフォルダを開くと，ダブルクリックをしてソフトを起動しました．

ヤン▶やあ，ビム．
ビム▶やあ，お二人さん．
ヤン▶このナイトのゲームは簡単すぎたよ．
ビム▶それはすごい．レナがゲームのことを教えてくれたんだね．でも簡単だって？一度でも64点を取れたかい？
ヤン▶一度？冗談じゃない．いつだって満点を取れる簡単な戦略を僕らは見つけたんだ．
ビム▶本当かい？だったら君らの戦略というのを聞かせてくれよ．
ヤン▶とてもシンプルだよ！コマを進めるたびに，次に進むことのできるマス目を確認するだろう．そうしたら，そのそれぞれから進む可能性が幾

つあるかを調べるんだ．
ビム▶こういうことかな？

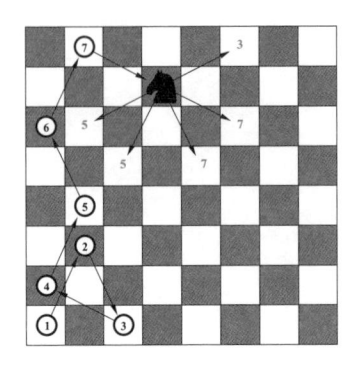

ヤン▶そうそう．次にいま調べた可能性がもっとも少ないマス目を選んで，そこに進むんだ．そこからまた改めて可能性の数を調べて，次に進むべきマス目を選ぶ．これの繰り返しだ．
ビム▶H. C. ウォーンスドルフ著『ナイト跳びのもっとも簡潔で一般的な解法』，シュマルカルデン，1823 年だね．
レナ▶知ってるの！
ビム▶そっちこそ知ってるのかい？
レナ▶しまった！ 口を滑らせちゃった．ヤンがこの方法をインターネットのサイトで見つけたのよ．でも，私も昨日自分一人で 64 点を出してみせたわよ．後で，どうやったのかは忘れちゃったけど．
ビム▶そういうことだったのかい．君らは，ともかく自分で突き詰めようとしたんだね．もうすぐ本当に僕はお払い箱だね．
レナ▶そんなこといわないでさ！ ビムがこのゲームを教えてくれたのは，多分，下心があってのことだと私たちはにらんでいたわけよ．それに，私たちがもう何でもできるってところを見せて驚かせたかったしね．
ビム▶ともかくたいしたもんだよ．この問題がそんなに気に入って，自分自身で解いたんだからね．このウォーンスドルフの方法が「ヒューリスティック」なものに過ぎないことにも気が付いたかな？
ヤン▶「ヒューリスティック」というのは何だい？ レナは知ってるの？
レナ▶私も知らないわよ．
ビム▶僕もまんざら役立たずというわけでもなさそうだ．「ヒューリスティッ

ク」というのは，ギリシャ語の動詞 heuriskein に由来する言葉で，「見つける」とか「発見する」って意味だよ．数学ではこの言葉は，問題の解決に有効そうに見えるが，いつでも確実に使えるとは保証できないような方法を表すのに使われるんだ．例えば最短経路問題で，常に最短の辺にそって進むというのがヒューリスティックな方法だ．それが役に立たない場合もあることは，すでに見たよね．

ヤン▶どうしてウォーンスドルフの規則がヒューリスティックなんだい？ この方法を使えば，いつでもナイト跳び問題の答えを見つけることができるよ．

ピム▶誰がそういったんだい？

ヤン▶この方法を見つけたウェブサイトだよ．

ピム▶そこでは，どんなふうにこの命題が証明されていたかい？

ヤン▶そこまでは気が付かなかったな．

ピム▶いや，ウォーンスドルフの規則はまったく役に立たないんだ．それは，君たちが見つけたアプレットを使えば，簡単に分かるよ．

ヤン▶袋小路かい？ でも，僕が試してみた時は，いつもうまくいったけどな．

ピム▶それもそのはずで，ウォーンスドルフの規則は普通はうまくいくことを示した研究もあるくらいだよ．例えば，ある大学生が企画したプロジェクトでは，チェス盤の隅からスタートした場合，この規則で試行錯誤を繰り返せば，98％は正しいツアーを見つけられることが示されている．

レナ▶なるほどね．ウォーンスドルフの規則は普通はうまく機能するけど，いつもとは限らないわけね．

ピム▶そうなんだ．8×8のマス目からなるチェス盤なら問題ない．けれ

ど，マス目の数が増えていくと，この規則で成功する可能性は急激に減っていくんだ．
ヤン▶マス目の数っていうけど，チェス盤は 8×8 の大きさに決まっているじゃないか！
ビム▶ナイト跳びは，チェス盤の大きさを変えても遊ぶことができるよ．例えばこんなチェス盤で．

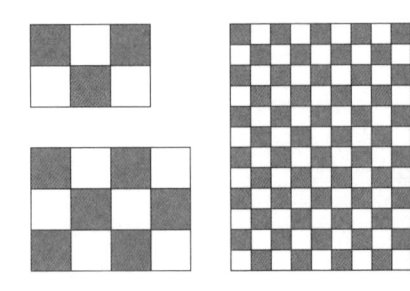

ヤン▶また，いかにも数学って感じだね．普通はこんな勝手な大きさのチェス盤や，長方形のチェス盤のことなんか誰も考えないよ！
レナ▶でも悪くはないんじゃない．普通のチェス盤でどれくらい時間がかかったかを考えてみましょうよ．もっと小さいチェス盤でやっておけばよかったかもね．
ヤン▶それは構わないけど．でも 2×3 のマス目のチェス盤なんて退屈そうだな．答えなんかないんじゃないか．
ビム▶その通りだよ．でも 3×4 のマス目のチェス盤になると，ちょっと難しくなるよ．12×12 のマス目のチェス盤ではウォーンスドルフの規則はまだ役に立つけど，325×325 の大きさを越えるような正方形のチェス盤では，この規則ではほとんどいつも袋小路にはまり込んでしまうんだ．
ヤン▶325×325？そんなチェス盤でナイト跳びをしようなんて誰も考えないよ．
ビム▶それはそうだろうけど．でも，こういう問題を根本的に解くのに役に立つような戦略を確かめるには，そういう課題も重要なんだ．
レナ▶オイラーがケーニヒスベルクの橋の問題を解いた時みたいにね．
ビム▶そうだよ．それにウォーンスドルフの規則にはまだ欠点がある．
レナ▶どんな？
ビム▶必ずしも閉じたツアーが得られるとは限らない．

ヤン▶でも，そんな条件はなかったじゃないか．

ビム▶もしも閉じたツアーが得られたら，とても役に立つんだよ．

ヤン▶どんなふうに？

ビム▶この答えはオイラー自身が出してくれているんだ．

> 以前，私に託された課題を通じて，私は別の新しい研究を行うに至った．これは一見すると，最初の分析法が何の役にも立たないかのようにも思えるものである．それはこういう課題である．ナイトをチェス盤の64のマス目全部に移動させるが，ただし一度使ったマス目を再び使うことは許されない．これを解くため，チェス盤のすべてのマス目に目印を置いておき，ナイトを動かすたびに取り除くこととする．またスタート位置は任意であるともする．この最後の条件がこの問題を非常に難しくしていると私には思えた．というのも，私はすぐに行進ルートを幾つか見つけてはいたのだが，どれも最初は私が自由に選ばなければならなかったからだ．私は，行進ルートがもとに戻るなら，つまりナイトが出発したマス目に再び戻ってくることができるなら，その時，この困難もなくなることに気が付いたのである．しばらく試行錯誤をして，私は，最後に確実な方法を見つけ出した．この方法を使えば，そのような行進ルートを必要なだけ（といっても，その数には限りがあるが）探し出すのに試行錯誤する必要がない．その一つをここに示した図で紹介しよう．
>
> | 54 | 49 | 40 | 35 | 56 | 47 | 42 | 33 |
> |---|---|---|---|---|---|---|---|
> | 39 | 36 | 55 | 48 | 41 | 34 | 59 | 46 |
> | 50 | 53 | 38 | 57 | 44 | 45 | 32 | 43 |
> | 37 | 12 | 29 | 52 | 31 | 58 | 19 | 60 |
> | 28 | 51 | 26 | 63 | 20 | 61 | 44 | 5 |
> | 11 | 64 | 13 | 30 | 25 | 6 | 21 | 18 |
> | 14 | 27 | 2 | 9 | 16 | 23 | 4 | 7 |
> | 1 | 10 | 15 | 24 | 3 | 8 | 17 | 22 |
>
> ナイトはこの数の順序に従って動かせばよい．最後の64から最初の1まではナイトの移動範囲にあるから，この方法なら行進ルートはもとに戻る．ここには，さらにもう一つの特徴が付け加えられている．すなわち in areolis oppositis で differentia numerorum は至るところで32だ．
>
> 1757年9月26日付け，オイラーからゴールドバッハ宛ての手紙，*Leonhard Euler*, E.A. フェルマン著，Rowohlt Taschenbuch Verlag, 1995, p.73–74（[訳注] 邦訳は，『オイラー その生涯と業績』山本敦之訳，シュプリンガー・ジャパン，2002.）に再録．

ヤン▶へぇ．閉じたツアーを作れば，どのマス目からスタートしようとも，自動的にそれが解答になるんだ．ただオイラーの最後の文章は何をいっているんだか，さっぱり分からないけど．

ビム▶昔の天才にとっては，単にツアーを示すだけでは十分ではなかったんだね．だから彼はさらに面白い補助的な性質をも組み込んだんだね．ここでマス目を見てご覧．オイラーのツアーを三色の直線で示してみたよ．何か気が付かないかな？

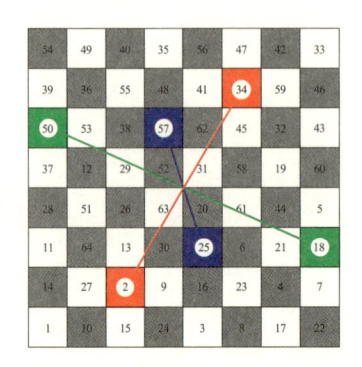

レナ▶ああ，なるほどね．differentia numerorum は至るところで 32 ね．

ヤン▶何だって？君がラテン語が得意だとは知らなかったよ．

レナ▶数字を見ていたら分かったのよ！マス目の数字の差がいつも 32 になっているじゃない．これがオイラーが最後の文章でいおうとしたことなんじゃないの？

ビム▶レナのいう通りだ．そしてこの性質は，チェス盤をちょうど半分に分ける中心部分，つまり点対称となる中心を通る線を使って「それぞれの」マス目の対を取り出した場合にも当てはまるんだ．

ヤン▶『スタートレック』のミスター・スポックなら「素晴らしい」というだろうね．

レナ▶またお得意の SF の話ね．

ビム▶ちょっと話題を変えようか．実は，僕はナイト跳びの話を例にして，グラフ理論の別の重要な問題を紹介したかったんだ．

ヤン▶重要な？でも，この「お馬さん，パカ，パカ」は子供の遊びみたいなものじゃないか．これのどこが重要なんだい？

レナ▶ヤン，何てことをいうのよ．ケーニヒスベルクの橋の問題だって私

たちはまじめに検討したじゃない．始めはちょっとしたなぞなぞ程度のものだったけど，でもごみ収集や郵便配達員，それからプロッタの問題にも応用できたじゃない．だからビムはまた何か面白い話をしてくれるのよ．多分，グラフに関係するんだろうなとは私も思っていたのよ．だってチェス盤の各マス目はノードと考えることができて，ナイトがマス目を移動するのを，辺でつないで表すことができるじゃない．

ビム▶素晴らしい！ちょっとこのグラフを見てご覧．2×3と3×4のマス目のチェス盤だけど．

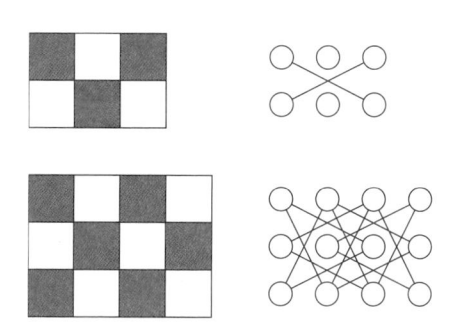

ヤン▶見て，レナ，この最初のグラフは連結していないね．僕がさっきいった通り，2×3のマス目の課題は解けないよ．

レナ▶でも3×4のグラフになるとすごく複雑ね．ざっと試してみただけじゃ，ナイト跳び問題が解けるのかどうか分からないわね．ケーニヒスベルクの橋の問題を単に変えただけの問題じゃなさそうね．

ヤン▶いや，何度か試してみればいいだけじゃないかな．

ビム▶グラフの描き方を変えてみよう．そうすると少しは難しくなくなるよ．見てご覧．これも同じグラフだよ．

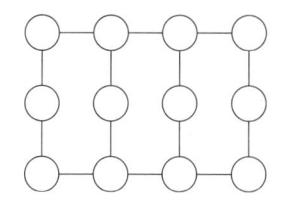

レナ▶本当に？でも辺は全然違っているようだけど．

ビム▶ノードの配置が変わっただけだよ．ノードを少し整理してみると，同

じグラフであることが分かるはずだよ．二つのグラフを並べて，対応する辺を同じ色で，対応するノードを同じ数字で描いてみよう．

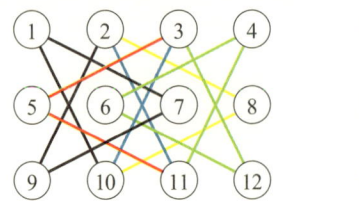

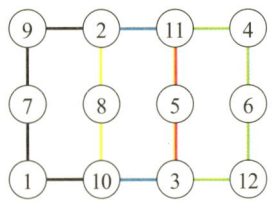

レナ▶ちょっと待って．ああ，なるほど，分かったわよ．
ヤン▶ふーん．ここではそれぞれの辺がナイトの一回の動きに対応してるんだね．なるほど，確かに「ナイトのツアー」だと分かるよ．

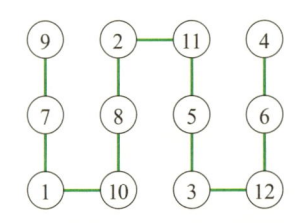

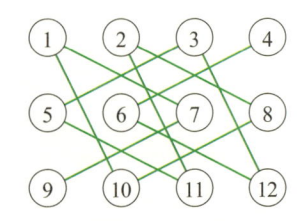

ビム▶その通り．つまり，このナイト跳び問題は解ける．閉じたツアーを見つけることができるかな？
レナ▶絶対できないわよ！
ビム▶どうして？
レナ▶だって閉じたツアーではそれぞれのノードから辺が二つ出ているはずでしょ．ということはノード 8 では二つの黄色い辺がこれに属しているはずで…
ヤン▶…それでノード 9, 7, 1 の辺はすべて黒く塗られている．黒い辺と黄色い辺ですでに閉路ができていて…
レナ▶…その閉路を，別のそれぞれのノードを一度だけ通るような閉路に付け加えることは当然できないわけよ．
ビム▶すごいじゃないか！君らは問題を解いたわけだよ．
レナ▶ビムがグラフを描いてくれたので，そんなに難しくなくなったのよ．
ビム▶ちなみに，グラフのそれぞれのノードをちょうど一度だけ通過する経路を「ハミルトン路」というんだ．さらに最後に出発に戻ってくる場合，

これを「ハミルトン閉路」と呼ぶ．さて 8 × 8 のチェス盤のグラフがこういうふうにあったとしようか．

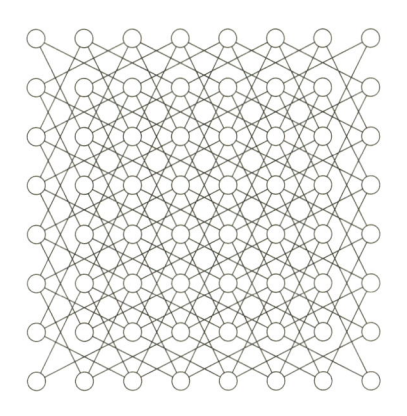

レナ▶うわぁ，すごい数の辺ね！ それに規則的に並んでいて，レースの編物みたいね．

ヤン▶またスウェットシャツのことを思い出したんだろう？

レナ▶違うわよ．それをいうなら，ナイトの鎖鎧よ．これは「ナイト問題」とでもいうのでしょうね．

ビム▶いずれにせよ，このグラフには「オイラー閉路」は存在しない．四隅のマス目の隣にある合計八つのマス目は次数がすべて 3 だね．でも，このグラフは幾つかの「ハミルトン閉路」を含んでいることがすぐに分かるよ．オイラーが発見したのは次のようなものだよ．

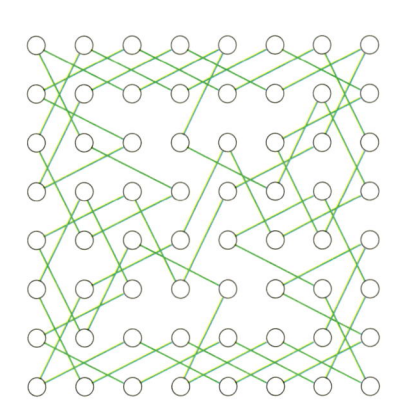

その時レナのママが食事だといってきたので，ヤンは跳び上がりました．少し前からお腹が鳴っていたのです．レナはまだお腹が減っていませんでした．それにまだ口には出していない質問もあったのです．これは昼ご飯を食べてから尋ねましょうか．

▶ プラトニックな愛？

　デザートにはクリームをかけたラズベリーが出されました．ヤンは喜色満面でしたが，レナはデザートはおやつに取っておくことにしました．もうお腹一杯だったのです．しばらく休憩した後，レナはさっき考えていた質問をいいました．

レナ▶ハミルトンの定理はどういうものなの？ これもノードの次数に関係するのかしら？
ビム▶残念ながら一般のグラフについて，どういう場合にハミルトン路あるいはハミルトン閉路が存在するか，正しく記述しているような「定理」は存在しないんだ．
レナ▶冗談でしょ？ グラフのすべての辺を一度だけ通るのも，すべてのノードを一度だけ通るのも，たいして違わないじゃないの．
ビム▶いや，冗談をいっているわけではないんだ．ハミルトン閉路の問題はとても複雑なんだ．世界中の優秀な数学者もいまだに解けないでいるんだ．
レナ▶定理がないのに，何でこいつはハミルトン路なんて名前が付いているの？
ビム▶「こいつ」はアイルランドの数学者ウィリアム・ローワン・ハミルトン卿にちなんだ名前だよ．彼は 1805 年に生まれ 1865 年に生涯を終えている．30 歳のとき，彼はナイトの称号を授かった．だから，「卿（サー）」なんだ．彼のスケッチ画が http://scienceworld.wolfram.com/biography/HamiltonWilliamRowan.html で見られるよ．

ヤン▶数学者でナイト？ 面白いな．彼もナイトたちの槍試合のトーナメントか何かに出場したのかな？

ビム▶多分，チェスのトーナメントにはね．まあ 19 世紀にはナイトたちも槍を脇に抱えて，馬で突進し合うような試合はごめんこうむっていただろうね．ナイトを授けるというのは，いまでもそうだけど，特別な功績を上げた人に対する叙勲なんだ．ポール・マッカートニー卿が刀と盾を手に取って闘技場に出場するなんて考えられるかい？

ヤン▶そういえば，ビートルズもイギリス女王から貴族に列せられたとか．

ビム▶いずれにせよ，ハミルトンは 1856 年，サロン向けのゲームを発明したんだ．これを彼は「二十ゲーム (icosian game)」と呼んだ．

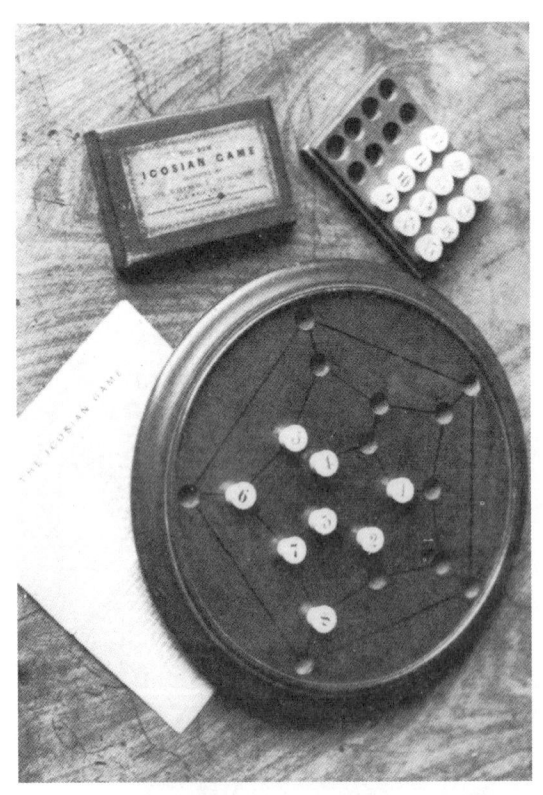

出典：*Graph Theory 1736-1936* – N.L. Biggs, E.K. Lloyd, R.J. Wilson, Clarendon Press, 1976, P. ii

レナ▶二十ゲーム？見た目はまるでグラフじゃない！

ビム▶そうなんだ．ボードは正十二面体の辺とノードからなるグラフになってるんだ．これが何だか分かるかな？

ヤン▶五つの「プラトンの正多面体」の一つじゃないか．去年数学で習ったよ．

レナ▶プラトンの正多面体？そんなことローリヒ先生は教えてくれなかったわよ．でもマンガー先生の国語の授業で，プラトニックな愛については聞いたわよ．これって全然関係ないの？

ビム▶二つともギリシャの哲学者プラトンの名前にちなんでいることを除けば，関係ないね．もっともプラトンの正多面体にプラトニックな愛を発揮したという人たちはいるかな．

レナ▶それでプラトンの正多面体って何よ？ちょっと説明してくれたっていいでしょ！

ビム▶もちろん！プラトンの正多面体には5種類あって，それぞれが面の数を表すギリシャ語に由来する名前が付いている．正四面体は tetrahedron とか三角ピラミッド型ともいわれるけど，四つの辺の等しい同一の三角形からなっている．ちなみに数字の 4 をギリシャ語で tetra という．正六面体は hexahedron といって，六つの正方形から構成されている．要するに立方体 cube だね．正八面体 octahedron は八つの辺の等しい三角形でできていて，ピラミッドを二つくっつけたような形だね．正十二面体 dodecahedron は合同な五角形を並べたもの．そして正二十面体 icosahedron は 20 個の三角形を面とした立体だよ．プラトンの正多面体はどれもとても規則正しい．各面は合同な多角形であり，各頂点には等しい数の辺がある．インターネットにはこれらの正多面体をいろいろな視点から見ることができるサイトがたくさんある．次の図も僕が昔 http://www.math.utah.edu/~pa/math/polyhedra/polyhedra.html[1] というサイトにあったのを保存しておいたものだよ．

---

[1] ［訳注］現在はデッドリンクのようであるが，類似の情報が載っているサイトとして，http://www.math.utah.edu/~pa/math/polyhedra/polyhedra.html がある．

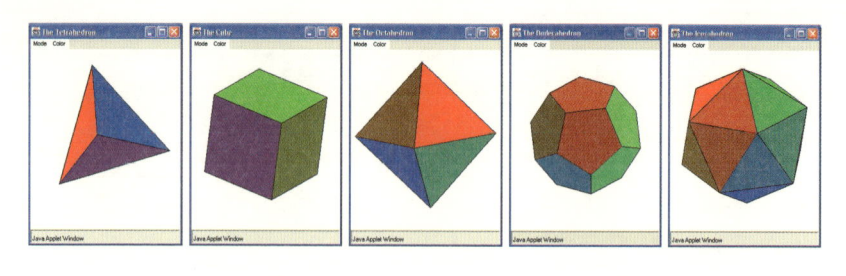

レナ▶ 他にはないの？
ビム▶ いや，この種の立体は他には存在しない．どれも形を変えると…
ヤン▶ … 各頂点周りの角度の合計が大きくなりすぎるんだね．こういう立体を自分で作ってみたらすぐに分かるよ．
ビム▶ `http://www.cs.mcgill.ca/~sqrt/unfold/unfolding.html` にはプラトンの多面体の雛型を組み立てて見せるアニメーションがあるよ．

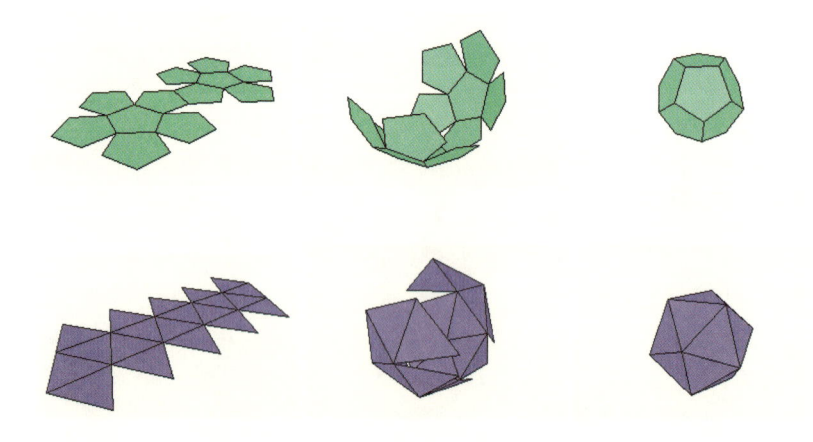

レナ▶ へぇ．これは実際にやってみなくっちゃ！
ビム▶ こういう正多面体については古代から知られていたんだ．この中に古代人は魔術のようなのを見て取っていたんだ．だからプラトンは「元素」のシンボルだと考えたんだ．正四面体は火で，正六面体は土，正八面体は空気で，正二十面体は水だ．正十二面体は「秘密の第五元素」，あるいは天のエーテルに例えられた．いまなら，どんなふうに考えるかな？下の図は `http://www.idv.uni-linz.ac.at/kepler/werke/`

platonische_koerper.html[2] というサイトにあったもので，有名な天文学者のヨハネス・ケプラーの描いたオリジナルのイラストの複写だよ．

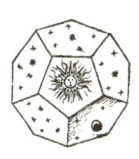

レナ▶魔術というのは，数学が始まった時に消えてしまったものだと思っていたわ．
ビム▶さぁ，それはどうかな．ケプラー自身，この立体に感激したようだよ．彼にとっては宇宙の調和を証明するものだったらしい．彼は 1596 年に発表した *Mysterium Cosmographicum*，訳すと『宇宙の神秘』で，神は惑星を配置するのに調和の取れた立体を手本とした，と断言している．当時は地球の他に，水星，金星，火星，木星，土星しか知られていなかったんだ．

> Creator Optimum maximus, in creatione Mundi hulus mobilis, et dispositione Coelorum, ad illa quinque regularia corpora, inde a PYTHAGORA et PLATONE, ad nos vsque, celebratissima respexerit, atque ad illorum naturam coelorum numerum, proportiones, et motuum rationem accomodauerit ...
> Terra est Circulus mensor omium: Illi circumscribe Dodecaedron: Circulus hoc comprehendens erit Mars. Marti circumscribe Tetraedron: Circulus hoc comprehendens erit Jupiter. Ioui circumscribe Cubum: Circulus hunc comprehendens erit Saturnus. Iam terrae inscribe Icosaedron: Illi inscriptus Circulus erit Venus: Veneri inscribe Octaedron: Illi inscriptus Circulus erit Mercurius. Habes rationem numeri planetarum.
>
> 出典：J. Kepler – *Prodomus dissertationum cosmographicarum, continens Mysterium Cosmographicum*, Tübingen, 1596; Abdruck in: *Johannes Kepler gesammelte Werke, Band 1* – C.H. Beck'sche Verlagsbuchhandlung, München, 1938

レナ▶またラテン語なの！ビムが古典が得意だってことはよく分かったって．

---

[2] ［訳注］現在はデッドリンクのようであるが，類似の情報が載っているサイトとして，http://www.georgehart.com/virtual-polyhedra/kepler.html がある．

ビム▶ああ,ごめんよ.訳しておこうか.ちなみに http://www.georgehart.com/virtual-polyhedra/kepler.html に,ケプラーが考えていたスケッチが二つあったから添えておこうか.

> 至高至善の創造主が,運行するこの宇宙を創造し天体を配列するにあたっては,ピュタゴラスやプラトンの時代から今日に至るまであまねく知られたあの五つの正立体に注目し,惑星の数と相互の距離の比と運動の理法をそれらの本性に適合させ給うた…
>
> 地球の軌道は,すべての起動の尺度である.これに正十二面体を外接させよ.するとこの立体を取り囲むその球が,火星の軌道となるだろう.火星の軌道に正四面体を外接させよ.するとこの立体を取り囲むその球が,木星の軌道となるだろう.木星の軌道に立方体を外接させよ.この立体を取り囲むその球が,土星の軌道となるだろう.また地球の軌道には正二十面体を内接させよ.この立体に内接するその球は,金星の軌道となるだろう.金星の軌道に正八面体を内接させよ.するとこの立体に内接するその球が,水星の軌道となるだろう[3].

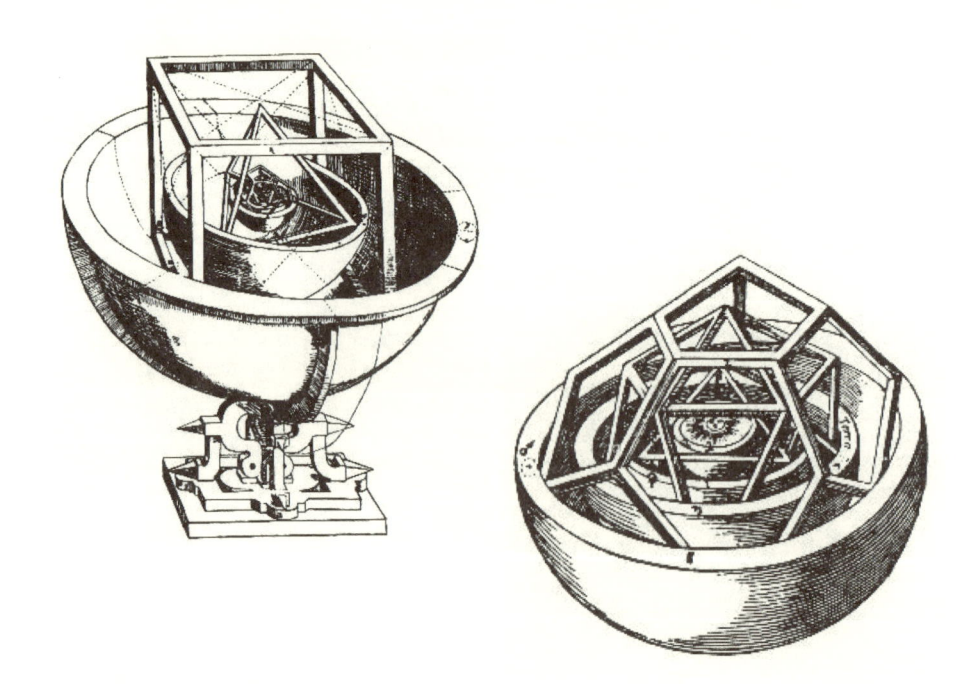

---

[3] [訳注] J. ケプラー著『宇宙の神秘』(大槻真一郎,岸本良彦訳,工作舎,1982) より引用.

レナ▶ちょっともう少し詳しく説明してくれないかしら．幾何学的な図形と惑星がどう関係するの？

ピム▶ケプラーが考えた宇宙の仕組みにはプラトンの正多面体が使われているのが分かると思う．ある正多面体を包み込む最小の球，つまり外接球が，次の正多面体に包み込まれる最大の球，つまり内接球と一致するように配置されているということなんだ．これらの球どうしの半径の関係は，惑星の軌道の半径の関係に対応しているんだよ．ここにケプラーは神の神秘を見たんだね．

ヤン▶物理の時間に習ったけど，惑星の回転軌道は楕円で，太陽はその焦点の一つだよね．

ピム▶ヤンのいう通りだよ．ただし水星と冥王星を除くと，その軌道は円に近いけどね．もっとも，冥王星は400年前にはまだ発見されていなかった．面白いのはケプラーの信念だね．彼はプラトンの正多面体に世界の調和が表現されていると考えたんだね．このため惑星の数は決定されているんだと．

ヤン▶ケプラーのいう通りなら，天王星や海王星，冥王星は存在しないことになるじゃないか！彼は全然間違えていたんだ！

レナ▶ケプラーだけじゃないでしょ．ハミルトンだって間違っていたんだわ．だってハミルトンは自分の作ったゲームを「二十ゲーム」なんて名付けてるわよ．でも本当は十二ゲームでしょ？

ピム▶ハミルトンが間違っていたとはいえないような気がするな．確かに正十二面体は12個の面を持つけど，頂点は20個ある．20はギリシャ語でeikosiという．一方，正二十面体はこの逆で面の数は20個で，頂点の数は12個だ．正六面体と正八面体の間にも同じような関係があって，正六面体では面は6個で頂点は8個．正八面体では面が8個で頂点が6個．正四面体では面が4個で頂点が4個ある．

ヤン▶正四面体だけ孤独だね．

レナ▶あるいは一人二役というところかしら．

ピム▶レナはうまいこというね．これも http://www.math.wisc.edu/~cvg/course/491/modules/polyhedra/duality.shtml[4] に見つけて保存しておいたものだけど，この図を見てご覧．正多面体のパート

---

[4] ［訳注］現在はデッドリンクのようである．

ナーどうしで，片方の頂点を，もう片方の辺に刺さるように重ねたのがこの図だよ．

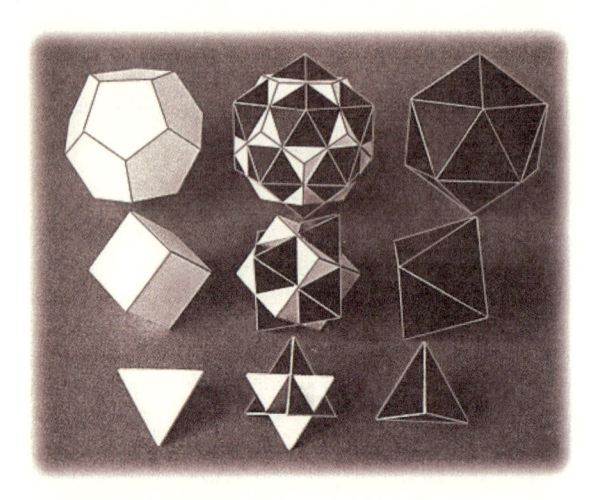

レナ▶二十ゲームの 20 個のノードが，正二十面体の面を表しているってこと？ ハミルトンは頂点をうまく使ったのね！

ビム▶おそらく彼は十二ゲーム 'dodecanian game' という言葉の響きが気に入らなかったのじゃないかな．あるいは 20 個のノードを使うゲームだからかもしれない．ハミルトン自身がほとんどを書いたとされるゲームの説明書に次のように書いてある．

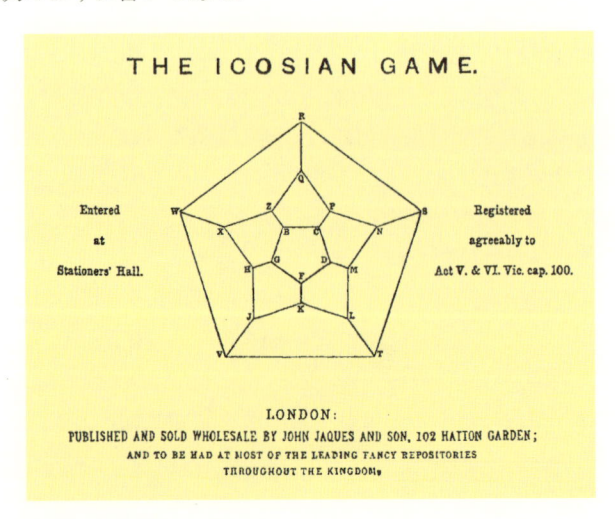

> この新しいゲームは（ウィリアム・ローワン・ハミルトン卿が発明し，ギリシャ語の「二十」にちなんで二十ゲームと名付けられた）ではプレイヤーは 20 個の番号の振られたコマを全部あるいは一部を，ボードの点，つまり上に示した図のくぼみの上に置く．ただしゲームは常に「辺にそって」進めなければならず，またある種の「他の」制約が他のプレイヤーの操作によって課される．したがってゲームの問題を「提示」する，あるいは「解く」には才能と技術が必要とされる．例えば，二人のプレイヤーのうち先手が五つの連続した穴に五つのコマを置けるとする．そして後手のプレイヤーに対して，残りの 15 のコマを「閉路」を描くように，つまり 20 番目のコマが最初のコマにつながるように位置せよと命ずる．このゲームではこうしたクイズには常に答えがある．例えば B C D F G が最初に与えられた五つのノードだとすると，図にあるように 20 個の子音をアルファベット順に回ればよい．ただし 6 番目のコマを H の穴に置いた後では，（前にも触れたように）7 番目のコマを J ではなく X に置いて「も」構わない．その場合は W R S T V J K L M N P Q Z と巡ることになる．二十ゲームの他の問題とその解答については続くページに解説する．
>
> 出典: *Graph Theory 1736–1936* – N.L. Biggs, E.K. Lloyd, R.J. Wilson, Clarendon Press, 1976, P. 32

ヤン▶これはひどいな．こんな面倒な説明書の付いたゲームなんか，僕ならどこかに片付けてしまうね．

ピム▶だから，このゲームはあまり売れなかったんだ．だけどゲームの第一の目的がハミルトン路を作り出すことだから，こういう問題が今日ではハミルトンという名前と関連付けられるんだ．解答はこうなる．20 個の子音をアルファベット順にたどるだけでいいわけだよ．

レナ▶まあ，いいわ．正十二面体グラフではハミルトン閉路があるわけよ．8×8 のチェス盤を表すグラフでもね．それじゃ，一般のグラフの場合はどうなの？ この問題は本当に難しいのかしら？

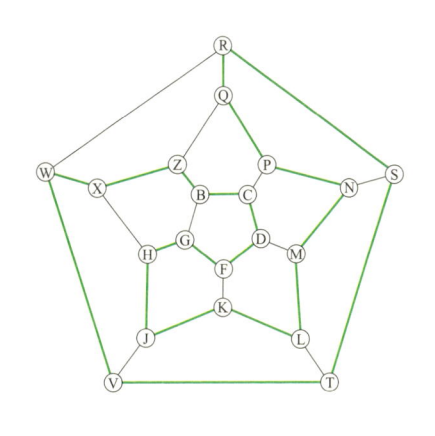

ピム▶そうなんだ！「ハミルトン路の問題」や「ハミルトン閉路の問題」は非常に難しいから，多分，効率的な解法は永遠に見つからないのじゃないかな．

レナ▶多分？何だか曖昧ね．ビムらしくもない．
ヤン▶僕も同感だな！また明日話してくれないかい？僕はちょっと外に出て，太陽の光を浴びたい気分なんだ．レナ，ちょっとサイクリングでもしてみないかい？ついでに僕のおばさんのところに寄ろうよ．おばさんは毎週日曜日にケーキを焼くんだよ．それに，おばさんのところに行く間の道並みがまた素晴らしいんだよ．
レナ▶いいわよ．ケーキのお誘いを断ったりはしないわ．でも，ヤンのおばさんに迷惑じゃないかしら？
ヤン▶電話しとこうか．僕らが行くと伝えたら，きっと喜ぶよ．

というわけで，即断，即決，即行です．始めにフォルステンリーダー公園の，大きな放し飼い牧場を自転車で突っきっていきました．少し離れたところをイノシシが道を横切っていきました．それからアウトバーンの鉄橋の下をくぐり，農道を数キロ走っていきました．ヤンのおばさんは，ミュンヘンの南西にあるガウティングのこぢんまりとした住宅街に住んでいました．おばさんの家に着くには，まだまだありましたが，二人とも全然急ぎませんでした．話すことが山ほどあったからです．

ヤンのおばさんの家に着いたのはすでにだいぶ遅い時間でした．おばさんは二人の訪問をとても喜んでくれて，なかなか帰そうとはしてくれませんでした．レナにとっても，彼女と一緒に庭でくつろぐのはとても心地よかったのでした．二人は夕食までそこにいて，それから市電か地下鉄を使って帰ることに決めました．当然最短ルートです．この時間なら，自転車を抱えて乗り込んでも問題ないでしょう．

帰り道，レナは心の中で再びプラトンの正多面体のことを考えていました．ビムがあんなに詳しく説明したのに驚いていたのです．ルートプランとはあまり関係ないではありませんか．それで彼女はビムに特別に，正多面体との関連を説明してくれるように頼んだのでした．

表記上の問題

レナはいつもの月曜日の朝のように，憂鬱な気分で学校に行きました．ようやく休憩時間になって，休憩室でヤンに会いました．

ヤン▶僕はたったいま，学園祭の準備名簿に名前を書いてきたところなんだ．君も参加しないかい？
レナ▶もちろん，いいわよ．
ヤン▶そいつはうれしいな！リストは職員室に掲げてあるよ．

ヤンとレナは職員室に行き，レナは名前を書き込みました．

ヤン▶きっと楽しいよ！
レナ▶でも，いろいろ大変よ．
ヤン▶まあ，悪くはならないよ．ただ予定を立てて行動しないといけないね．
レナ▶ロックコンサートみたいなものね．こういう企画の問題もグラフ理論を使って解くことができるって話したでしょ？
ヤン▶そうだったね．僕はビムがいつも話してくれる厄介な問題が楽しくてしかたないんだ．もっと彼がいろいろ話してくれたらいいなぁ！
レナ▶今日の午後にでも聞いてみましょうか．時間はある？
ヤン▶もちろんだよ！2時頃どうだい？
レナ▶大丈夫よ！

ヤンが2時10分前にレナのところにやってきた時，彼女はすべて準備を整えていました．

ヤン▶おはよう，ビム！
ビム▶どうして「おはよう」なんだい？もう午後2時じゃないか．午前中寝て過ごしたのかい？
ヤン▶僕じゃなくて，君が…
ビム▶…君らと話していない間，一人でうとうとしていたってかい？仮にそうだとしてても，コンピュータにはシステム時計があるからね！
レナ▶仮にそうだとしても？スイッチが切れている時，ビムは何してる

のよ？

ビム▶僕はサイバーカフェを巡るのが好きでね．それからデータハイウェーを散策したり，どこかのチャットルームで楽しいおしゃべりにふけるのも楽しみなんだ．

レナ▶変なやつ！ところでルートプランの話をしてちょうだい．

ヤン▶難しい問題がいいな！

レナ▶多分，ビムがいつも「多分，爆発しないアルゴリズムはない」といっている問題なんか難しいんじゃない．もう少し詳しく教えてくれない？

ビム▶君らがそういうなら，いいとも．もちろん，難しい問題を扱うとなると一筋縄ではいかないけどね．

ヤン▶問題の性質が難しいということかい？

ビム▶ハミルトン閉路の問題を例に取ろうか．これは「決定問題」だよ．答えが「はい」か「いいえ」であるような問題はすべてこう呼ぶんだ．与えられたあるグラフにハミルトン閉路があるかどうかという問題は，「はい」か「いいえ」で答えることができる．

レナ▶なるほどね．「はい」か「いいえ」を決定しなければいけないから，決定問題というわけね．

ビム▶ハミルトン閉路の問題はさらに面白い性質を持っているんだ．二十ゲームの答えを君らに示した後では，これが本当に正しいかどうかをチェックするのは別に難しく感じないだろうね．

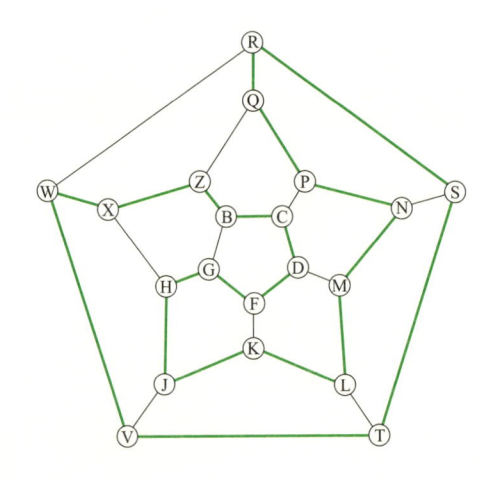

ヤン▶それは，答えが分かっているからね．

ビム▶ナイト跳びの問題に対するオイラーの解では，それが本当に正しいかを調べるのは簡単だったよね？

レナ▶もう少し時間がかかったけどね．何しろノードがもっと多かったからね．

ビム▶僕がハミルトン閉路が存在するかという質問に「はい」と答えるだけでなく，そういう閉路を描いて見せるなら，君たちは，僕が提出した解が本当にハミルトン閉路になっているかどうかを簡単に確認することができるわけだね．そして一緒に提出した解は，「はい」という返事が正しいことの証明でもあるわけだね．つまりグラフがハミルトン閉路を含んでいることの．

ヤン▶ずいぶんと回りくどいな！もし僕がグラフにハミルトン閉路が含まれているかどうか尋ねられたら，それを見つけようとするけどな．そして見つかったならば，答えはもちろん「はい」で，ハミルトン閉路が存在するというわけだよ．この場合「証明」のことなんか話す必要はないよ．「ハミルトン閉路はハミルトン閉路が存在することの証明である」なんて変だよ．

ビム▶解というのは，証明の一つのありうる姿でしかないんだ．グラフがオイラー的であるのを証明するには，必ずしもオイラー閉路の一つを示す必要はないんだ．オイラーの定理に基づけば，ノードの次数のリストでも証明としては十分なんだ．そうすれば，リストが全部偶数であるかどうかはすぐに調べられるね．ここで，こうしようか．僕が君らに，ある与えられたグラフ G について，「G にはハミルトン閉路がある」といったとしよう．この時，それが本当かどうかを，君らがどうやって調べたらよいかは明らかではないんだ．実際には僕は間違っているかもしれない．

レナ▶ビムが？それは考えられないな．私たちをテストしようとしてるんでもなければね．

ビム▶けれど僕が，正二十面体グラフのノードがアルファベット順にハミルトン閉路を作っているといったのであれば，君らは簡単に調べることができるよね．

ヤン▶当然だよ！どのノードも確かに一度だけ通過しているか，また，つながっている二つのノードが，どれもグラフの一つの辺でつながっているかを調べるだけだからね．

レナ▶それは最初のノードと最後のノードについても同様よ．経路が閉じているなら，閉路になるわ．

ビム▶その通り．「はい」という答えに効率的に検証可能な証明の存在する決定問題は，すべて「NP 問題」と呼ぶんだ．

レナ▶NP 問題？ それは発明者のイニシャルを取ったの？

ビム▶いや，NP というのは Non-deterministic Polynomial（非決定性多項式）を略したものだよ．これは計算複雑系理論の概念で，チューリングマシンとも関係が深い．

レナ▶理論的なコンピューターモデルのことじゃないの？

ビム▶そうなんだ．でもいまは NP 問題は次の特徴があるのを知っておけば十分だ．すなわち，ある具体的な課題に対する「はい」という答えには，効率的に検証可能な「証明」も常に存在する．

ヤン▶誰かが僕らから仕事を取り上げて，僕らの代わりに問題を解いたとする．この時には，その解が正しいかどうかを検証する方法があるべきだといいたいのかな．

レナ▶それはそうよね！ そうでなければ，その立派な解答者は私たちに大嘘をつくかもしれないものね！ 決定問題では，それぞれの課題にそういう証明を見つけることはできないの？

ビム▶ほとんどがそうなるけど，でも，全部というわけでもない．ハミルトン閉路の問題をもう一度，今度は逆に考えてみようか．「G が与えられたとして，この G にハミルトン閉路は一つも存在しないか？」と．これも一つの決定問題だよ．そして「はい」という答えは，このグラフにハミルトン閉路が存在しないことを意味する．さて，この答えが正しいと僕を説得してくれないかい？ どうすればいいかな？

レナ▶ハミルトン閉路が一つあれば，逆の場合の証明になるところだけど，いまは存在しないというわけよね．

ヤン▶すべてのハミルトン閉路を何とか締め出してしまう必要があるわけだ．

ビム▶その議論は，グラフに存在するすべての閉路の完全なリストを作って，このリストにハミルトン閉路がないと示すことに当たるね．でも，グラフの閉路の数はとてつもなく多い場合もある．多すぎて，すべてをリストに登録することがもはやできない．そうなると，そのうちのどれ一つとしてハミルトン閉路ではないかどうかを調べることもできない．ハミルト

ン閉路問題をこういうふうに逆に考えた時，これがNP問題なのか違うのか，いまなお分かっていない．多分，違うだろうと思われているけど．
レナ▶また，思われているって？数学ではどれだけの問題が未解決のまま残されているの？
ビム▶それはとてつもなく多いよ．だから面白いんじゃないか！
ヤン▶これまで僕は，数学ではほとんどすべてが分かっていると思っていたよ．
ビム▶いやいや，それは誤解だよ！数学者は日々進歩を成し遂げているけど，でも日々新たな要請，新たな問題が生まれてきた．そして，それらが解けるのかどうかは誰にも分からないんだ．それには絶えずまったく新しいアイデアが必要になるんだ．
ヤン▶ふーん．それでNP問題が，僕らが最初に尋ねた困難な問題とどう関係するんだい？
ビム▶NP問題には非常に多くのグラフの問題が含まれるんだ．僕がこれまで君らに話してきたすべての問題がNP問題の一つであるといっても差し支えないほどだ．ただ，こうした問題の「一つ」に対して効率的なアルゴリズムを見つけることができれば，自動的に「すべて」のNP問題に対する効率的なアルゴリズムが見つかることになる．そういう意味で難しい問題であるんだ．こういう問題を「NP困難」と呼ぶ．
レナ▶「一つ」が効率的に解けるのであれば，「全部」が解ける？それってどういうこと？
ビム▶これが実際のところ，この問題の際立った特徴でもあるんだ．たとえを使って説明してみようか．あるアルゴリズムが，ある問題を解くのに適当だと考えられたとする．ここでNP問題ではなく，手工業を例にしよう．例えばパン焼きとか，金細工とか，ガラス吹きとか．どの仕事も修行が必要だね．さてこうした職人仕事の一つ，例えばパン焼きがNP困難に対応するような特徴を持つとしよう．
レナ▶パンを焼くのが「NP困難」な手工業であるってことね．それで？
ビム▶仮にだよ，僕が優れたパン職人だったとしよう．ここで優れたというのが，アルゴリズムでは「効率的」に当たるわけだ．すると僕は，同時に優れた家具職人でも，船大工でも，あるいは金細工師でも，ともかく修行が必要なあらゆる仕事の名人であるというわけだ．

ヤン▶バカだな！一人ですべてをこなせるわけがないよ．無理だよ．
ビム▶職人の世界の話ではなくて，いまはNP問題の話をしてるんだよ！
レナ▶ちょっと信じられないけどね！それじゃ，きっとNP困難な問題はとても少ないのね．
ビム▶いや，大変な量だよ．僕がこれまで曖昧に難しいと表現してきたすべての問題，おそらくは爆発しないようなアルゴリズムが存在しないすべての問題がNP困難なんだ．ハミルトン閉路の問題もその一つだ．
ヤン▶つまりハミルトン閉路の問題を効率的に解くアルゴリズムがあれば，それぞれのNP問題が効率的に解けるということかい？
ビム▶その通りだよ，ヤン．
レナ▶本当なの？よく分からないわね．ハミルトン閉路の問題を解くアルゴリズムが，どうして自動的に他の問題を解くことになるの？普通はインプットもアウトプットも違うわけでしょ．
ビム▶いい質問だね．逆を試してみようか．レナ，負の重みはありうるけど，ノードを何度も訪れることは許されていなかった最短経路問題を覚えているかい？
レナ▶覚えているわ．確か，ビムのあまり役に立たなかったローテンブル

クのモデル化の話で出てきたやつね．これは非常に難しくなる場合があるといっていたわね．

ビム▶そう．さて，ここで，この問題を解く効率的なアルゴリズムがあったとして，これを $\mathcal{A}$ と表そう．すると僕らはハミルトン閉路の問題を解く効率的なアルゴリズムを手に入れたわけだ．

ヤン▶ええっと，君らが何を話しているんだか，説明してくれないかな？

ビム▶あ，ごめん！あの時，まだ君はいなかったね．この話は，レナとパパとママがハンブルクに車で行く場合，ローテンブルクのレナのおばさんの家に立ち寄る時間が余っているかどうか，モデル化して調べようということだよ．僕は辺の重みを負にしてモデル化して調べてみようと提案したんだ．この重みを，ローテンブルクに回り道をするためのアルゴリズムを作る「はずみ」にするという意図だったんだ．この時に，辺が任意の重みとなる，つまり負の重みもありえて，さらに，どのノードもただ「一度だけ」通過が許されるような最短経路問題の一つのバージョンを検討したということなんだ．

ヤン▶その「最大でも一度だけ通過が許される最短経路問題」のための効率的なアルゴリズムが，ハミルトン閉路問題も解くことができるというのを示してみてくれないかい？

ビム▶いい名前を付けてくれたね．それじゃ，「最大でも一度だけ通過が許される最短経路問題」のためのアルゴリズム $\mathcal{A}$ が，ハミルトン閉路問題を解く効率的なアルゴリズム $\mathcal{B}$ を構築するためのサブルーチンとして「利用できる」ことを示そうか．

レナ▶ハミルトン閉路問題は NP 困難だと思っていたけど，ビムは，これを解く効率的なアルゴリズムは存在しないし，今後も存在しないままだろうといわなかったっけ？

ビム▶いったよ．大事なのは，仮にそういうアルゴリズム $\mathcal{A}$ があると「仮定」したらの話だってことだよ．ここでも背理法と同じような考え方が使えるわけだよ．つまり「最大でも一度だけ通過が許される最短経路問題」のための効率的なアルゴリズム $\mathcal{A}$ があると仮定して，ハミルトン閉路問題を解く効率的なアルゴリズム $\mathcal{B}$ が「存在すること」を示すわけだよ．

レナ▶ああ，そうなの．$\mathcal{B}$ が存在しないから，$\mathcal{A}$ も存在しないってわけね．

ビム▶まあ，そんなところかな．ただハミルトン閉路問題を解く効率的な

アルゴリズム $\mathcal{B}$ が本当に存在しないかどうかは，実際には分からないんだけどね．

レナ▶それで，どうやって背理法による証明の手続きを進めていけばいいの？

ビム▶その必要はないよ．僕らは最後まで $\mathcal{A}$ が存在しない可能性を否定はできないからね．けれどアルゴリズム $\mathcal{A}$ が存在すれば，ただちに $\mathcal{B}$ も存在するわけだから，「最大でも一度だけ通過が許される最短経路問題」は，ハミルトン閉路問題よりやさしい問題ではないことは分かるわけだ．ハミルトン閉路問題は NP 困難だから，したがって「最大でも一度だけ通過が許される最短経路問題」も NP 困難でなければならない．

レナ▶そう．でも，この二つの問題は全然違うように思えるけど．どうやったら一方のアルゴリズムから，もう一方のアルゴリズムを作り出せるの？

ビム▶具体例で考えようよ．いま n 個のノードからなる任意のグラフ G があったとして，ここにハミルトン閉路があるかどうかを決定したいとしよう．

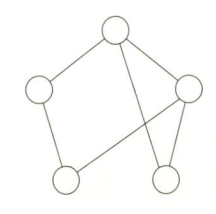

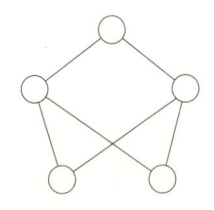

レナ▶二つグラフがあるじゃない！

ビム▶その通り．二つともインプットになりうるグラフ G だよ．一方にはハミルトン閉路があるけど，他方にはない．ただしもう一度断っておくけど，これは方法を説明するための例に過ぎないからね．ここでの構成法は，任意のグラフに有効でないといけない．実際にはそうなるんだけどね．さて，まず G のそれぞれの辺の重みが -1 だとしよう．それからそれぞれのグラフが完全グラフ G' になるよう辺を加えよう．それらの辺の重みは 0 としようか．

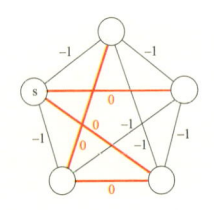

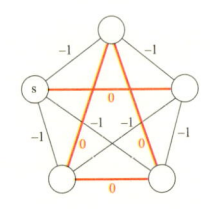

レナ▶それで？

ビム▶そうしたら，アルゴリズム $\mathcal{A}$ を使って，このグラフ G' について，あるノードが開始ノードであり同時に目標ノードであるとして，「最大でも一度だけ通過が許される最短経路問題」を解いてみよう．どのノードも一度だけ通過が許されるんだから，その経路は最大で n 個の辺を含むことになる．またその経路の長さが $-n$ より小さくなることもない．ここで長さが $-n$ となるのは，経路上で重みが -1 の辺を n 個通過した場合だけになる．そのような経路は，まさに G にハミルトン閉路が存在する場合にのみ存在する．

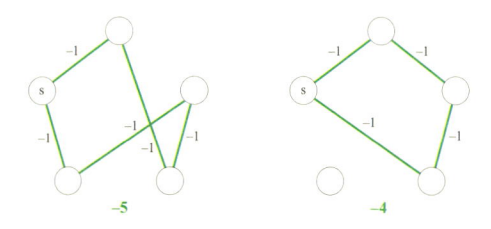

レナ▶いっていることがだんだん分かってきたわよ．アルゴリズム $\mathcal{A}$ を使うと，ハミルトン閉路問題のための効率的なアルゴリズム $\mathcal{B}$ も得られるというわけね．

ビム▶そんなものが「あったとしたら」ね．あくまでも効率的なアルゴリズム $\mathcal{A}$ があったらという「仮定」の話だからね．

ヤン▶それなら「最大でも一度だけ通過が許される最短経路問題」も NP 困難であるのが分かったというわけかな？

レナ▶どうして？ビムは「たった一つ」でも NP 困難の問題を解く効率的なアルゴリズムがあるならば，「すべて」の NP 問題を解くアルゴリズムが手に入るといったでしょう！

ビム▶いったよ．そういうふうに NP 困難を定義したんだ．

レナ▶その場合，この問題を，その他すべての NP 問題と比較する必要はないの？ビムがこの例で示したのは，「最大でも一度だけ通過が許される最短経路問題」を解くアルゴリズムから，ハミルトン閉路問題を解くアルゴリズムを得る方法だけでしょ．

ビム▶その通りだけど，それで十分なんだ．残りは完全帰納法の場合と同じように考えるんだ．「帰納法の開始」に対応するものとして最初の問題が

必要になる．そしてこれが NP 困難であるのを示す．これが済んだら，次の問題をすべての NP 問題と比較する必要はもうない．ただそれが最初の問題よりも決してやさしくはないことを示せば十分なんだ．後は同じことだよ．ある問題が任意の NP 困難な問題よりもやさしくないことを示せば，それ自体も NP 困難なんだ．多数ある NP 困難な問題のどれと比較しようともまったく同じことだよ．

レナ▶ハミルトン閉路の問題が最初の NP 困難な問題だったの？

ビム▶違うよ．それは「充足可能性問題」だった．つまり複数の論理命題を互いに結合した時，その論理式全体は充足されるかという問題だよ．

レナ▶この最初の問題は，実際，すべての他の NP 問題を比較する必要があったのね．でもそれがビムのいう通り，たくさんあるのなら，きっと恐ろしく時間がかかったでしょうね？

ビム▶ちょっとしたアイデアが必要だったんだ．これを 1971 年に思い付いたのがスティーブン・クックだ．彼が最初なんだよ！彼のホームページ http://www.cs.toronto.edu/DCS/People/Faculty/sacook.html[1] には写真が掲載されていたよ．

レナ▶この充足問題とかいうので，クックは効率的な解法アルゴリズムを，あらゆる NP 問題のための効率的なアルゴリズムに翻訳できることを示したってわけ？

ビム▶そうなんだ．もちろんこれにはチューリングマシンの助けと，山ほどの論理式がどうしても必要になるけどね．

ヤン▶了解．つまり最初に困難な問題があるというわけだね．その後の手

---

[1] ［訳注］現在はデッドリンクのようであるが，類似の情報が載っているサイトとして，http://www.cs.cmu.edu/afs/cs.cmu.edu/academic/class/15251-f05/Site/Biographies/cook.htm がある．

続きは帰納法みたいなものかい？

ピム▶だいたいね．何か新しい問題について，それがNP困難であると示したい場合は，いつでも何か他の，すでにNP困難であるのが分かっている問題を選び出して，そしてこの新しい問題が少なくとも同じくらい困難であるのを示すという手順だね．

レナ▶そんなんでいいの？

ピム▶そんなんでいいんだよ！もう一度さっきの例を見てみよう．僕らはすでにハミルトン閉路問題がNP困難であると分かっているとしようか．さっき検討した結果，「最大でも一度だけ通過が許される最短経路問題」は，少なくともハミルトン閉路問題と同じくらい困難であるのが分かっている．「最大でも一度だけ通過が許される最短経路問題」のための効率的なアルゴリズム $\mathcal{A}$ があれば，そこからハミルトン閉路問題の効率的なアルゴリズムも作り出すことができる．つまりハミルトン閉路問題がNP困難であれば，実際そうなんだけど，その時は新しい問題もNP困難でなければならないわけだよ．

ヤン▶僕らは $\mathcal{A}$ のおかげで，すべてのNP問題の効率的なアルゴリズムを手に入れられるというわけだ．

ピム▶この場合「帰納法の仮定」が役に立つよ．僕らはすでにハミルトン閉路問題はNP困難だと仮定していたよね．するとこの問題を解くアルゴリズムは，他のどんなNP問題のアルゴリズムにも変換できるんだ．

レナ▶すごい！ $\mathcal{A}$ から作られたハミルトン閉路問題のためのアルゴリズムは，他のNP問題のためのアルゴリズムにもなるってわけよね．

ピム▶その通りだよ，レナ！

ヤン▶僕は頭がショートしそうだよ．

レナ▶私もよ．でも，何だか面白いわね．

ピム▶もっと知りたいのなら，`http://www.claymath.org/millennium/` を見てご覧．ここに数学においてもっとも困難で未解決の問題が七つ紹介されている．この七つの問題のどれか一つでも最初に解けた人には100万ドルの賞金がもらえることになっている．この七つの公開質問の一つがこれだよ．

$$P \stackrel{?}{=} NP$$

レナ▶P＝NP って？

ビム▶これは NP 困難な問題の一つ，結局は全部ってことになるけど，効率的なアルゴリズムがあるかどうかという問題を数学的に正確に表した式なんだ．特に面白いのが，さっきのサイトの別のページ (http://www.claymath.org/Popular_Lectures/Minesweeper) で，イアン・スチュアートが，ウィンドウズに付属の有名なゲームである「マインスイーパー」もまた NP 問題だと解説していることだね．

レナ▶私もそれを知っておくべきかな？

ヤン▶もちろん．ウィンドウズには必ず付いているよ．

ビム▶見てご覧，レナ．ゲームをスタートさせてみたよ．

ヤン▶マインスイーパーは難しくなんかないよ．僕はいつでも完成させられるよ．

ビム▶でも，ヤン，問題が難しくないのを示すには，「効率的な解法アルゴリズム」を使う必要があるんだ．幾つかの事例を「何とか手作業で」解くことができたというだけでは，まだ問題が困難かどうかを断定するわけにはいかないんだ．ナイト跳びや二十ゲームの場合でも，僕らは解答を見つけはした．それでもハミルトン閉路問題は一般のグラフにとっては難問なんだ．

レナ▶それはご親切さまだけど，でも私たちはこうした問題を解いてみたいのよ．ごみ収集車は，たとえ混在したバージョンの中国の郵便員問題が困難だからって，それだけで一日中車庫に留まっていていいわけじゃない

でしょ？

ビム▶もちろん．そういうわけにはいかないね．ただ，僕らは謙虚でなければいけないというのは分かるよね．NP 困難な問題にはおそらく効率的なアルゴリズムは存在しないから，それを探し出そうとしても無駄なんだ．もっとも，さっきの 100 万ドルの問題を解いてやろうという意気込みがあるのなら，話は別だけどね．だから，この「苦境」から脱するには，もう少し慎ましい代替策が必要になるんだ．

ヤン▶僕が提案したい代替策は,「息抜き」だよ．レナ，近くのアイスクリームパーラーまで「散策」しないかい？

レナ▶グッドアイデアね！あそこのバナナスプリットは最高よ．

ヤン▶僕はスパゲッティアイスの方がいいな．それも二人前で．

レナ▶ビムは？持ち帰ってこようか？

ビム▶ありがとう．でも遠慮するよ．いまの体型を維持したいからね…

巡回セールスマンのためだけではなくて 27
Not eines Handlungsreisenden

　翌朝レナは階段を降りてくると，ママはすでに起きていました．ママはちょっと落ち着かない様子でした．レナが尋ねてみると，昨日，パパから電話があって，もう二日ほど滞在が延びると伝えてきたそうです．パパのスケジュールを狂わせるような予定が他に幾つか加わったようです．レナのママは，すでに予定を立てている休暇のことを心配していました．もしもパパの出張がさらに延びるようなことがあれば，土曜日に彼女とレナは二人だけでフランスへと出発しなければなりません．ママはただでさえ，車で行くのが気が進まないのに，このままでは道中ずっと一人でハンドルを握っている羽目になりそうでした．

　そうか旅行か！レナはこの数日間すっかり忘れていました．パパとママと三週間の予定でプロヴァンスに行くことになっていたのです．パパが保養施設の予約を入れた時には，レナは大喜びしたものでしたが，いまは複雑な心境です．何より余計なことに，ママはパパに，携帯やノートパソコンの持ち込みを厳禁していました．休み中くらい，ゆっくり寛ぎなさいというわけでした．そしてこの「モバイル禁止令」はいまや彼女にも及んでいたのでした．

　学校の最初の休み時間に，レナはヤンに旅行の話をしました．ヤンの方も，数週間の間レナに会うことも，メールで連絡を取ることもできなくなるので，さみしそうでした．彼の方はといえば，おじさんが訪ねてくるのを早めさせて，夏休みの後半は彼女と一緒に過ごせるようにしたいと思っていたのでした．

　そこにマルティーナがやって来て，今晩彼女と『チケットトゥライド』を一緒にやらないかと誘いました．これはボードゲームで，マルティーナは誕生日プレゼントにもらったのでした．レナはあまり乗り気がしませんでしたが，ヤンは乗り気で，レナに，くよくよして過ごすよりよっぽどいいさといいました．

　放課後に，学園祭の準備のための最初の会合がありました．レナは最初はやる気満々でしたが，だんだん興味が薄れてきました．ただ，何か新たに提案するにはもう遅すぎました．ヤンと一緒に準備できるのは楽しいし，まあ，いいか．そうレナは考えました．

　会合の後，ヤンは家に帰らなければなりませんでした．彼の母親が買いも

のを済ませるように頼んでいたのです．彼は少し遅くなってレナの家にやってきましたが，マルティーナとの約束までにはまだ時間がありました．

ヤン▶やあ，ビム．君は昨日，「謙虚さ」について，もっと僕らに話したかったんだろう．

ビム▶君らは今日も急いでいるんだね．一つ新しい問題を持ち出しても大丈夫かな？

ヤン▶もちろん．ただし面白いやつにしてくれよ！

ビム▶ちょっと想像してもらおうかな．ここに保険の外交員がいて，顧客の間を回る予定だとしようか．顧客たちの住んでいる村がこのグラフで表せるとしよう．

レナ▶そして，時間とお金を節約するには，その外交員はできるだけ短距離で顧客を回れるよう，訪問の約束を取り付ける必要があるわけね．

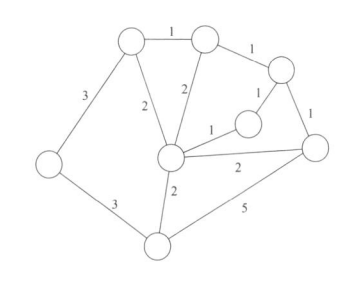

ビム▶そういうことになるね．また最小化しようというわけだよ．今回は，すべての「ノード」を回る可能な限り「最短の」ツアーを探そうというわけで，中国の郵便配達員問題のようにすべての「辺を」巡るツアーではないからね．

レナ▶ほらね，ヤン！ナイト跳びの話は，これを持ち出すためだったのよ．ビムは本当はもっと実用的な最適化問題に興味があったのよ．

ヤン▶最短のハミルトン閉路を見つけなきゃいけないというわけかな？

ビム▶そうでもあり，そうでもなし！さしあたって，外交員が一つの村を何度も通過して構わないとしようか．そっちの方が短いツアーになるのであれば，外交員はハミルトン閉路にそってルートを練る必要はないだろうね．ご覧，この例にはちょうど二つのハミルトン閉路があり，それぞれ長さは17になっている．図の下のツアーは長さが14だけだが，一番右の辺を二度通ることになり，したがって右上のノードを二回通過することになるね．

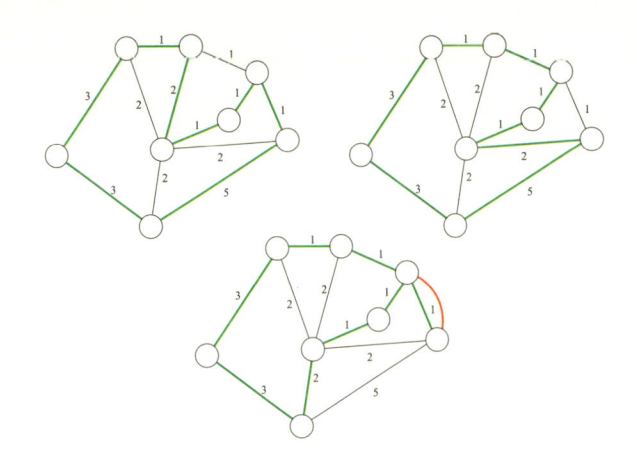

レナ▶なるほど，操業橋渡し運行ってわけね！でも，この場合は解答はハミルトン閉路ではなくなるわね．「そうでもあり，そうでもなし」っていうのは，どういう意味？

ビム▶僕らは中国の郵便配達員問題の時と同じように，このグラフもまた完全グラフに拡張できるんだ．そうしたら，新たに加える辺も含めて，すべての辺に，もとのグラフでの二つのノード間の最短経路の重みを割り振るんだ．この図では例として四つの「新しい」辺を選んで重みを書いてみたよ．すると右下の辺の重みも変わったね．もとのグラフでは両端のノードの間の距離は5だったよね．

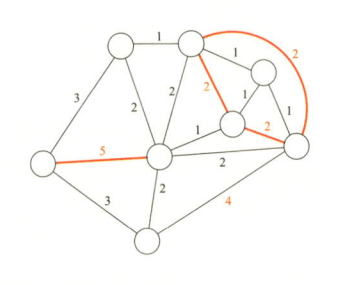

レナ▶そうだわね．ここで最短経路というのは，二つの村の間を外交員が回る距離ね．外交員は野原を横切ったりはしないし，回り道もしないということね．まず，二つのノードそれぞれの最短経路を定める必要があるわけだけど，実際にこんなことをする必要がたびたびあるとは思わないけどなぁ．

ビム▶完全にしたグラフでは，外交員にとって最適なハミルトン閉路が常にあるんだ．ここでもツアーの長さは14だ．操業橋渡し運行は新しい辺として含まれて

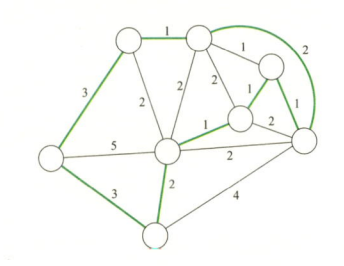

いるね．

レナ▶大丈夫！辺の重みは常に二つのノードの間の最短経路の長さになっているってことでしょ．だから他のノードを迂回しても，距離はこれ以上は短くはならないわけね．

ピム▶グラフで最短のハミルトン閉路を見つける問題は，「巡回路問題」とか「巡回セールスマン問題」と呼ばれている．英語では Traveling Salesman Problem だよ．TSP と省略されることも多いけどね．TSP はあらゆるグラフ理論の問題の中で一番有名で，NP 困難問題の典型でもあるんだ．現在までに提案されているアルゴリズムの方法の多くは，もともとはこの巡回セールスマン問題をもとに開発されたものなんだ．またノードを地図上の都市になぞらえると，この問題はすべての都市を訪問して世界一周を最短で回る問題にもなるよね．

レナ▶ともかく，さっきの保険外交員のために最適なツアーを探してあげるというわけね…

ピム▶…商社マンでも構わないけどね．http://www-m9.ma.tum.de/dm/java-applets/tsp-afrika-spiel/ で 96 のアフリカの都市を巡る最短ツアーを自分自身で目で確認することができる．飛行機を使っているから，直線距離ということになるけどね．

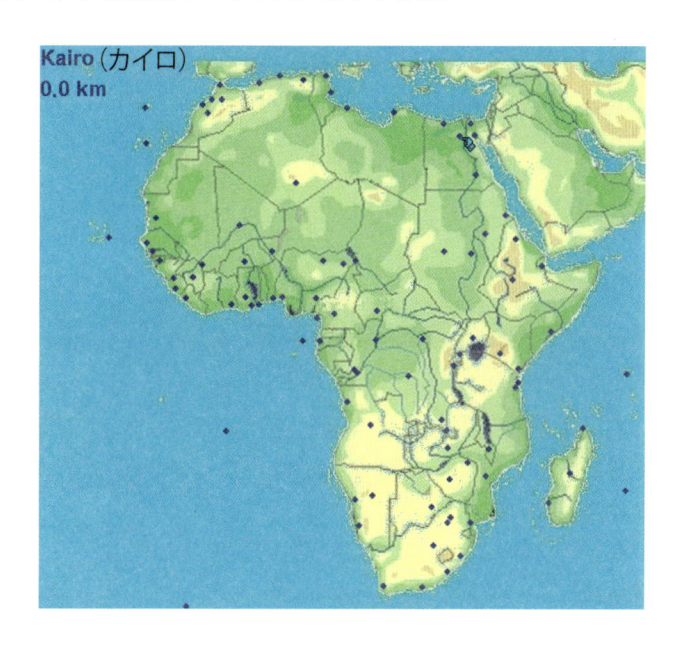

ヤン▶これは面白そうだね！ちょっとやってみようか.
レナ▶ヤン，先に始めていて！私は台所に行って，紅茶の用意してくるわ.その後で，私がやってみる．どっちが先に最短ルートを見つけるか，やってみましょうよ.
ヤン▶ビム，誰もいんちきしないように見張っていてくれよ.

というわけで早速ゲームが始まりました．レナが台所に行っている間，ヤンはアフリカのツアーを作ってみました．60,352 キロというのが結果です．レナは辛抱強く紅茶ができるのを待ち，それからポットとカップを 2 個持って戻ってきました．次は彼女の順番です．結果は 60,009 キロでした．彼女の勝利です！

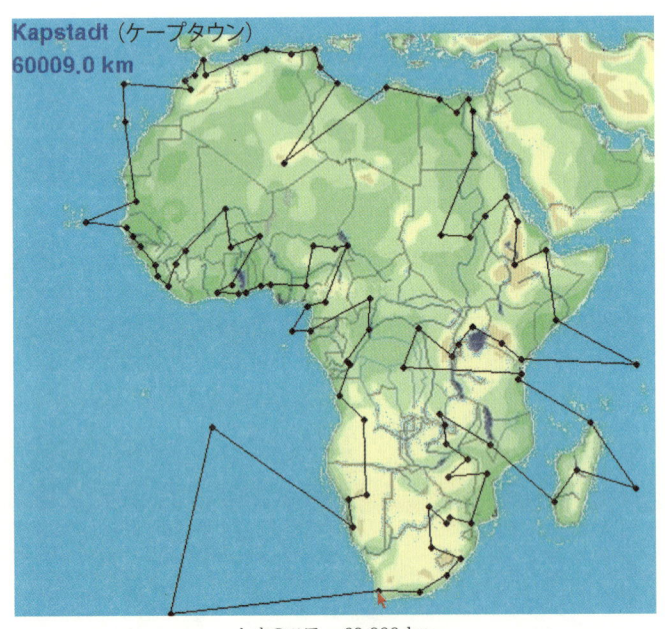

レナのツアー 60,009 km

レナ▶ビム，見てよ．私はヤンに完勝したわよ.
ヤン▶完勝だなんてオーバーだよ！大差ないじゃないか．レナのツアーが最適だとは思えないな.
レナ▶でも，これ以上は短くならないでしょ，ビム？
ビム▶最適なツアーは 55,209 キロだよ．約 5,000 キロは短くなるよ.

ヤン▶それは商社マンにとっては見逃せない節約になるね．レナ，君はツアープランナーにはあまり向いていないみたいだね．

レナ▶ヤンだって人のこといえないじゃないの．そっちのツアーの距離の方が長かったわよ．でも私も負けてはいないわよ．最短ツアーを見つけるのはそんなに難しそうではないわね．

ヤン▶それじゃ，先に見つけた方が相手にアイスを譲ることにしようか．ところで，ビム，君はさっき困難な問題に対するアプローチの多くが TSP をもとに開発されてきたといったね．こんなに規模の大きなツアーを使う商社マンが世の中にそんなにいるのかい？

ビム▶都市を最短ルートで巡る商社マンというのは，こうした問題を考えやすくするためのたとえだよ．でも，巡回セールスマン問題には重要な応用分野もあるんだ．テレビやコンピューター，それに洗濯機などで使われている半導体の基板がいい例だよ．

ヤン▶それが巡回セールスとどういう関係があるんだい？

ビム▶半導体の基板には穴を開けて，後でそこに電気配線が行われるんだけど，ちょっとこれを見てご覧．

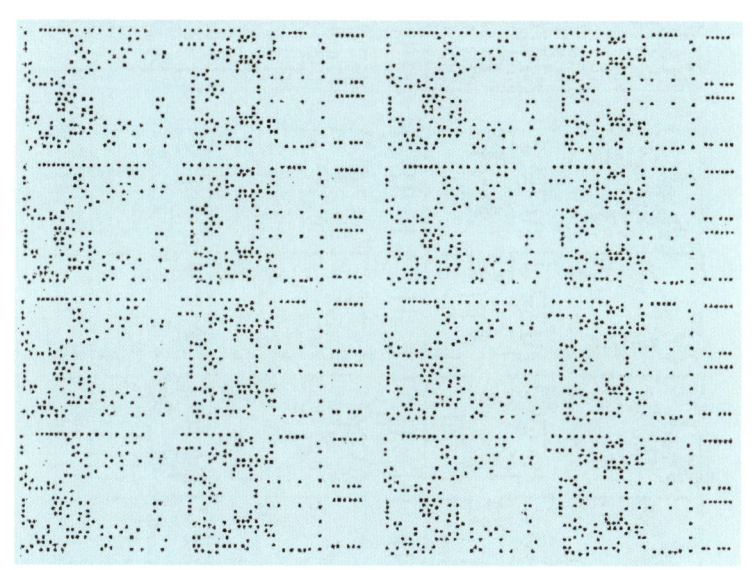

出典：M. Grötschel, M. Padberg – *Die optimierte Odyssee, Spektrum der Wissenschaft*, Digest 2/1999, pp. 32–41

ヤン▶こういう作業はいまではほとんどロボットがやってくれるんだろう？それも猛烈なスピードでさ．

ビム▶ロボットには最初にどういう順番で穴を開けていくのか教えてあげなければいけない．そして順番を決めるには二つの可能性が考えられる．この図で赤い線は穴を開けていく経路を示しているんだけど，この二つのツアーの違いが分かるかな？

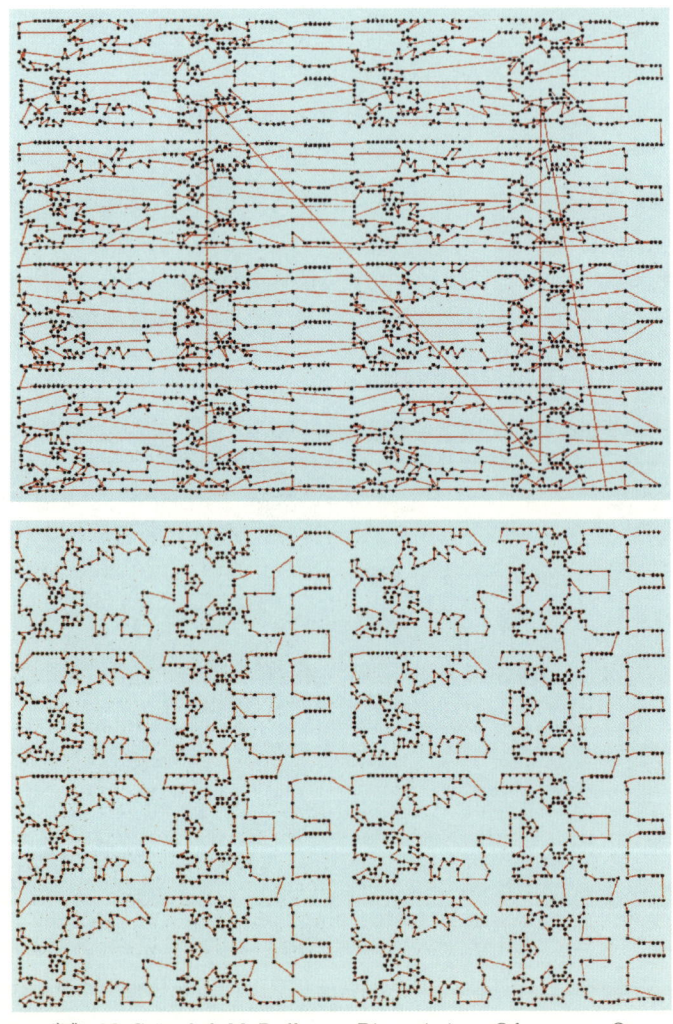

出典：M. Grötschel, M. Padberg – Die optimierte Odyssee, a.a.O.

レナ▶はっきり分かるわよ！最初の順番で穴を開けていくと回り道が多すぎるわね．二つ目と比べると，見たからに「真っ赤」だしさ．

ヤン▶特に最初の場合は，真ん中をもう一度横切っている大きな N の字があるのがまずいよね．ツアーの長さはロボットのスピードを上げるのに役に立つのかい？

ビム▶二つ目の順番だと，穴を開けていくのに必要な距離は最初の場合の約半分だよ．ちょっと計算してみよう．ここで穴を開けていくのを，距離が長くなる方の順番で行ったとしよう．そして一つの半導体の基板を仕上げるのに必要な時間の単位は 5 だとする．この時間単位を「タイム」と呼ぶことにしようか．その内訳は，ロボットがドリルを下げたり上げたりするのに 3 タイム，穴から穴へ移動するのに 2 タイム必要だとしよう．

レナ▶そうすると，ロボットは新しい順番で穴を開けていくと，半導体の基板ごとに合計 4 タイムが必要なわけね．ドリルの上げ下げに 3 タイム，さらに穴から穴への移動には残りの 1 タイムで．

ビム▶その通り．こうしてロボットは以前と比べて毎日 20％ 多くの半導体の基板を生産できるわけだね．

ヤン▶なるほど．この場合，ロボットの速さとは関係ないんだ．

ビム▶そして，最適な順番を定めるのは巡回セールスマン問題の解を求めるのと結局同じことなんだ．

ヤン▶さっきの商社マンをドリルのヘッドに置き換えるわけだ．ビムのいうグラフがいまは分かるような気がするな．穴がノードにあたるわけだね．そしてすべてのノードの組合せに辺があるんだ．ドリルは任意の順番で動かして構わないわけだからね．そして辺の重みは，ドリルが穴から穴へと移動するのに必要な時間で構成されているんだね．

レナ▶でも変よ！いまのドリルの問題は金曜日に話してくれたプロッタの問題とほとんど同じようなものじゃない．半導体の基板に穴を開けるのも，プリンタのヘッダで点を描くのも，プリンタのヘッダで穴を開けるんだと考えてしまえば，たいして違わないのじゃない？

ビム▶そうだね．レナのいうことは完全に正しいよ．辺の重みは多分違ってくるけど，でも，プロッタが点を描くだけならば，これもまた TSP 問題だね．

ヤン▶でも，ビムは前に，プロッタの問題は中国の郵便配達員問題の例だ

といったじゃないか．そして，これは TSP 問題よりもずっとやさしいじゃないか．

ビム▶そうだけど，僕はこういったんだよ．プロッタの問題は，プロットされる図が連結している場合にだけ，中国の郵便配達員問題になることを指摘したんだよ．描かれる図が連結していなくともいいなら，もちろん，さっきのドリルで穴を開ける問題と同じ意味で，点グラフィックス問題が生じることになるんだ．そうなると，比較的やさしい中国の郵便配達員問題のようには扱えず，代わりに NP 困難な巡回セールスマン問題として扱わなければいけないんだ．

レナ▶そうなると，私たちが NP 困難な TSP 問題を，一般的なプロット問題のためのアルゴリズムで解くことができるようならば，これも NP 困難なんじゃない？

ビム▶そうだよ．でも注意が必要だよ！プロッタがペンを上げる動きが「常に」直線距離に従っているのならば，プロッタのアルゴリズムで解けるのは直線距離を持つ TSP 問題だけだね．でも巡回セールスマン問題はそうした場合でも相変わらず NP 困難なのだから，結局，一般的なプロッタ問題は NP 困難であるという結論は正しいんだ．

レナ▶注意してても混乱しちゃうわよ．連結していない図も認めるというように，わずかな違いが生じるだけで，本来は簡単だった問題が難しい問題に変わってしまうわけね．信じられないわよ．

ヤン▶NP 困難っていうのはいいキーワードだね．で，「もう少し慎ましい代替策」の方はどうなったんだい？

ビム▶そうそう．それじゃ最初に，インプットとなるグラフは連結していて，すべての辺の重みは正であると仮定しようか．さらに w.l.o.g. に，グラフは完全であり，二つのノードの間を直接結ぶ辺は常に最短の経路であり，これを「迂回」するのは割りに合わないと仮定しようか．

レナ▶w.l.o.g.？それって何よ．

ビム▶ああ，ごめん．また数学者の専門用語を使っちゃったね．**w.l.o.g.** は英語の without loss of generality を縮めたもので，もとの英語は「一般性を失うことなく」という意味だよ．これは僕らが扱っているグラフに関して立てた仮定が，問題の範囲を狭めたりしないということを表すんだよ．

レナ▶それはつまり，私たちが仮に不完全なグラフを扱うとしても，欠け

ている辺を追加しさえすれば，もとのグラフの二つのノードの間の最短経路の重みを加えることができるってことかしら．

ビム▶そうだよ．保険外交員の場合にも同じことをしたよね.「それぞれ」の辺の重みを，両端のノード間の最短経路の長さで置き換えたとしても，すべての辺を通る最短ルートの長さは変わらない．けれど，その後は二つのノードの間の最短経路は直接結んだ経路だと分かるわけで…

ヤン▶…したがって，後は最短のハミルトン閉路を探しさえすればいいということも分かると．なぜならノードを何度訪れてもメリットはないわけだから．

ビム▶正解だよ！解を得るための巧みな戦略というのがどういうものだか分かってきたんじゃないかい？

ヤン▶前の「欲張り」な戦略を使うとどうなるんだい？

レナ▶そうよ！私たちは開始ノードから出発して，次の，まだ使っていないノードへ繰り返し進んでいくことができるわけよ．

ビム▶そうした手続きは「最隣接ヒューリスティック解法 (Nearest-Neighbor heuristic)」と呼ばれている．ここでまた新しいグラフの例を見てみようか．

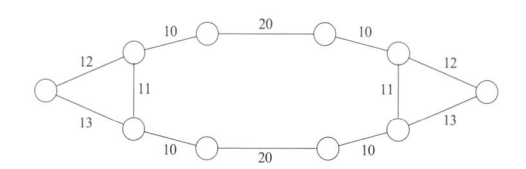

レナ▶巡回セールスマン問題でのグラフは完全であるとは仮定しないのね？

ビム▶その通り．けれど完全なグラフというのは，だいたいが見通し悪いもんなんだ．見てご覧．辺の重みをまだ書き加えていないけど，この図ではよく分からないじゃないか．

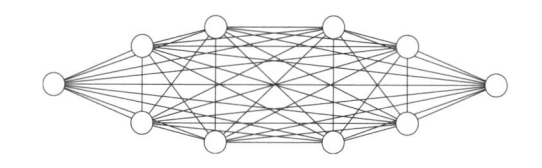

レナ▶本当ね．

ビム▶だから僕はもともとある辺しか書き込んでいなかったんだ．これ以

外の辺については，君らで補って考えることができるはずだ．この場合も，もともと描かれていた辺の両端のノードを結ぶ最短の経路からなっているのだからね．例えば上の左から三番目のノードと，下の右から三番目のノードを結ぶ対角の辺の重みは 51 となる．

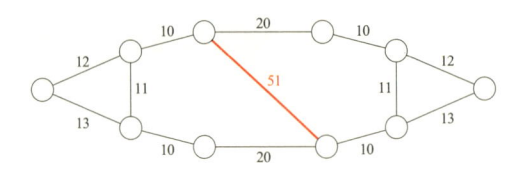

ヤン▶もとからある辺にそって進んだ場合の重みが 51 だからだね．右回りでも左回りでも同じことだね．

ビム▶そうだね．多分，もう分かっていると思うけど，最短の巡回路は大外回りのコースだね．ここに描かれていない辺の長さは最小でも 21 だから，したがって最適なツアーの長さは 130 となる．ここで最隣接ヒューリスティック解法を使ったらどんなツアーが作られるか見てみよう．一番左から始めてみよう．この場合ヒューリスティック解法では，まず重みが 12 の辺をスタートし，最適なツアーの場合と同様，次は重みが 10, 20 の辺と進んでいく．それからグラフの上の重みが 10 である二つ目の辺を通過する．

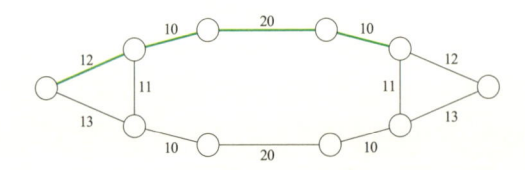

ヤン▶でも，ヒューリスティック解法の次の選択肢は下に垂直に進む重みが 11 の辺になるじゃないか．こっちの方が重みが 12 の辺より短い道だからね．すると最適ルートから外れてしまうよ．

ビム▶その通り．ヒューリスティック解法を使うと，どうしても局所的に見た場合に最適な選択をしてしまうんだ．そして右外の辺はさしあたって「忘れ去られてしまう」．ここで重みが 11 の辺を選んでしまうと，次の選択肢はグラフの右下の重みが 10 の辺ということになるね．そこから，さらに重みが 20 の辺を通り，続けて左側の重みが 10 の辺へと進む．

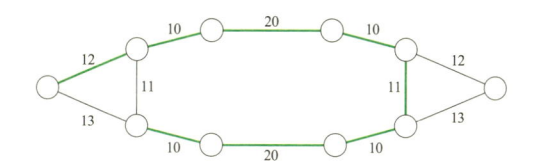

レナ▶そこまでは分かったけど，巡回を終える前に，右端のノードも通過しないといけないでしょ．

ビム▶もちろん．ただ，通らずにきてしまった一番右のノードへのコストはかなり高くなってしまった．現在のノードからは53単位も離れてしまっているんだ．その上，僕らは「帰宅」もしなければならない．これには64単位かかる．結局，最隣接ヒューリスティック解法による解の長さは220ということになる．

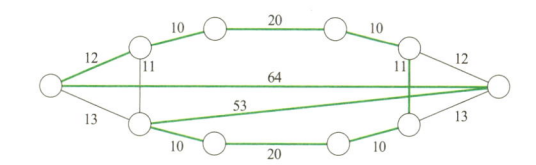

ヤン▶ふーん．もう少し賢い方法を使えば，もっといいルートを進めたんじゃないかな．

ビム▶それはまさに「賢い」をどう考えるかによるよ．設計の単純なヒューリスティック解法でも，かなりいい線までいきそうになる場合も多いんだよ．それに最隣接ヒューリスティック解法の誤りは，確率的には任意の大きさに設定することができる．

ヤン▶「確率的」ていうのは？

ビム▶ヤン，君の好きな数をいってご覧．

ヤン▶42に決まっているさ．

ビム▶ならば最隣接ヒューリスティック解法が見つける解が，最適な解よりも42倍も長くなるようなグラフを指定することができるんだ．指定する数は何でもいい．

レナ▶1兆の時も…

ビム▶…最隣接ヒューリスティック解法が，最適な解よりも1兆倍長いツアーを見つけるような重み付きグラフっていうのはありうるよ．

レナ▶ひゃー！

ヤン▶けれど，さっきの例の場合，ヒューリスティック解法で見つけたツアーを，最適なツアーに変えてやるのは簡単だよ．最後のノードを，最適なツアーの場合と同じ位置に移すだけでいいんだよ．

ビム▶いい提案だね．これも別のタイプのヒューリスティック解法だね．最隣接ヒューリスティック解法は「構成的ヒューリスティック解法」だった．ヤンの提案したのは「改良的ヒューリスティック解法」になる．これは辺をいろいろ取り替えて，すでに見つけたルートをさらに短くできないか検討する方法だね．ヤンの提案の場合は「ノード挿入法」と呼んでいる．この方法ではグラフのそれぞれのノードについて，現在のツアーから取り除き，別の任意の場所の挿入してみることで，より効率のよい巡回ルートになるかどうかを，一つ一つ検査していくんだ．僕らの最隣接ヒューリスティック解法の場合なら，まず右端の赤く塗ったノードを「消して」しまい，このノードをツアーに組み入れている二つの辺の代わりに，もう一方の端の二つの終端ノードを直接つないでしまう辺を導入する．これも同じように赤く塗っておいたよ．

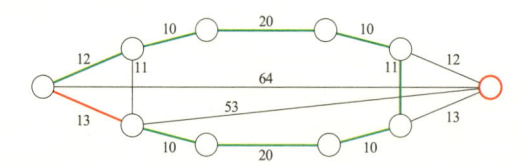

ヤン▶そうしたら，さっき消してしまったノードを，どこかに「うまく挿入できる」かどうかを試すんだね．

ビム▶その通り．最隣接ヒューリスティック解法によるツアーの残りの緑色の辺のそれぞれについて，さっき取り除いたノードをそこに挿入してみたらどうなるかを，検査してみるわけだ…

レナ▶… そして最良の場所を探すと．なるほどね！

ビム▶さっきの最隣接ヒューリスティック解法によるツアーにこの方法を適用すると，実際，最適な巡回ルートが見つかるんだ．

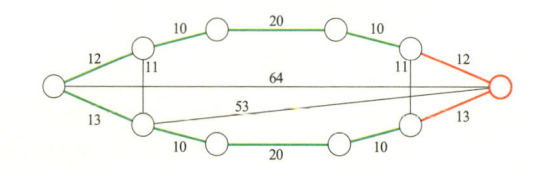

レナ▶でも，いつもそんなにうまく行くわけじゃないでしょ？

ビム▶速い構成的ヒューリスティック解法と優れた改良的ヒューリスティック解法を組合せた場合，実際上は満足のいく結果が得られることが多いよ．それでも十分な品質を「保証」できるわけではない．

ヤン▶品質の保証？それはどういう意味だい？最適な解を定められないのであれば，得られた解の品質なんて分からないじゃないのかい？

レナ▶答えは明日また聞きましょうよ．そろそろ出かけないとマルティーナとの約束に遅れるわよ．

その晩はとても楽しく過ごすことができました．マルティーナの新しいゲームは素晴らしことにルートプランゲームでした！マルティーナが私たちの秘密を知ったら…

▶少ないは多い　　　　　　　　　　　　　　28
Weniger ist mehr

　学期末がどんどん近付いてきました．宿題ももうほとんど出なくなりました．授業のほとんども少し「和やか」になってきたのです．
　学園祭の二回目の会合は設営のサポート，つまり椅子を運んだり，飾り付けしたりという話題だけでしたが，それでもレナとヤンにとっては楽しいものでした．ヤンもサッカーの練習に遅れることを苦にしていませんでした．
　二人は木曜日の午後をずっと学校で過ごすことになるでしょうし，その晩はいつものようにルーカスのベビーシッターをつとめる約束だったので，今日ヤンは是が非でもビムのところに押しかけて，昨日の問題の答えをもらおうとしました．

　ヤン▶ヒューリスティック解法の品質保証のことなんだけど？
　ビム▶レナは覚えているかな．地下鉄の路線図の例題で，マリア広場駅からハラス駅までの最短経路をあんなに早く見つけることができたのはどうしてだっけ？
　レナ▶決まっているじゃない！女の直観よ．
　ヤン▶賭けてもいいけど，ビムがいっているのはもっと合理的な根拠だぜ．
　レナ▶文句あるっていうの？まあ，合理的な根拠もあったわね．直線距離ではある大きさの楕円の範囲だけを考えればよかったのよね．
　ヤン▶そういえばレナは楕円の話をしていたね．どういうことだっけ？
　ビム▶開始ノードと目標ノードの間の最短経路は，二つの都市の間の直線距離より短くなることはないし，その一方で，すでに分かっている経路よりも長くなることもないということさ．
　ヤン▶ああ，そうか．グラフで問題になる領域は，楕円に限定して表現することができるんだね．これはTSP問題にも当てはめられるのかな？
　ビム▶二つの面から最適なツアーに近づく可能性がいろいろあるんだ．構成的ヒューリスティック解法で，手っ取り早く幾つかのツアーを計算しておいて，これをベースに改良的ヒューリスティック解法で修正していけるわけだ．この結果得られたツアーそれぞれの長さが，最適なツアーの長さの「上限」になるわけだ．

レナ▶「上限」というのは最短ツアーの長さがそれ以上長くなってはいけないというリミットのこと？ 必ずそれよりは小さくなければいけないという．
ピム▶その通り．最適なルートの数値について上の方向へ限界を定めるんだ．だから上限というんだね．でも，その際には，それとは知らずに最適なツアーを見つけていることもあるよ．
ヤン▶なるほど．でも上限というのもたいした方法ではないね．最適な範囲を「囲む」には下の基準も必要だからね．
ピム▶いや，上限というのは「役に立つ」方法だよ！ でも，ヤンのいう通りで，「下限」も当然必要だね．最良と思われる解の品質を確認するためにはね．
レナ▶最短経路問題での都市間の直線距離のようにね．
ピム▶そうだね．開始地点と目標地点の間の距離を，交通網での路線の長さで測るのではなく，直線距離で測るならば，最短経路問題ではどういうことが起こると思うかい？
ヤン▶それはインチキだよ！
レナ▶でも，それで下限は分かるんだから，インチキとはいえないわよ！
ピム▶「インチキ」でも悪くないと思うけど．ただ僕ならこう表現するけどね．解をより早く見つけられるよう，最短経路問題の「規則」を「緩める」と．昨日君らが楽しんだゲームならば「インチキ」といわれるだろうけど，数学では「緩和法」と呼ぶよ．英語では relaxation，つまりリラックスするだね．
ヤン▶リラックスする？ 他のメンバーがインチキしている間，リラックスして眺めていろってことかい？
ピム▶君の解釈はまるっきり見当外れってわけでもないけどね．英語の relaxation には，確かにリラックスするという言葉が含まれているけど，ここでは，対象となる数学的問題の条件を「緩める」ことを意味するんだ．
レナ▶それじゃ，こうしたらどうなの？ 巡回路問題の下限として，考えられる一番遠く離れたノード間の直線距離を選んで，それを二倍するとか．行って帰ってくるわけだから，これよりも短いツアーはないわけよ．
ピム▶「直線距離」というのは一般的なグラフの場合あまり意味ないよ．
レナ▶そうか．重みが直線距離と関係あるとは限らないものね．
ピム▶でも，レナが間違っているともいえないよ．あるノードから別のノー

ドへ進み，また戻ってくる必要があるわけだから，もっとも長い辺の重みは常に二倍するわけで，これを最短ツアーの下限としてもいいわけだ．ところで，前の半導体の基板の問題をもう一度見てみようか．ここに直線距離を書き込んでみたけど，もっとも遠く離れた二つのノード間の距離の二倍は，ドリルの最小ツアーよりはるかに短いよね．

ヤン▶この基板に，さらに多くの穴を開けていかなければならない場合，最小ツアーはもっと悪くなるだろうね．

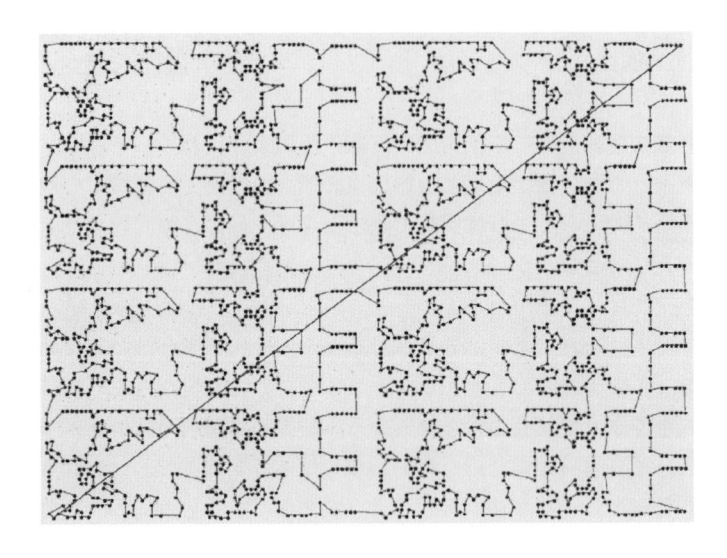

レナ▶それはそうよ！他に穴を開けていくんだから，そのための赤いツアーはどうしたって長くなるわよ．

ビム▶TSP問題ではもっとよい下限を見つけることもできるよ．ヤン，レナは君に全域木の話はしたかな？

ヤン▶聞いたよ．グラフを張るのに必要な最小の辺の集合のことだよね．

ビム▶そうだね．ここでこう考えてみよう．とりあえず僕らはいまの例で巡回路を作り出してしまったと．例えば昨日話した最隣接ヒューリスティック解法でね．次にこのツアーからノードを，どれでもいいから一つだけ取り除いてみよう．ここではまた右端のノードを選んでおこうか．したがって，そのノードから伸びる辺も消してしまう．残った辺は残りのノードの全域木になっているんだよ．

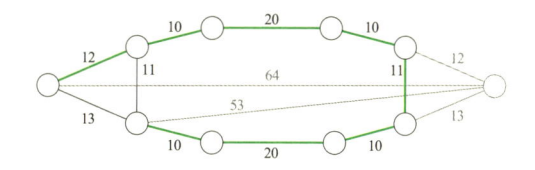

レナ▶ つまり経路になっているってことよね．

ピム▶ そうなんだ．それもハミルトン路だね．でも，ハミルトン路も全域木だよ．

レナ▶ 分かったわ．でも，すごい特殊な全域木よね！

ピム▶ それで十分なんだ．巡回路がノードを一つ消すと，全域木でもあるハミルトン路に変わる場合，ハミルトン路を探すのではなく，単に最小の全域木を探せばいいんだよ．これは欲張りアルゴリズムを使って，割と簡単に片付けることができる．こうした上で，前に取り除いたノードを，そこから伸びる二つの最短の辺と一緒に，たったいま見つけた全域木に加えるんだ．全域木に新たにノードと，そこから伸びる「二つ」の辺を加えたものを，「1-木」と呼ぶ．ここで数字の1は木に後で追加されるノードの数を意味している．

レナ▶ 「特別ノード」ってわけね．「特別待遇」で追加するんだから．

ピム▶ まあ，そんなところかな．

ヤン▶ 僕はこの例題のグラフを見ていると，いつでもボートが思い浮かんできて仕方ないんだけど，今度は「丸木舟」ってわけかい．

レナ▶ 本当ね．いわれてみれば，このグラフはヨットのようにも見えるし，上から見ればカヌーのようでもあるわね．

ピム▶ 人間は雲を見ても舟を思い浮かべるっていうからね．僕のグラフがボートに見えてもおかしくはないよ … でもいまは「丸木舟」の話をしているんじゃなくて，「1-木」の話をしているんだよ．まあ，いいや．「ボート」での最小1-木を描いてみよう．特別ノードは黄色くして，数字の1を書き加えたよ．赤い辺はそのノードから伸びている最短の二つの辺だね．最後に緑の辺は残りのノードに関する最小の全域木になっている．

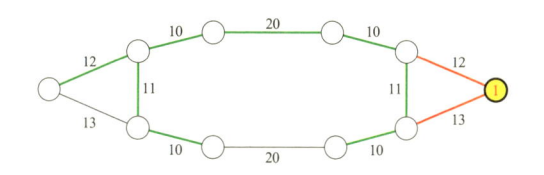

レナ▶これって巡回路じゃなくなっているじゃない！

ビム▶そうだよ．そういうツアーはほとんど得られなくなるんだけど，これがさっきいった緩和法なんだよ．解の集合を増やすことで問題を単純化し，下限を得るわけだよ．この場合には，最小1-木の長さは119になる．

ヤン▶解の集合を増やすって？

ビム▶ハミルトン路はどれもそのノードに対する全域木でもある．そして閉じたハミルトン路，つまり巡回路は1-木なんだ．

ヤン▶なるほど．それぞれの巡回路は1-木であるけど，それぞれの1-木が巡回路ではないので，1-木の集合は巡回路の集合を含むわけだ．

ビム▶その通り．1-木の集合はすべてのTSPツアーを含んでいるわけだよ．だから重み付きグラフの最小の巡回路は最小の1-木より短くはなりえないんだ．けれど最小の1-木は，僕らの例からも分かるように，必ずしも巡回路ではないから，最小のツアーの長さの下限が得られたに過ぎないと考えられるんだ．

レナ▶巧妙ねぇ．最小の巡回路は常にまた1-木であるから，最小の1-木の長さは，せいぜいそれより短くしかならないわけね．

ビム▶こうしてTSP問題の規則を「緩和」するわけだね．こうしたところで巡回路はまず得られないけど，その最小の長さの下限は得られるわけだね．そして万が一，ツアーが得られた場合は，それが最適だとすぐに分かるわけだよ．

ヤン▶最小の1-木を定めるのは簡単なのかな？

ビム▶最小の1-木は最小の全域木と同じ程度の速さで定めることができる．例えば，欲張りアルゴリズムを使ってね．

ヤン▶それは変だな！それぞれの巡回路が1-木であるけど，それぞれの1-木が巡回路というわけではないなら，1-木の方が巡回ルートよりもずっと多いわけじゃないか．それなのに最短の巡回ルートよりも最小の1-木の方が定めやすいというのはどういうわけだろう．

ビム▶そうだね．1-木の数はTSPツアーの数よりもはるかに多いんだ．いま，グラフのノードの数をnで表して，nが最小で3であるとしよう．この時，完全グラフには$\frac{1}{2}(n-1)!$個のハミルトン閉路があり，またある特別ノードを固定した場合$\frac{1}{2}(n-2)(n-1)^{n-2}$個の1-木がある．ここでは簡単に$n$を3から10まで変化した場合の表を示しておこうか．

ノード	巡回路	1-木
n	$\frac{1}{2}(n-1)!$	$\frac{1}{2}(n-2)(n-1)^{n-2}$
3	1	1
4	3	9
5	12	96
6	60	1,250
7	360	19,440
8	2,520	352,947
9	20,160	7,340,032
10	181,440	172,186,884

ヤン▶うわぁ！ 巡回路の数は急激に増えていくんだね．けれど1-木の数が増えていく様子はさらに激しいね！

ビム▶それでも最小の1-木を見つける方が簡単なんだ．あるいは，まさにそれゆえにともいえるかな．

レナ▶それってどういうこと？

ビム▶巡回路問題は解を求めるコストが高いので，欲張りアルゴリズムではうまくいかないんだ．けれどもツアーに加えて，欲張りアルゴリズムが単純な選択規則で作り出すすべての対象を含めるのならば，つまりこれが1-木だけど，その時にはツアーが得られることはまれでも，ともかく欲張りアルゴリズムは機能するんだ．

レナ▶つまり，干し草の山の中に手を突っ込んで大事なピンを見つけようとしても無理だけど，釘だか麦わらだかは手に触れるかもしれないってことよね．

ビム▶それはうまいたとえだな．探す対象を「針」だけから，「針か麦わら」に拡大すれば，その探索戦略は突如として非常に効率的になってくるわけだ．

ヤン▶本当はピンを探そうっていうのに，麦わらでもいいっていうのは，何だか謙虚だな．

レナ▶その代わり，そんなに長いこと探す必要はないのね．

ビム▶現実の問題としては，計算時間があまり大きくならず，かつ当然ながら上限と下限の差が可能な限り小さくなることが望ましいんだ．最適な巡回路の長さはこの二つの限界の間になければいけないのだから，こうすることで，ヒューリスティックな方法で見つけたツアーが最適な解から最

大でどれだけかけ離れているかを示すことができるんだ．さっきの例だと，1-木の長さは 119 だった．だから最適なツアーの長さが分からない場合でも，最隣接ヒューリスティック解法による長さが 220 の解は最適な解よりも，たかだか 101 だけ離れているということが分かるわけだよ．つまり極端な話，僕らには分かっていない最適な長さが 119 に過ぎない場合，最隣接ヒューリスティック解法は約 85％ の誤りをおかしているわけだよ．

レナ▶ノードを移動させる方法で長さが 130 の最適ツアーを見つけたじゃない．

ビム▶その通りだけど，これはラッキーだったんだよ．改良ユーリスティック法は一般には最適な解を見つけてくれない．そもそも最適なツアーが分かるというような例外的な設定をグラフに施していなければ，最適な解が偶然にでも得られているのかどうかも分からないだろうからね．

ヤン▶けれど，最適なツアーが下限の 119 より短くならないし，見つけ出したルートの長さである 130 よりも長くはならないことは分かったよ．

ビム▶それはその通り．最大の間違いはもう約 9％ にまで減っているからね．さらに重みが 20 である辺につながっているノードの一つを特別ノードとして 1-木を構築してみると，長さが 126 の最小の 1-木が得られるね．つまり，よりよい下限が手に入る．すると長さが 130 のツアーの誤りは，たかだか 3％ になるわけだよ．

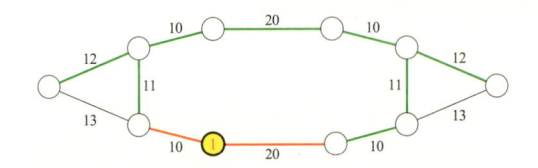

ヤン▶うーん，それでよしとするか？ ともかく間違いはしていなかったわけだからね．

ビム▶こういうヒューリスティックな方法では，実際には最適な解にまったく近付けないということが起こる事例もあるんだよ．だから，最適な解から遠ざかってはいないと前もって保証できるなら，それに越したことはないんだ．

➔ １５０パーセントの _____

レナ▶だけど，下限をまず計算する必要なんかないんじゃないの？ むしろこの方法が悪くないってことを知る必要こそあるんじゃない？

ビム▶そうだよ．ヒューリスティック解法の多くでは間違いの割合を出すことができる．まあ一般的な見積りは普通はほとんど役に立たないけどね．直接ノードを結ぶのが常に最短である完全グラフの場合，誤りを制限する最良の方法をニコス・クリストファイズが提案している．クリストファイズのアルゴリズムは最適解から，たかだか 50 % しか違わないツアーを作り出してくれる．

ヤン▶さっきの 3% よりもずっと悪いじゃないか！

レナ▶ヤン，違いは，私たちは計算を「始める前」に，誤りがそれほど大きくはならないことが分かるということよ．私たちがヒューリスティックな方法で偶然最適なツアーを見つけ出したのは，ラッキーだったのよ！

ヤン▶そうか．それじゃ，このクリストファイズのアルゴリズムがどう機能するのか説明してくれないかい．

ビム▶この場合もまず最小の 1-木を作成する．もちろん，これが最適なツアーそれ自身とたかだか同じ長さなのかもしれない．

ヤン▶それはもういったよ．

ビム▶次に中国の郵便配達員問題と同じ作業にかかる．1-木の内部で次数が奇数のノードに対する最小のマッチングを定めるんだ．この図を見てご覧．最小の 1-木の辺はすべて緑に塗り，次数が奇数である緑の辺が出ているノードを赤く縁取りしておいた．赤い辺はこの四つのノードの最小のマッチングになっている．

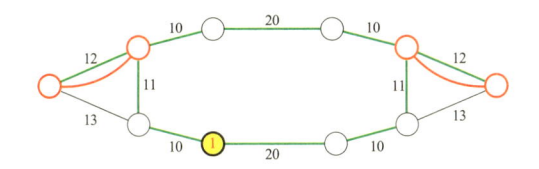

レナ▶どうしてそうするの？

ビム▶中国の郵便配達員問題と同じ理由だよ．マッチングの辺を 1-木の辺

に追加すると，すべてのノードの次数が偶数になる．オイラーの定理によれば，この部分グラフの辺を通るオイラー閉路が存在するからね．

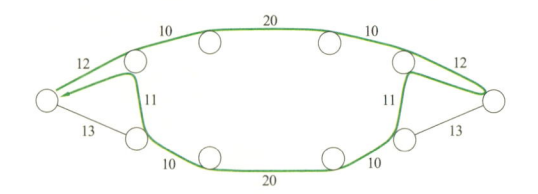

レナ▶これまでビムがいろいろ教えてくれたことを，ここでみんな合わせて「ミンチ」にするのね．

ビム▶まあ，見ていてくれよ．

ヤン▶でも僕らが見つけようとしていたのは，すべてのノードを通る最小距離の閉路だよ．すべての辺を通る閉路じゃない．なのに，なぜオイラー閉路なんだい？

ビム▶こうやって作り出したオイラー閉路は，実は，グラフのすべての辺を通る閉路では「ない」んだ．僕らは 1-木とマッチングの辺を通り抜けただけなんだ．いわば 1-木の辺を通る最小の中国の郵便配達員ツアーなんだ．1-木はグラフのすべてのノードを結ぶから，こうして作成されたオイラー閉路ですべてのノードを通ることになるんだ．この時，このオイラー閉路の長さは最短の巡回路に比べて，たかだか 50％ 大きいに過ぎない．

レナ▶その証明は難しいんでしょ？

ビム▶そんなことはないよ！ だって 1-木の辺の長さは，たかだか最小の TSP ツアーと同じ程度だと分かっているからね．

レナ▶それはそうね．だから最小の 1-木が TSP ルートの下限だったんだものね．

ビム▶オイラー閉路はこの 1-木とマッチングの辺から作られているから，最小マッチングの辺が，全部合わせても，最小巡回路のたかだか半分の長さであるのを示しさえすればいいんだよ．

レナ▶なるほどね．最小の 1-木はツアーとせいぜい同じ長さにしかならないし，マッチングはその半分の長さにしかならないのね．だから合わせても，オイラー閉路は最適ツアーのせいぜい 1.5 倍程度の長さにしかならないわけね．

ビム▶正解だよ．でも最小のマッチングは最適な巡回路の 50 ％ よりも長くはなりえい．僕らにはそれぞれの TSP ツアー，もちろん最小のツアーも含まれるけど，これらから「最小の 1-木」の次数が奇数であるノードの二つのマッチングを作り出すことができるからね．これらのノードをもう一度赤く縁取りしよう．そして最適のツアーを緑と黄色の部分に分解してみるよ．するとツアーの色は，赤いノードの一つを通るたびに，黄色から緑に，あるいはその逆に変わるよね．これらを僕らは「ペア」にしようと思うわけだよ．

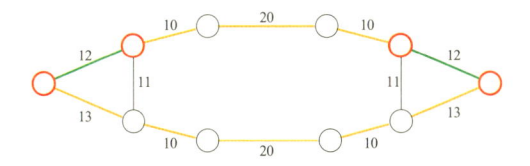

レナ▶でも黄色い辺はマッチングにならないわよ．

ビム▶いや，できるよ．ただし一つだけね．それには二つある黄色の経路を，両端のノードを直接つなぐ辺に置き換えてやる．

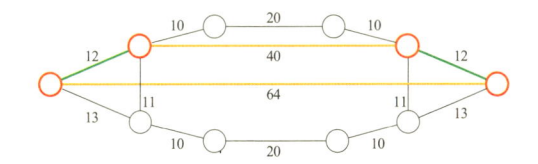

ヤン▶でも，グラフのノードの数が奇数ならば，二つのマッチングに割ることもできないね．

ビム▶この場合，グラフのノードの数は問題じゃない．だってマッチングさせるノードは 1-木の次数が奇数のノードで…

レナ▶…だから，次数が奇数のノードの数はいつも偶数なのね．

ヤン▶ああ，そうか．例の帰納法による証明だっけ．最小のマッチングが，最小のツアーのせいぜい半分の長さだっていうのは，どうして分かるんだい？

ビム▶僕らは二つのマッチングを作り出したよね．一つが緑の辺で，もう一つは黄色の辺だ．二つを一緒にしても最適なツアーとたかだか同じ長さなんだ．二つとも，最適なツアーを「短縮」したものに過ぎないからね．でも二つ合わせても最適なツアーよりも長くならないなら，短い方のマッチ

ングは，いまの場合は緑の方だけど，最適ツアーの半分よりも長くはならないんだよ．

レナ▶そうね！　そうでなければ，二つのマッチングは最適ツアーの半分よりも長いことになるわよね．つまり最適ツアー全体よりも長くなるわけね．

ビム▶けれど，二つのマッチングの短い方が，すでに最小の TSP ツアーの 50％ よりも長くないのならば，当然ながら最小のマッチングの方が長いということもありえない．

レナ▶それはそうよね．そうでなければ，最小にならないし．

ビム▶僕らの例では緑のマッチング自身がすでに最適なんだよ．

ヤン▶1-木の辺は全部合わせてもせいぜい最適なツアーと同じ長さで，マッチングの辺はせいぜいその半分なのか．それで，すべての辺の集合を通るオイラー閉路は全部合わせても，最適なツアーのせいぜい 1.5 倍の長さになるのか．

ビム▶そうだよ．僕らは間違うとしても，誤差はたかだか 50％ なんだ．実際には，僕らの例では 15％ をちょっと越える程度だから，ずっと小さいけどね．

レナ▶オイラー閉路が一つのノードを複数回通過するところで，ノード間を直接つないでしまって，経路を短くはできないの？

ビム▶それはいいアイデアだよ，レナ！　それがクリストファイズのアルゴリズムの最後のステップなんだ．二つのノードを直接つなぐ辺は最短に決まっているから，そうすれば何度も同じノードを訪ねる必要はなくなるからね．この例では，さっき作ったオイラー閉路を二つの赤い矢印を使って短縮することができて…

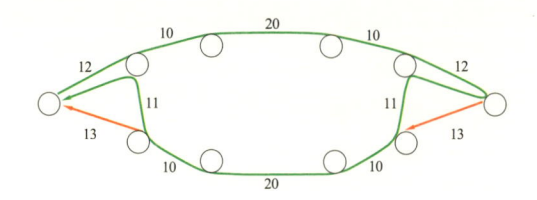

レナ▶…そして，これが最適なツアーなのね！　このアルゴリズムは，その歌い文句よりもずっと役に立つのね．

ビム▶そうなんだ．この場合はね．でも誤りが 50％ 近くになるようなグラフも存在する．お望みなら，こういうグラフも見せようか．あらかじめ

完全なアルゴリズムも示しておこう．

クリストファイズのアルゴリズム

Input： 重み付き完全グラフ $G = (V, E)$
ただし，二つのノード間を直接つないだ辺の重みが常に最小となる
Output： 最適な TSP ツアーに比べて最大で 1.5 倍の巡回路

ステップ 1：G において最小の 1-木 B を定める．
ステップ 2：B において次数が奇数のノードの最適なマッチング M を定める．
ステップ 3：B と M の辺を通るオイラー閉路を定める．
ステップ 4：オイラー閉路において複数回通過するノードがあれば，そこを出入りする辺を，それぞれの辺の両端のノードを直接つなぐ辺で置き換える．このステップを必要なだけ繰り返す．

レナ▶アルゴリズムと，150％のグラフの両方ともプリントアウトしてみるわね．

ビム▶それじゃ，このグラフをよく見てご覧．

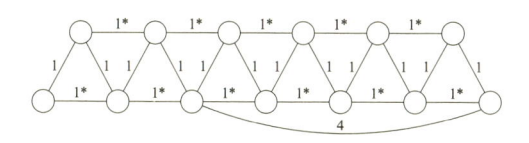

ヤン▶何だか鉄橋みたいだな．横方向に数字の 1 が並んでいるけど，この星の印 * は何だい？

ビム▶これは，この辺の重みが 1 より，ごくごくわずかに大きいという意味だよ．具体的には好きなように決めて構わない．最適なツアーは外側を回る経路だから，その長さは $2 + 11 \times 1^*$ となる．1^* はほとんど 1 だから，長さはおおよそ 13 ということになるね．

レナ▶それはいいけど，ここにクリストファイズのアルゴリズムを適用するとどうなるの？

ビム▶まず最小の 1-木を作る．そのためには，最初に特別ノードを一つ選ぶ必要がある．上の列の左から二つ目のノードを選んでみたよ．このノードを，そこから出ている辺と一緒に，いったんグラフから消してみよう．その上で，残りのグラフから最小の全域木を定めるよ．1^* は 1 よりも大きい

から，重みが 1 の辺を使えない時だけ，長さが 1^* の辺を選ぶことにするよ．最後に特別ノードをもう一度組み込んで，これを二つの最短の辺を使って最小の全域木と結合すると，長さが $12 + 1^*$ の最小 1-木が得られるわけだ．つまり最小の 1-木自体の長さが約 13 になるね．

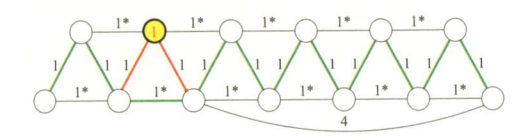

ヤン▶それで，他のノードを特別ノードに選ぶと …

ビム▶… それでも長さが約 13 の最小 1-木が得られるね．

レナ▶次は，次数が奇数のノードのマッチングを行うんじゃない？

ビム▶そうだね．次数が奇数のノードは，いまの 1-木では下の列の最初の三つのノードと，一番最後のノードになるね．これらのノードの最小マッチングの長さは $4 + 1^*$ だ．

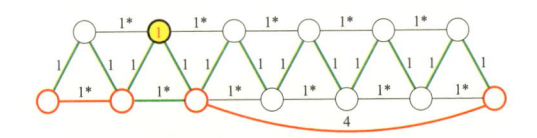

ヤン▶すると 1-木とマッチングで合わせて $16 + 2 \times 1^*$ だから，おおよそ 18 か．

レナ▶でも，私たちはアルゴリズムの最後のステップで，何度も訪問されるノードに短縮が可能でないか探せるわけでしょ．

ビム▶正解．結局，ツアーの長さは $12 + 4 \times 1^*$ になる．

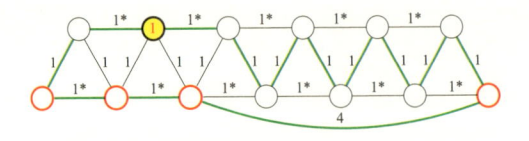

ヤン▶じゃ，最適なツアーの長さはおおよそ 13 で，クリストファイズのアルゴリズムによればおおよそ 16 だよ．1.5×13 は 19.5 で 16 じゃないけど，この場合もクリストファイズのツアーは最適なツアーの 1.5 倍には

なってないよ．

ビム▶その通りだけど，僕は，150％に近づくといっただけだよ．もう一度同じグラフを作って，下の列のノード数を $n+1$ 個，上を n 個と考えてご覧．

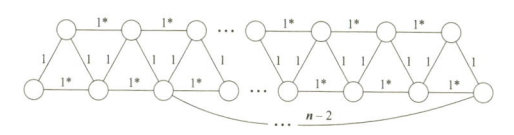

レナ▶すると…

ビム▶…クリストファイズのアルゴリズムを実行すると，こんなツアーができる．

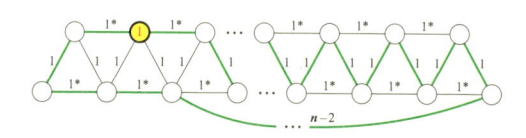

ヤン▶これは 1.5 倍になってるのかな？

ビム▶すぐに調べるよ．最適なツアーは外回りになるけど，その長さは $2n+1$ よりわずかに長いだけだ．最小 1-木は同じくおおよそ $2n+1$ の長さになるし，次数が奇数のノードのマッチングの結果は $n-1$ となる．最後に今回も短縮を行って 2 だけ節約できる．すると合計で，クリストファイズによるツアーはだいたい $3n-2$ の長さになる．ノードの数 n が増えると，それだけ $3n-2$ と $2n+1$ の比の値は 1.5 に近づいていくことになるね．例えば $n=10$ なら約 1.333 だし，$n=100$ ならだいたい 1.483，$n=1000$ なら約 1.498 という具合にね．

レナ▶それでも 150％には決して達しないんじゃないの？

ビム▶達しないけど，それに幾らでも近付けることができるね．

レナ▶もっと小さな誤差を保証するアルゴリズムはないの？

ビム▶ない．クリストファイズのアルゴリズムが知られる限り最良だと考えられている．辺の重みにさらに条件を加えれば，さらに進んだ予備的な品質保証をする効率的なアルゴリズムはあるけどね．

ヤン▶なるほどね．これが品質保証についての答えというわけだね．ちょうどよかった．そろそろ家に帰らないと．ルーカスが待ちわびているはず

だからね.

　ヤンが帰った後, レナは急いで学園祭用のケーキを焼きました. 彼女は特にケーキ作りが「得意」というわけではありませんが, 実行委員会の他の女の子たちが, これは女の仕事だといわれても, 残念ながら誰も抗議しなかったのです. ケーキの売り上げは, 学校の図書館に回ることになっていましたし, レナもいつまでも腹を立ててはいませんでした.

　食事の時, レナとママは休暇の計画を話しました. ヤンと会えないのは残念でしたが, レナはフランスが楽しみでもありました. ママがニュースを見ている間, レナは自分の部屋に戻って, 何を持っていこうか考えました. ビムも持って行きたいところですが, コンピューターを車に隠して持っていくというわけにはいきません.

ボンサイ

　レナは目覚まし時計をセットし忘れていたので，寝過ごすところでしたが，幸いママが時間通りに目を覚ましていました．

　パパは昨晩も電話してきました．土曜日のお昼には帰宅する予定なので，日曜日にフランスに発つのは問題ありません．一日短くなるけれど，でもパパが一緒の方がいいに決まってます．レナは予定がずれたことに文句をいいませんでした．ヤンと一日余計に過ごせるからです．ヤンが土曜日に予定がなければいいのですが．

　授業はここ数日にもまして和やかなものでした．ローリヒ先生ですら上機嫌で，難問などほとんど出さない有様でした．

　2時に学園祭が始まりました．レナとヤンは授業の後，最後の準備を手伝いました．学園祭の間には，二人はそれぞれ1時間交代で，いろいろな持ち場を手伝いました．レナが最後の持ち場を終えようとしている時，ヤンが真新しいサッカーボールを抱えてやってきました．サッカーの壁当てシュートゲームの賞品だとヤンは自慢しました．レナは思わず笑ってしまいました．何だか無邪気なんだから！

　その後，突然土砂降りの雨が降ってきたので，学園祭は途中で終わりになりました．ほとんどみんな，もう家に帰ってしまいました．残ったのはわずかで，ヤンもその一人で，後片付けを手伝いました．レナはすぐに水泳教室に行かなくてはなりませんでした．水泳教室をキャンセルして，学園祭を優先してもよかったのですが，でも先週も休んでいたので，そういうわけにもいきませんでした．

　金曜日には成績表が配られました．レナは成績に満足しました．トップになる見込みはないのは分かっていましたし．そして10時前には学期が終わりました．ヤンはすぐに家に帰り，両親に成績表を渡しました．それからレナの家に自転車でやってきました．レナはすぐさまビムを起動しました．

　ビム▶やあ，ヤン！学園祭はどうだった？
　ヤン▶大雨が降るまでは順調だったけどね．でも，降り出した途端，みんな帰っちゃったよ．

レナ▶ところで，ビム．見つけ出した限界に満足でない場合，巡回路問題はどうなるの？昨日私たちは比較的小さなグラフで，1-木とヒューリスティック解法だけを使ってみたけど，それでも見つけたツアーが最適かどうかを確信することはできなかったわよ．なのにビムは，比較的大きなドリルの問題で最適なツアーを示したじゃない．きっと何か別の方法があるに違いないわよ．そうでしょ？

ビム▶おやおや．効率的な方法でも，それ以上先に進めないのなら，組合せの爆発するアルゴリズムの「豪華な桟敷」に足を踏み入れて，これが「音をあげる」まで，ひょっとしたら最適な解，あるいは少なくとも満足のいく解が得られるのを期待するしかないね．

レナ▶よく意味が分からないけど．

ビム▶例をあげて考えようか．

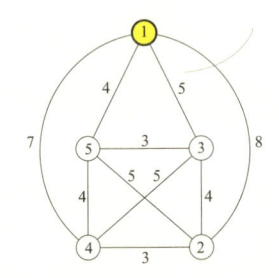

ヤン▶このグラフはサンタクロースの家に似ているね．

ビム▶それじゃ，サンタグラフと名付けようか．このサンタグラフはノード数が5の完全グラフだね．これに1から5までの通し番号を付けてあるよ．

レナ▶そうなの．これは距離マークかノードの次数かと思ったわ．でも，全然違うのね．

ビム▶辺の横の数は今回も重みだよ．昨日の表からも分かるように，このグラフの場合，$\frac{1}{2}(5-1)!$，つまりは12個の巡回路がある．この12個のツアーを，これから体系立てて数えていこうというわけだよ．そのために考えられる方法はたくさんあるけど，そのうちの一つを試してみるよ．ノード1から始めよう．ルートではどこから始めるかは関係ないからね．さて，次はどこへ行ける？

ヤン▶1からは2に行くか，あるいは3か4か5に行くことになるわね．

ビム ▶ そうだね．じゃあ，こうしてみようか．

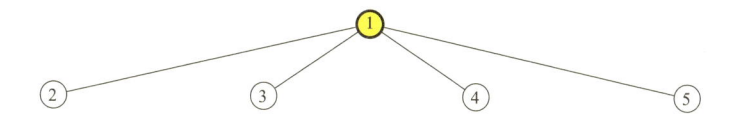

ヤン ▶ ノード 2 からは 3, 4, 5 に進むことができるけど，1 に後戻りはできないね．

ビム ▶ ノード 1 から別のノードに進んだ場合も同じことだよね．これを全部図に書き込んでいくと，次第にこんな木ができ上がってくるね．

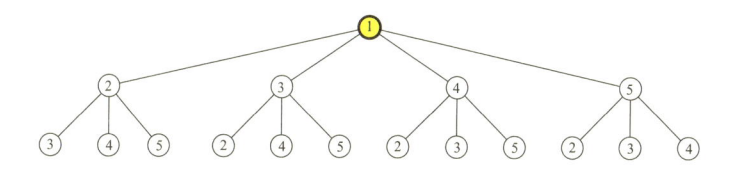

ヤン ▶ これが何かの役に立つのかい？

ビム ▶ さて，この木の一番左では，ノード 3 からはノード 4 かノード 5 のどちらに進むかを区別して表すことができるよ．その先では，残りのノードしか選択肢がなくなる．最後のノードまで達したら，再びノード 1 に戻って，別のノードに進む場合について検討してみる．こうした場合分けをすべてについて行うと，結局，こんな木が得られるけど，ここに可能なツアーはすべて含まれていることになるね．

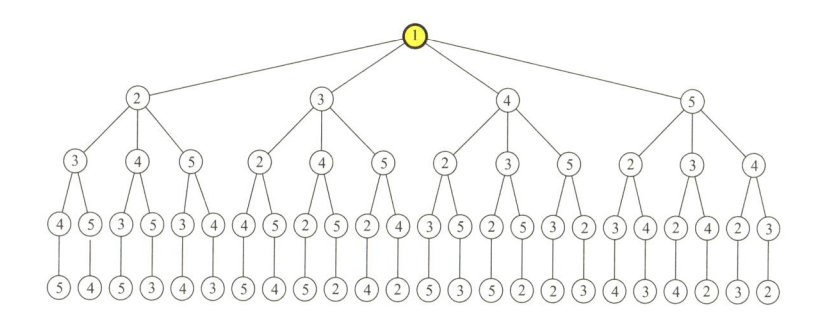

レナ ▶ サンタグラフのツアーは，ノード 1 から木の一番下の層までの経路に相当するわけね．

ビム▶そうだよ．ノード 1 が根で，そこから葉のどれかに到達するまでの経路は，まさに巡回路のすべての辺になっているわけだね．ただし最後からノード 1 まで戻る辺は書き込んでいないけどね．

ヤン▶根っこが上で，葉が下にあるのかい？鉢を逆さにしたってことかい？

ビム▶気に入らないなら，木をひっくりかえして描いても構わないんだ．向きは関係ないからね．

ヤン▶まあ，いいや．この場合分けはすべてのツアーを順にリストにしたわけだね．でも，ここには 24 個あるよ．12 個じゃない．

レナ▶それはすべてのツアーが二重に描かれているからよ．例えば，一番左の巡回路は 1, 2, 3, 4, 5 と来て 1 に戻るわけだけど，これは一番右の 1, 5, 4, 3, 2 ときて 1 に戻るのと同じことじゃない．向きが逆になっただけだわ．

ヤン▶よくそんなことに気が付くね．確かにそうだね．

ビム▶このリストでは，例えば 1 と 5 をつなぐ辺を含むそれぞれのツアーは，さらに 1 からノード 2, 3, 4 のどれか一つへの辺を含んでいなければならなくなることは問題にしていないんだ．一番右の枝はノード 5 が末端にあるけど，これはすでにあるツアーを繰り返しているだけなんだ．二重に記録されているツアーをすべて消してしまうと，葉っぱが 12 枚の小さな木が得られるね．こうした木をブランチング，訳して「分枝」というのさ．

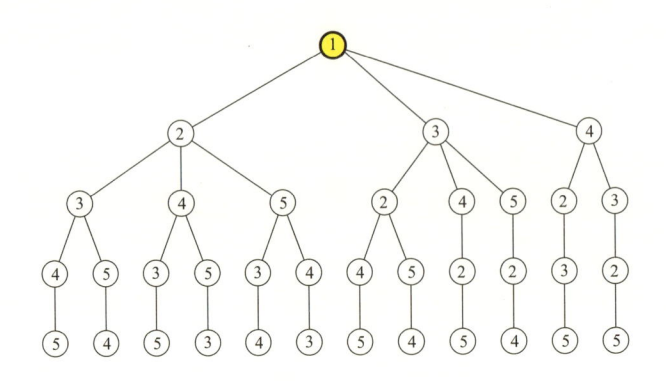

レナ▶それは英語から取ったのね？

ビム▶to branch からね．「枝分かれ」という意味だね．

レナ▶でも，本当にすべてのツアーを順に通ってみて，どれが最短かを確かめようというわけじゃないでしょ！グラフがもう少し大きくなると，世

界で一番速いコンピューターでも処理できないわよ．そう自分でいったじゃない．だからツアーをどうやってリストにしようが，関係ないのじゃない？

ピム▶そうでもないんだ．この場合も限界が重要なんだ．例えば，僕らがすでにツアーを一つ見つけていたと仮定しようか．話を簡単にするため，最隣接ヒューリスティック解法で長さが 21 のツアーを見つけたとしよう．

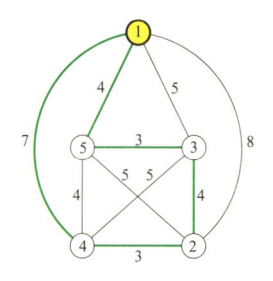

ヤン▶それは何のためだい？ そのツアーもこの分枝には含まれているはずじゃないか．だから，遅かれ早かれ，そのツアーは見つかるわけだよ．

ピム▶詳しく見てみようか．あるいは皇帝フランツ・ベッケンバウアーの言葉を借りると「まぁ，見てみよう」．まずもう一度下限を，例えば最小 1-木を使って定めてみるよ．手順を分かりやすくするため，特別ノードに色を塗っておいた．

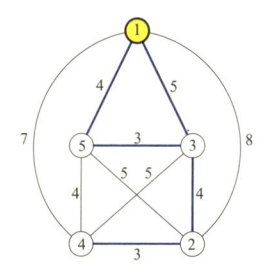

ヤン▶また下準備かぁ！

ピム▶その甲斐はあるからさ！この最小 1-木の全体の長さは 19 だね．もしこれが 21 だったら，最隣接ヒューリスティック解法のツアーが最適だと分かって，終わりになるところだけどね．

レナ▶それは分かるって！下限が上限に同じなら，最適ツアーを見つけたってことじゃない．でも，そんなことは滅多にないんでしょ．

ビム▶ それはそうだね．それじゃ，分枝を始めてみようか．まずノード1からノード2への辺を含むすべてのツアーから調べてみよう．すると分枝の左側の枝がその巡回路になるね．

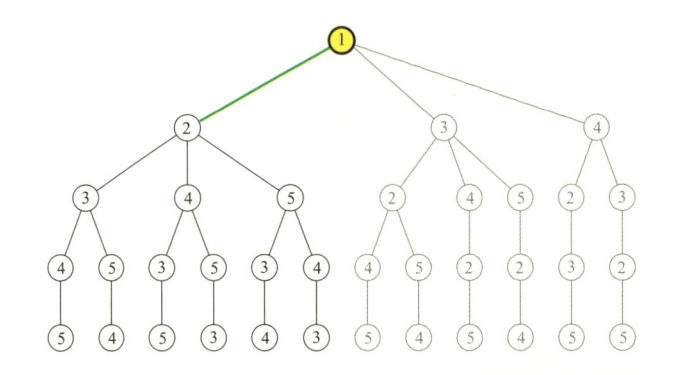

レナ▶ うん．これは1から2の辺を固定した場合のツアーなわけね．

ビム▶ ここのツアーすべてについて，改めて最小1-木を定めることができるね．ただし1から2までの辺は固定されている．すると距離は22だ．

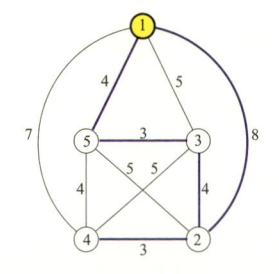

レナ▶ 最隣接ヒューリスティック解法のツアーより長かったのね！

ビム▶ その通り．この最小1-木はこの枝に含まれるすべてのツアーの長さの下限を与えているわけだから，ノード1とノード2を結ぶ辺を含むすべての巡回路が少なくとも22の長さでなければいけないことが分かるわけだよ．けれど僕らはすでに21の長さのツアーがあることを知っているね．つまり分枝のこちらの枝にもう最短ツアーを探す必要はないわけだよ．

ヤン▶ それは，この分枝の左側にあるノード2から下の部分を全部「消して」構わないってことかい？それはすごいね．木がずっと小さくなるじゃないか．

ビム▶そうなんだよ．同じように分枝のすべての枝を調べていくと，こんなふうになるよ．

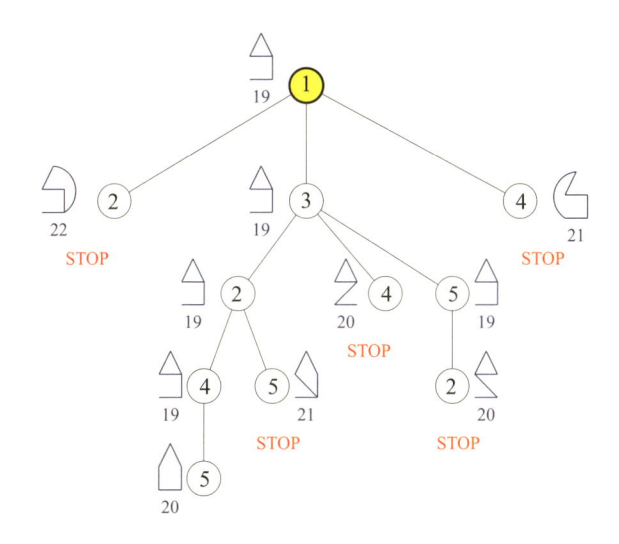

レナ▶この小さなサンタグラフは可愛いらしいわね．ルーカスもきっと気に入るでしょうけど，でも何よ，これ？

ビム▶これはそれぞれの場合の最小 1-木になってるんだ．一番上のノード 1 のところには，ツアーに関する制約はまだない．だからそれぞれの制約のないサンタグラフの最小 1-木を図に表している．次に分枝の左枝に進むと，1 から 2 の辺を定めた最小 1-木は長さが 22 になることが分かる．この 1-木をノード 2 の横に描いているんだ．

ヤン▶他の 1-木も同じことかい？

ビム▶そういうこと．しかも，それぞれが位置する木の枝の制約をすべて含む最小の 1-木であるわけだよ．

レナ▶一番左の 1-木はこの時点ですでに最隣接ヒューリスティック解法のツアーよりも長いから，ここで中断してしまっていいわけね．

ヤン▶STOP っていうのは，そういうことか！

ビム▶そうだ．それ以上，探索する必要がないってことだ．代わりにすぐ隣の枝に移ればいいわけだよ．こっちの枝は 1 から 2 ではなく，1 から 3 への辺を含むすべてのツアーを表している．このツアーの左側を下へとたどっていくと，最後から二つ目のノードで，3 から 2 へ進むといった制

約が加わっていても，1-木の長さは相変わらず 19 だね．だからこの場合は中断せず，一番下まで降りていく必要がある．すると完全なツアーは 1, 3, 2, 4, 5 と行って 1 に戻る巡回路になり，長さは 20 だ．

レナ▶最隣接ヒューリスティック解法のツアーよりいい結果ね．

ピム▶その通り．ここで最短巡回路は最大で長さが 20 になると分かったわけだね．同じように，残りの分枝についても，長さがいまの 20 より短くなる最小 1-木が得られなければ，そこでストップするわけだ．

ヤン▶残りの分枝には STOP がたくさんあるね．すると 20 が最適な巡回路の長さってことかな．手際がいいね．

ピム▶もちろん，もっとやりにくいこともあるよ．なにしろ問題は NP 困難なんだから．結局，上限と下限が重要になってくるんだ．それがよい精度であれば，分枝した枝を十分に刈り取ることができる．この方法を「分枝限定法」というよ．この場合，何よりも合理的な分枝規則を考えて，優れた「限定法」でできるだけ広い範囲の枝を，できるだけ少ない計算で刈り取っていく必要がある．この時，当然だけど，分枝には他の規則を考え付くこともできる．

ヤン▶他の規則？ さっきの方法も悪くないじゃないか．

ピム▶現実にはアルゴリズムを適用してから，どうやってさらに枝を分けていくかを決定する分枝の戦略が必要になるんだ．最小 1-木を下限として使うなら，次数が 3 かそれ以上の 1-木のノードを枝分かれに使うとかね．

レナ▶アルゴリズムがまず最小 1-木がどうなっているか判断して，それから適当な分枝を選ぶっていうの？

ピム▶その通り．巡回路では次数が 3 以上のノードがあってはいけない．だから分枝の規則を考えるアイデアの一つは，どの枝も，それまでに見つかった最小 1-木を含んでいてはいけないことだ．その最小 1-木がすでにツアーの一つであれば別だけどね．それと同時に，巡回路が消えてしまってもいけない．こうすると，よりよい下限が手に入ると期待できることになる．具体例で考えてみるのが一番だよ．ここで，もう一度サンタグラフの最小 1-木を見てみよう．この場合ノード 3 だけが次数が 3 になっているね．これによって，この先の分枝が決まるわけだよ．グラフの他の部分は薄く描いておいたよ．

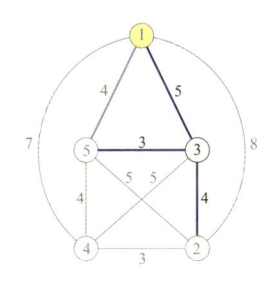

レナ▶この 1-木が二度と現れないように枝分かれしようというわけね？

ビム▶ノード 3 には，ノード 1, 2, 5 から辺が流れ込んでいるね．けれど巡回路であればノードを通る辺は二つだけでないといけない．だからここで「分枝」をするわけだけど，これには三つの場合が考えられる．まず第一に 1 から 3 への辺を含まないようにする．第二に，この辺は固定して残すが，5 から 3 への辺を消す．第三に 1 から 3 の辺と，5 から 3 の辺は巡回路に残す．最後の場合には 3 からさらに伸びる辺を含むようなツアーは当然なくなるわけだね．このようにして固定した辺を緑色として，もう含まれなくなった辺は赤で描いてみると，こうなるね．

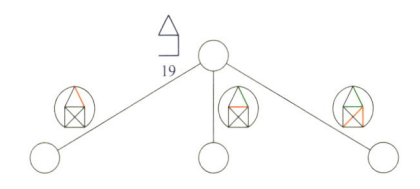

レナ▶ああ，なるほど．最小の 1-木は三つの枝のどれにも含まれなくなるのね．ノード 3 から伸びる三つの辺の一つは常に禁じられるわけだから．でも，そうすると本当に他のツアーをすべて作れるの？

ビム▶すべてね！ 一つ，君たちで選び出してご覧．そしたら，それがどの枝にあるか示してみせよう．

ヤン▶1, 3, 2, 4, 5 と行って 1 に戻るツアーなんかどうだい？

ビム▶そのルートは 1 から 3 の辺を含んでいるね．けれど 5 から 3 の辺は含まないから，分枝の中程にあるね．

レナ▶1, 2, 3, 4, 5 と行って 1 に戻るツアーは？

ビム▶そのルートには 1 から 3 の辺が欠けているね．そのルートは最初の枝だね．

レナ▶その通り．降参するわよ．それで？

ピム▶ここでこの三つの枝のすべてにおいて最小 1-木を定めると…

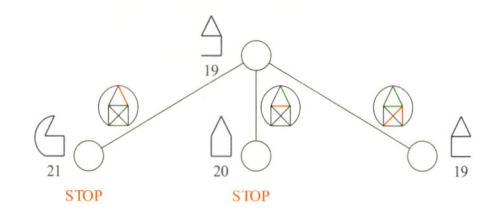

ヤン▶…で，それらは全部，前の最小 1-木とは区別されなければいけない．

ピム▶そう．僕らは分枝の戦略を特にそのように選んだんだ．さて，左の枝には長さが 21 で，巡回路でもある最小の 1-木ができる．また，この枝に最適なツアーも見つけた．つまり 1 から 3 への赤い辺を禁じるという制約のもとでの最適ツアーだ．

ヤン▶どうして？

ピム▶この枝の巡回路は最小の 1-木であるから，それは下限になって…

レナ▶…すると，それぞれのツアーは自動的に上限であるから，上限と下限が一致して…

ヤン▶…したがって，この枝のツアーは最適であると．ようやく飲み込めたよ！

ピム▶僕らはここでストップして，次の枝に移ることができる．そこでも同じようにツアーが見つかるけど，これは長さ 20 だ．そしてただちにストップする．残っているのは右の小枝になるが，残念ながらここで長さが 19 の最小 1-木が得られる．しかも別のだ！

ヤン▶それじゃ，ここでもう一度分枝しなければいけないわけだね．

ピム▶そうなるね．今回は次数が 3 のノードは 5 だね．次の図で強調しておこう．

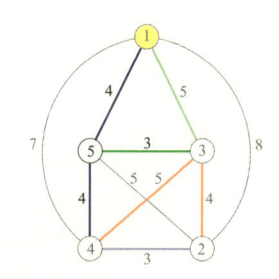

レナ▶これは，また，きれいな図ね！私がちゃんと理解しているのなら，ここで 1-木は二つの緑の辺と，三つの青い辺からなっているわけね．緑の辺はこの分枝の枝のそれぞれの巡回路に備わっていないといけないのね．

ビム▶その通り．3から5への緑の辺はすでに固定されたものだから，僕らは1から5と4から5の二つの青い辺を同時に選ぶことがないように注意すればいいんだね．

レナ▶そうね！こうして続く分枝で，いま見つけたばかりの 1-木を再び除外しても，この小枝のツアーは一つも失われないと．

ビム▶この後は4から5の辺を含んでいるかどうかで分枝をすることができる．これが含まれている場合は，ノード5で，3から5への辺を例外として，そこから伸びるそれぞれの辺を除外する．分枝の残りはこうなるね．

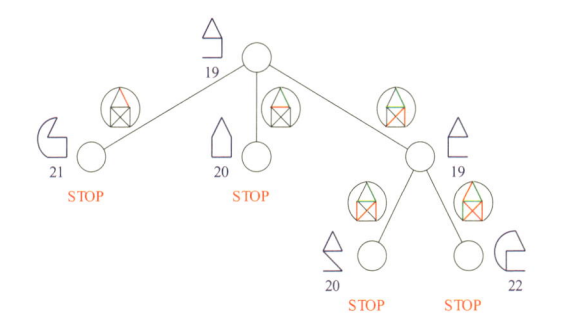

レナ▶なるほど，分かるわ．二つの小枝で，すでに見つけたツアーよりは短くならない最小の 1-木が得られるのね．だから，そのどちらの場合でもストップして構わない．

ヤン▶1-木と最隣接ヒューリスティック解法を使えば，いつでも十分な限界を得られるのかい？

ビム▶いや，それは無理．問題がかなり大きな場合は，本質的にもっと優れた方法を開発する必要がある．よい初期解を得るためには，異なるヒューリスティック解法で試してみることもできる．その場合は，よい構成的ヒューリスティック解法だけでなく，よい改良的ヒューリスティック解法も使うことになるだろうね．同様に重要なのは下限だよ．1-木のクラスは一般には非常に大きいから，よりよい限界値を生成するためには非常に手間が必要になる．そこで「多面体的組合せ論」の出番となる．

ヤン▶多面体的組合せ論？とっつきにくい名前だね，また！でも，今日はもう十分だよ．
レナ▶そうね．お昼ご飯も用意できていると思うから，下に行ってみない？
ヤン▶そうだね．テーブルの準備を手伝おうか．
レナ▶食事の後，またその多面体的組合せ論とかについて説明してよね？それにしても，妙な名前ねぇ！

全然，プラトニックでない 31

Gar nicht so platonisch

　台所からはとてもよい香りが漂ってきていました．どうやらオーブンからしいです．レナのママはスフレを準備していました．いつものようにチーズをたっぷりとかけて．ヤンはチーズが大好きで，特にスフレを気に入りました．レナのママは，ヤンの好物を知ることができて満足していました．レナも，ママとヤンがとても打ち解けているので喜んでいました．

　食後，しばらく一緒にテーブルに座ったまま，終わったばかりの今学期と，夏休みの話をしました．レナは，休暇に出発する前に，ヤンとちょっとした遠出ができないかどうか考えてみてと提案しました．もちろん明日はパパが帰ってきます．レナも準備をしなければいけません．今晩のうちに必要なものをまとめておきなさいと，ママはいいました．パパだって，家に着いたら疲れきっていて，すぐに寝てしまうでしょうし．

　それで二人はシュタルンベルガー湖へのサイクリングを計画しました．泳いだり，散策たり，もしかしたらボートに乗ることもできるかもしれないわ，とレナは提案しました．ヤンが彼女を乗せてボートを漕ぐ姿を思い浮かべて，なんて素敵でしょうと思いました．

　ヤン▶いつ荷作りをするんだい？邪魔でなければ手伝おうか？
　レナ▶時間が十分にあるから！多面的組合せ論を勉強する時間もね．
　ヤン▶じゃあ，すぐに取りかかろうか．
　レナ▶ビム，戻ったわよ．
　ビム▶結構だね．料理はどうだった？
　ヤン▶最高だよ！レナのママは料理が上手だよ．
　レナ▶ヤンと私は，明日シュタルンベルガー湖に遠出するのよ．それから私は三週間の休暇に出発するの．だから巡回セールスマンのための時間はあまり残ってないのよ！残念だけど．でも，多面的組合せ論については，ちゃんと説明してもらわないと困るわよ．
　ビム▶覚えているかな．巡回路が存在するかどうかという問題で，ハミルトンは最初に正十二面体の頂点から出発したよね．多面的組合せ論でも同じように幾何学的な図形を使って，最小の長さのハミルトン閉路の下限を

定めようか．

レナ▶どういうこと？

ビム▶説明するのが難しいんだけど，できるだけのことはやってみるよ．ここで三つノードがある完全グラフを考えてみよう．三つの辺にそれぞれ a, b, c とラベルを付けてみた．

ヤン▶たいして面白くもないね！

ビム▶そうだね．でもこれを使って原理を説明するのが一番なんだ．このグラフの辺の部分集合それぞれに 0 と 1 のリストを割り当ててみよう．この表を見てご覧．

レナ▶ご親切に．で，この表は何を意味しているの？

ビム▶この表は全部で八つの部分グラフを示しているんだ．つまり辺のないグラフから始めて，辺が一つだけのグラフが全部で三つ．それから辺が二つのグラフで，最後に完全グラフそのもの．これらの部分グラフのそれぞれに数字のリストを割り当てているんだよ．リストの最初の数字は常に a の辺に関するもので，二つ目の数字は辺 b，三つ目は辺 c だ．リストの 1 は，その辺が含まれていること．0 ならばその辺が含まれていないことを示している．例えば (1,0,1) は辺 a, c は部分グラフに含まれているが，辺 b は含まれていないことを意味しているんだ．

ヤン▶すると，(0,1,0) ならば，その部分グラフは辺 b だけを含んでいるんだね．

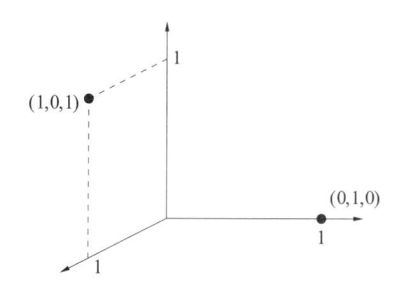

ピム▶その通り．さて，この数字のリストは，同時にまた3次元空間での座標点を表しているとも考えられるね．つまり (1,0,1) は座標系で前に一つ，右へはゼロ，上に一つ移動したことになるね．(0,1,0) ならば前にゼロ，右に一つ，上にゼロの移動だ．

レナ▶ははあ．幾何学的な対象に近付いてきたわけね．

ピム▶ここで，この空間にこれら八つの点を描いてみようか．何が描かれているか，分かるかな？

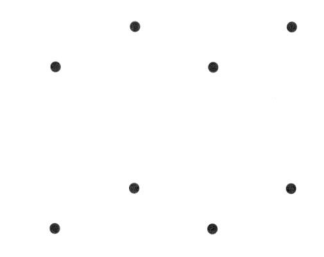

ヤン▶あ，分かった！これは立方体になるんだね．

ピム▶ご名答．八つの点を正しくつなぐと，立方体が得られるね．

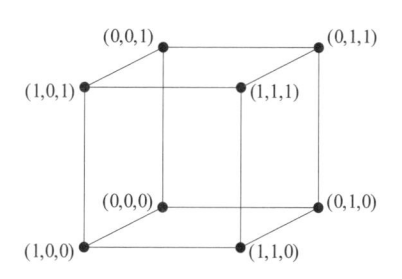

レナ▶ふーん．グラフから幾何学的な対象を作るっていうのは，こういうこと．これはプラトンの正多面体じゃない！

ビム▶その通り．ただし，辺が四つのグラフであれば，4次元の「超立方体」となり，辺がm個ならm次元の超立方体となる．

ヤン▶4次元？ m次元？超立方体？それは，どんな形をしてるんだい？人間に分かるのかな？

ビム▶「超」というのは，我々の理解できる3次元の対象を多次元に拡張した場合によく使う言葉なんだ．人間の想像力ではこんなものは全然扱えないけど，ただ3次元から類推してみるといいんだ．任意の次元の超立方体を数学者はよく扱うね．

レナ▶それにしても「超立方体」って難しいわね．

ヤン▶それで，ノードが三つの面白くもないグラフで話を始めようとしたわけだね．

ビム▶…三つの辺の正多面体なら，僕らの直観の及ぶ範囲だからね．辺が100個なら，100次元超立方体となって，もう「手に負えない」からね．

ヤン▶100次元空間か．まさに「SF空間」だな！

ビム▶残念ながら，僕らの関心は超立方体そのものじゃなくて，その頂点の部分にあるんだ．それも，すべてのノードを通る巡回路を表しているリストに属している部分だ．ところが，ノードが三つのグラフの場合ならば，リストは(1,1,1)だけだね．このリストに属する幾何学的対象は，したがって唯一の点からなっている．ノードが四つの完全グラフであれば，少なくとも6次元空間での三角形になる．なぜなら，次のような辺を考えるならば，三つのリスト，つまりは(1,1,1,1,0,0)と(1,0,1,0,1,1)と(0,1,0,1,1,1)がグラフのすべてツアーを記述しているからね．

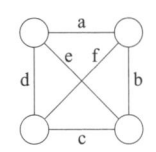

レナ▶なるほど．三つツアーがあって，三つのリストになっているわけ．そして点が三つね．でも6次元空間でも，三つの点はいつも三角形になるの？

ビム▶すべての点が直線上に並んでいなければね．ただし話はすぐに複雑

になってくる．ノードが五つの完全グラフでは 12 個のツアーが，10 次元空間の 5 次元的対象物の頂点をなすことになる．

ヤン▶うーん．それでよりよい下限を見つけようっていうのかい？

ピム▶そうだ．「最短の巡回路を見つけよ」という課題は，この場合「その多面体の最小の頂点を見つけよ」と置き換えるんだ．

ヤン▶それで「多面体組合せ論」に「多面体」って言葉があるのか．で，「多面体」っていうのは何だい？

ピム▶平らな面を持ち，穴やくぼみのない立体のことだよ．

レナ▶プラトンの正多面体と同じでしょ？

ピム▶まあ，同じようなものだけど，でも，それほど形が整っていなくても構わないんだ．それに次元も任意だ．3 次元の立体の部分的多面体で考えられる例を二つ描いてみよう．

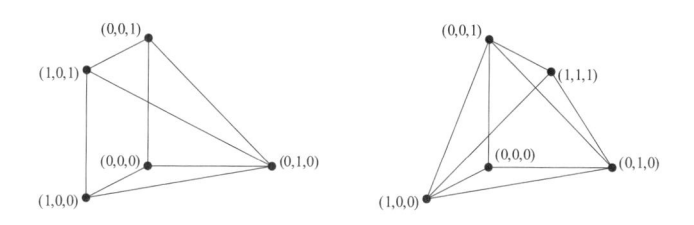

レナ▶何だかしっくりこないわね．巡回路問題には，とてつもなく多くのツアーが存在しうるのではなかった？

ピム▶ノードの数が n の完全グラフなら $\frac{1}{2}(n-1)!$ 個になるね．

レナ▶それじゃあ，ツアーを順番に試してみるというわけにはいかないわね．とても多すぎて．

ピム▶そういうこと．組合せの爆発がそんなことを許さないね．

レナ▶すべてのツアーを示して見せることができないなら，どうして幾何学の立体，多面体だっけ，それを使って TSP 問題を解くなんてことを大まじめにいったりするのよ．多面体の頂点が，すべてのツアーに対応しているわけでしょ？どっちにしたって複雑じゃないの．

ピム▶その通り．

レナ▶その通り？他にいうことはないの？

ピム▶それはいいたいことはたくさんあるさ！つまり巡回路問題は NP 困難なんだよ．これを避けて通れるトリックは存在しないよ．NP 困難な問

題の効率的なアルゴリズムは，同時にすべての問題を解く効率的なアルゴリズムを与えてくれることを覚えているだろう．
ヤン▶どっちにしたって役に立たないじゃないか．
ビム▶そうではないんだ．多面的組合せ論にはかなりの成果があるんだ．巡回路問題やそのほか多くの困難な問題を解くために現在ある最良のアルゴリズムは，多面的組合せ論のアプローチに基づいているんだ．ただ組合せの爆発が邪魔をしないという保証はないけどね．
ヤン▶ヒューリスティック解法の場合のようにかい？ うまくいくことが多いけど，でも，いつもじゃない．
レナ▶多面体のやたらと多い頂点はどうなるのよ！
ビム▶だから，多面体を示す場合には「経済的」な方法が必要になるんだ．
レナ▶分からないわね．だから頂点はたくさんあるんでしょ？
ビム▶立方体をよく見てご覧．八つの頂点があるよね．けれど面の数は6個だけだ．正十二面体には20個の頂点があるけど，面の数は12だけだ．
レナ▶面の数は頂点の数より若干少ないってことをいいたいのね．でも，面を使って立体を経済的に描く方法なんて思い付かないけど．正方形にはどれも四つ頂点があるし．それぞれを別々に数えたところで，余計に手間がかかるだけだし．
ビム▶そうだね．突然だけど，穴のない巨大なチーズを想像してご覧．

ヤン▶チーズ？ 大好物だよ．
ビム▶大きなナイフを使うとして，このチーズから立方体を作ってみてご覧．何回切れ込みを入れる必要があるかな？
ヤン▶もちろん6回だろ！
レナ▶そうよね．チーズは上も下も平にはなっていないから，それぞれの面に切れ込みを入れる必要があるわね．

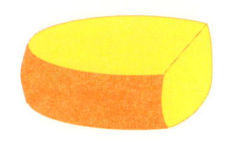

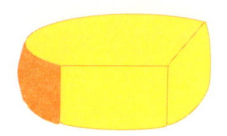

ビム▶この方法で立方体を作るなら，頂点は必要じゃないよね．頂点の数も関係ない．ただナイフを切り込む回数が問題なんだ．その数さえ大きくならなければいいわけだよ．

ヤン▶でも頂点が八つで面が六つなら，たいして差はないと思うけどね．

ビム▶それは3次元の立方体ではたいした違いはないよ．でも100次元の超立体だとどうなるかな？計算すると

$$2^{100} = 1,267,650,600,228,229,401,496,703,205,376$$

個頂点があることになるね．

レナ▶うわー．31桁ね！人間には想像も付かないわね！で，面の数は？ずっと少ないなんてことがありうるの？

ビム▶200個だ．

ヤン▶たったの200個？それは何かの間違いじゃないかい！

ビム▶間違ってなんかいないよ！僕らは100次元のチーズに200回切れ込みを入れれば，100次元の立方体を作ることができるんだ．

ヤン▶チーズには目がないけど，100次元のチーズってのはおいしいのかな？

レナ▶さあ．胃も100次元ならばね…

ビム▶巨大なチーズに偶数回ナイフで切れ込みを入れれば，考えられるどんな多面体も作り出すことができるんだ．そして，こうして切り出した多面体の最適な頂点も効率的に定めることができる．

レナ▶ちょっと話がとっぴ過ぎない？小さくて可愛いグラフがあって，これにものすごい数の次元のチーズを割り当てるってのは．その上，このチーズのかけらの最適な頂点を突き止めれば，もとのグラフの最適な巡回路が定められるというのは？

ビム▶でも，そういうことだよ．

ヤン▶多面体ではいつでも頂点より面の数が少ないのかい？

ビム▶それは違う．正八面体を覚えているかな？

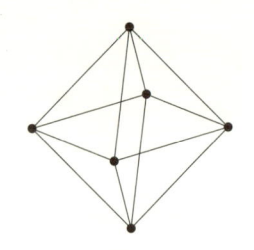

レナ▶それもプラトンの正多面体の一つだったわね．
ピム▶そう．これを 100 次元空間でも考えると，頂点の数は 200 個だけだけど，面の数は 2^{100} 個になる．
ヤン▶それで，巡回路問題で幸せになれるのかい？
ピム▶幸せ？ どういう意味だい？
ヤン▶この多面的組合せ論が巡回路問題で役に立つのなら，巡回路の多面体はきっと面の数がずっと少ないってことさ．
ピム▶ちょっとこの表を見てご覧．これは巡回路の多面体が「存在する」空間の次元と，その頂点の数と面の数を示したものだよ．赤い数字で表しているのは，その数が「現在知られている」面の数だということだ．ひょっとしたら，もっと多いのかもしれない．

巡回路の多面体			
ノード	次元	頂点	面
6	15	60	100
7	21	360	3,437
8	28	2,520	194,187
9	36	20,160	42,104,442
10	45	181,440	51,043,900,866

ヤン▶これは何かおかしいよ！ 面の数が頂点の数よりもずっと多いじゃないか．ラベルを間違えたんじゃないか？
ピム▶いや，これは完全に正しいよ！
ヤン▶でも，さっきいったじゃないか．巡回路の多面体は面の数がそれほど多くはならないから，チーズから切り出すのも楽になって，とても役に立つって．

ビム▶そこまではいっていないよ．残念ながら，そういうわけにはいかないんだ．

レナ▶それじゃ，立方体だのチーズだの話は何のためよ？もし役に立たないなら．

ビム▶チーズを例に取って，多面体はものすごい数の頂点を持つけど，まったく「手に負えない」というわけではないことを示したかったんだよ．

レナ▶結構ね．それじゃ，巡回路問題とは何の関係もないのね．

ビム▶いや，関係はあるよ．巡回路の多面体は本当に役に立つんだ．確かに最適な頂点は見つけられないかもしれない．面の数があまりに多いからね．でも適当な下限を得るには，すべての面を必要とするわけじゃないんだ．

レナ▶チーズの切れ端は幾つか捨ててもいいってこと？

ビム▶そうなるね．

ヤン▶それじゃ，チーズが大きいままなんじゃないの！

ビム▶それがポイントなんだ．ナイフを入れる回数がわずかで，最適な頂点の「近く」で，巡回路の多面体のように「見える」チーズを切り出すことができるなら，よい下限が手に入ったってことじゃないか．ただし，切り方がぞんざい過ぎてもいけないけど．

レナ▶そのよい限界を，また分枝限定法で使うの？

ビム▶そうだよ．現在はこうした方法で，非常に大きな巡回路問題を正確に解くことができるんだ．そして，こうした研究はいまもさらに進歩している．

レナ▶やれやれ．数学も楽じゃないわね！

ビム▶いや，楽どころか，困難ばかりだよ．水泳のメドレーリレーで勝つのは，特に相手が優秀な場合には，喜びもひとしおだろ？

ヤン▶サッカーでもね！

レナ▶サッカーといえば，見せたいものがあるわよ．インターネットで見つけたんだけど．

ヤン▶昨日の賞品と同じくらい見事だね．

レナ▶私なら，こっちの方がいいと思うけど．

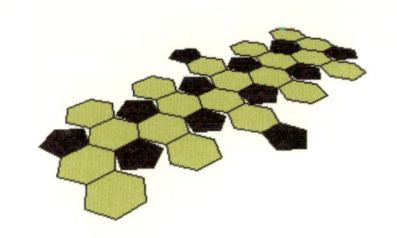

ヤン▶それじゃ，ぺったんこじゃないか！ビム，君もきっとサッカーは好きだろ？
ビム▶最近はごぶさたしているけどね．よければ，ヤンのひいきのチームについてインターネットで調べてみようか！
レナ▶その必要はないわよ．FCバイエルン・ミュンヘンのことなら，ヤンは何でも知っているわよ．

巡回セールスマンの成功物語 32

Der Erfolg des Handlungsreisenden

レナ▶ところでチーズのかけらを使って巡回路問題を解くなんてアイデアを思い付いたのは誰なの？ チーズマニアのスイス人でしょ？

ピム▶巡回セールスマン問題が有名になったのは1940年代の終わりのことだけど，いかした名前だったのもさることながら，やっぱりそのころ盛んに研究成果が発表されていた割り当て問題や輸送問題と密接に関係していたことが大きいね．もっと厄介なことが多いTSPの場合とは違ってね．

ヤン▶同感だね！

ピム▶TSP問題への取り組みが増えるきっかけとなったのが，数学の一部である「組合せ最適化」だ．ジョージ・ダンツィクとレイ・ファーカソンとセルマー・ジョンソンが1954年に49都市の巡回路問題を解いた．この図を見てご覧．http://www.math.princeton.edu/tsp/history.html[1]
で以前は見ることができた図がこれだよ．

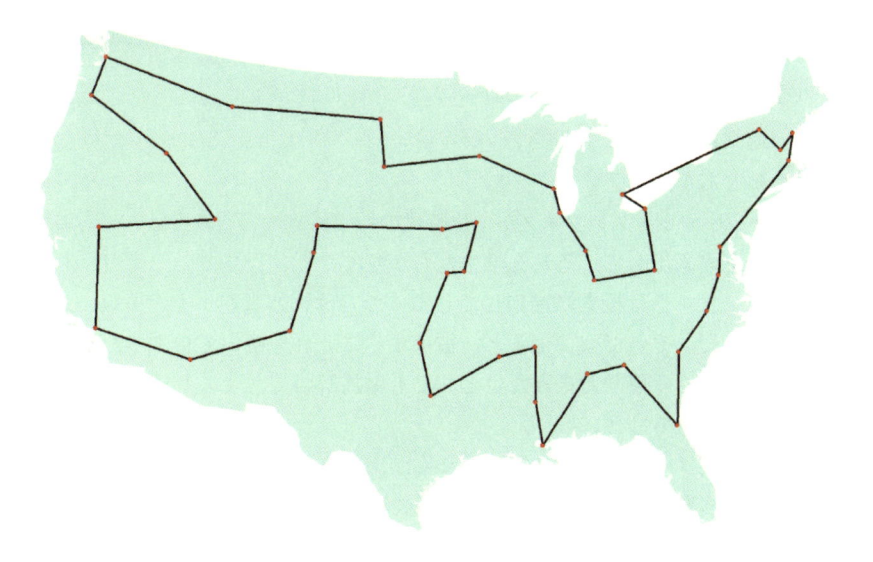

---

[1] ［訳注］現在はデッドリンクのようであるが，類似の情報が載っているサイトとして，http://www.tsp.gatech.edu//history/pictorial/dfj.html がある．

レナ▶アメリカの巡回路？

ビム▶もっと正確にいうと，当時まだ48個だった合衆国の州の48大都市とワシントンを通るルートだ．彼らがどんな方法を開発したか当ててごらん．

ヤン▶見当もつかないけど，ビムが教えてくれた方法のどれかかな．

ビム▶そう，分枝限定法の下限には「チーズのかけら」が使われているんだ．ダンツィクは1947年にチーズ多面体の最適な頂点を定める最初の高速な方法を開発した学者でもあるんだ．彼のホームページ http://www.stanford.edu/dept/eesor/peole/faculty/dantzig/[2] にあった写真がこれだよ．

ヤン▶やっぱりチーズに目がないのかな？

ビム▶それは知らないけど，彼は面白い人でね，いろいろな面白い逸話があるんだ！聞きたいかい？

レナ▶どんな逸話？

ビム▶ジョージ・ダンツィクが学生時代のある講義では，教授はいつも黒板に課題を書き出して，それを学生たちが解くことになっていたんだ．ある時，ダンツィクは授業に遅刻してしまった．けれど課題がまだ黒板に残っていたんだ．それで家に帰ると，彼はすぐにそれを解いてしまった．いつもよりは難しく感じたそうだけど，でも結局解いてしまったそうだよ．

ヤン▶で，落ちは？

ビム▶教授はその日に限って宿題なんか出さなかったんだそうだ．黒板に書いてあったのは最高の学者たちが解くのに苦心していた2問の未解決の問題だったそうなんだ！

---

[2] ［訳注］現在はデッドリンクのようであるが，類似の情報が載っているサイトとして，http://news-service.stanford.edu/news/2006/june7/memldant-060706.html がある．

レナ ▶ ええ，それってすごいじゃない！もしそれが難しい問題だと分かっていたら，彼は課題を解こうとしなかったかもしれないわね！
ビム ▶ そうかもしれない．幸いにも，彼はそんなことは知らなかった．で，まもなくダンツィク博士が誕生したわけだ．それから彼は TSP 問題に向かった．1962 年には巡回路問題はとても有名になっていたから，アメリカの有名な大企業である「プロテクター＆ギャンブル」が TSP のコンクールを開催したほどだよ．当時のポスターが残っているよ．

www.math.princeton.edu/tsp/car54_medium.jpg[3]

---

[3] ［訳注］現在はデッドリンクのようであるが，類似の情報が載っているサイトとして，http://www.tsp.gatech.edu//gallery/igraphics/car54.html がある．

レナ▶一等賞金は 10,000 ドル．悪くないわね．私なら絶対参加したわよ！私たち三人なら，最適な解を保証できたのに…

ヤン▶49 都市なんてたいしたことないし．ドリルで穴を開ける例題の方がノード数は断然多かったよ．

ビム▶そうなんだ．だから，さらに大きく，実用的な問題の場合には，解が得られるまでにしばらく時間がかかった．1977 年にマルティーン・グレチェルがノード数 120 の場合の解を得て，世界記録を更新した．1987 年には彼とオーラフ・ホランドがノード数が 666 ある「世界ツアー」の最適な解を定めた．これは 1990 年に T シャツにもなったほどだ．

ヤン▶80 日間世界一周旅行か！

ビム▶むしろ世界 666 駅停車ってところかな．前にアフリカの問題を出したけど，実は，それはこの世界ツアーの問題の一部なんだ．

ヤン▶コンピューターもずいぶん速くなったもんだね！

ビム▶現在の最速のコンピューターでも，ダンツィクとフルカーソンとジョンソンの 49 都市問題を，すべての考えられるツアーを単純に総当たりしては解くことはできないだろうね．実際には数学の方が，コンピューター技術と同じくらいものすごい進歩をしたということだよ．そういうわけで，

デーヴィッド・アップルゲイト，ロバート・ビックスビー，ヴァセック・シュヴァタル，ウィリアム・クックの4人は，さっきの最適な世界ツアーが発見されてからわずか4年後に，ノード数3,038の問題を解いてしまった．
ヤン▶そのうちに，ノード数が数千の巡回路問題が解けてしまうようになるだろうね．
ビム▶それはどうかな．1991年の記録である3,038ノードの問題は，このノード数の現実的な問題の「一つ」が解けたということに過ぎない．だから225都市の問題の一つは1995年になってようやく「解読されて」いたりする．http://www.research.rutgers.edu/~chvatal/ts225.html に問題と答えを見ることができるよ．

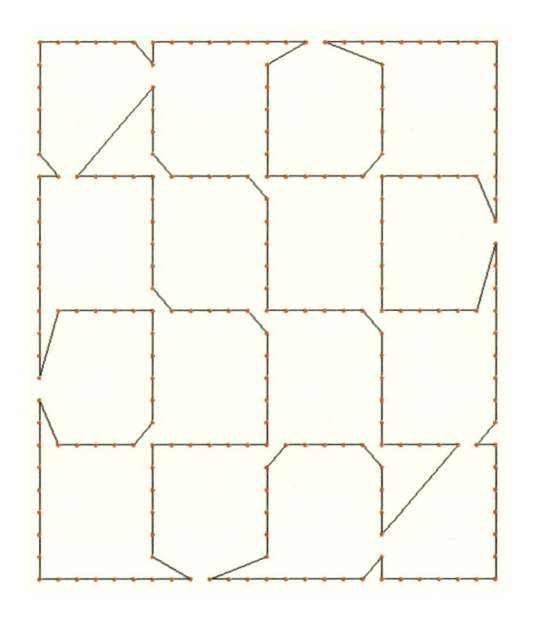

レナ▶問題はわりあい単純そうに見えるけどね．
ビム▶いや，対称になっている問題はかえって難しいんだ．どこも同じようだから，分枝して枝を刈るのが難しいんだ．
レナ▶それで世界記録は？
ビム▶最近まではこのツアーだね．

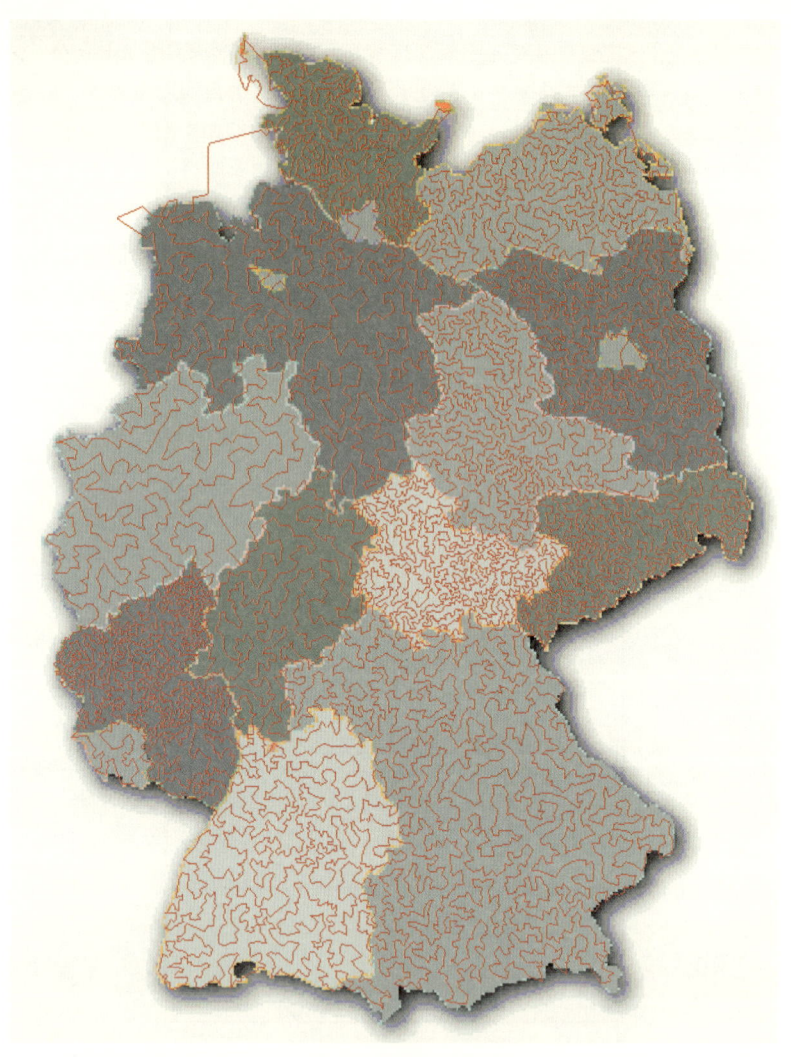

Applegate, Bixby, Chvátal, Cook 2001　www.math.princeton.edu/tsp/history.html[4]

ヤン▶これはドイツ国内旅行じゃないか！
ビム▶全部で 15,112 個の町や村をすべて通るツアーだ．
レナ▶変じゃない！ どうしてライラント・プファルツ州にノルトライン・ヴェストファーレン州よりも多くの町があるのよ？

---

[4] ［訳注］現在はデッドリンクのようであるが，類似の情報が載っているサイトとして，http://www.tsp.gatech.edu/history/img/d15map_big.html がある．

ビム▶いい質問だね．ライラント・プファルツ州の住民数はそれほど多くないけど，町の方もずっと小さいんだよ．ところがルール地方には大きな町がたくさんあるところにもってして，さらに地域改革が行われたからね．
ヤン▶最近までというのは？
ビム▶2004 年の五月に新しい世界記録が樹立された．24,978 のスウェーデンの町や村を巡るツアーだ．

レナ▶24,978 のスウェーデンの町や村を巡るツアー？ スウェーデンの人口って，200 万とか 300 万ぐらいのものでしょ．

ヤン▶鹿が三頭以上いる場所を全部村に数えてるのさ．

レナ▶これと比べたら，49 都市の問題なんて，本当に子供の遊びね．

ビム▶1954 年以降，組合せ最適化は非常に進歩してきた．それでも，さっきの四人の世界記録チームは，こういっているんだ．「… 我々のコンピュータープログラムは，ジョージ・ダンツィク，レイ・フルカーソン，セルマー・ジョンソンらの設計したスキームに従っている …」

レナ▶子供の遊びどころじゃなかったんだ．1954 年の成果は，とても重要だったのね！

ビム▶そうなんだ．それ以来，技術ははるかに洗練されてはきたし，新しい方法もたくさん加わってはいるけどね．でも，現在なお多くの問題が残されているんだ．研究もまだまだ進む．

ヤン▶もし僕が，世界でもっとも優れた数学者でさえ，最適な答えを見つけることができないほど多くの穴を開ける電子基板を開発しようとするなら，どうする？

ビム▶上限と下限を使えば，最適に近いツアーを見つけたという確信を得ることは，多くの場合簡単にできるよ．最適な解にほとんど近いことをすぐに確信できるのであれば，最適な解を求めるために何週間，あるいは何ヶ月も費すような企業はないだろうね．

レナ▶そんないい方したら，世界記録を求めても意味ないじゃん．

ビム▶水泳や自動車レースで世界記録を追求するのが無意味だというなら，そうだね．まあ，最新の技術を試す一種のスポーツと考えればいいんじゃないかな．

ヤン▶そうだね．F1 なんてハイテクの塊だからね．

ビム▶もっと重要なのは，得られた経験と見つかった方法が，現実の大きく重要な問題を解く助けになるということだよ．スウェーデンのツアーは，「最適な」解の見つかったこれまでで最大のツアーに過ぎない．http://www.tsp.gatech.edu/world/countries.html に，世界の様々な都市を巡るツアーが掲載されている．その幾つかはまさに最適なツアーだし，幾つかはこれまでに見つかった最良のツアーとその誤りの限界を表している．例えば，タンザニアの 6,117 の町を巡る最適ツアーはまだ知られていない．

多分，もっとすごいのは http://www.tsp.gatech.edu/world/index.html にある世界の 1,904,711 箇所を巡るツアーだ[5]．

ヤン▶約 200 万の都市か．これじゃツアーを見ても，どこか何だか分からないな．

ビム▶このツアーをたどるには，部分部分を拡大しないとならないね．見つかったツアーは，おそらく最良なツアーではないけど，最適な解からたかだか 0.066 %[6] しか離れていないことを証明することができる．

---

[5] ［訳注］情報は随時更新されているので，最新の情報についてはサイトを参照のこと．

[6] ［訳注］原著者によれば，原書の出版後に，たかだか 0.066 % だけ最適ツアーから離れているツアーが求められたそうである．なお本訳書の出版直前の 2007 年 9 月における記録は，Keld Helgam が求めたツアーで，最適なツアーから，たかだか 0.04987 % しか離れていないことが示されていた．

レナ▶そんなにたくさんの町を通るのに，最適なルートとの誤差がそんなに小さいなんて信じられないわ…
ビム▶…　そして，それを証明できるっていうのもね！
ヤン▶レナ，そろそろ終わりにして，荷作りした方がいいんじゃないかな．僕らは明日の朝早くに出発するんだし．
レナ▶そうそう．
ヤン▶それじゃ，僕は家に帰るよ．明日，迎えに来るよ．9時頃でいいかい？
レナ▶お願いね！　それじゃ，また明日ね．

シュタルンベルガー湖への遠出はとても楽しいものでした．お陽さまはさんさんと輝き，船には乗れたし，岸辺の散策路から聞こえてくる音楽を聞きながら散歩もできました．本当に素晴らしかったです．

MSI フライフィッシング

午後になると少し悲しい気持ちになりました．三週間もお互いに会えないのですから．レナはヤンがいないのが寂しいに決まってます．ビムにも会えませんけど，それはまったく違う話です．
　レナが家に帰ると，パパはすでに起きていました．レナは喜んでパパに抱き付きました．

パパ▶おや，お姉さん．今日は楽しかったかい？

レナ▶とてもね！それで，パパの世界旅行の方は？アメリカツアーは本当に疲れたでしょ？
パパ▶それは皮肉かい？ちょっと遅れてしまって悪いね．でも，出発が一日遅れたのをそんなに怒っていないと聞いたけど．

レナは赤くなって，笑いました．

レナ▶ヤンを知っているでしょ？パパのいない間，ママはヤンのことをとても気に入ってくれたわよ．
パパ▶パパはレナの気持ちの方が気になるけどな．
レナ▶パパったら！

残っていた旅行の準備もすぐに片付きました．ママは早くベッドにつきました．でも，パパは午後遅くまで寝ていたので，まだそれほど眠くありませんでした．レナもしばらく起きていました．たくさんのことがレナの頭の中を巡りました．そして，いつの間にか寝入ってしまいました．

朝になり，いよいよ大旅行へ出発です．これは，この間に，休暇のことや，パパのアメリカ旅行や，そしてもちろんヤンのことを話す時間がたっぷりあるということです．

パパ▶ところで，コンピューターはどうした？もう慣れたかい？
レナ▶大丈夫よ！とってもうれしい贈り物だったわ．
パパ▶それでビムはどうしてる？
レナ▶ビム？あ…やっぱり思った通りだったわ！あれはパパの仕業ね！

パパがにやにや笑うのを見て，レナは本当のことが分かりました．

レナ▶あの時の電話はやっぱり嘘だったのね．私はずっと，ビムが何かの手違いで私のパソコンに入っていて，返さなければいけなくなるかもしれないと心配していたのに．
パパ▶もちろんその必要はないさ．手違いじゃないさ．あれは僕の「テスト用ソフト」さ．
レナ▶え？実験用ってこと？何で教えてくれなかったのよ？
パパ▶それはできないさ．客観的なテストを行いたかったからね．もし僕が仕組んだと知ったら，レナはきっとビムの相手なんかしなかったろう．で，

やつはどんな感じだったか，教えてくれよ．
レナ▶旅行中，時間はたっぷりあるって！

レナは怒ってはいませんでした．それどころか，パパがそんなにも彼女の意見を聞きたがっているのを知って，ちょっと鼻が高くなった感じでした．

レナ▶それで，ビムは実際のところ，何者なの？
パパ▶ビムは，Virtual Intelligence Module の頭文字を取ったんだよ．いつの間にかみんなビムと呼んでいるけどね．
レナ▶じゃあ，パパのアメリカでの出張っていうのは…
パパ▶…ビムの宣伝ツアーだよ．とてもうまくいったよ．本当は，レナがビムをどうするか，結果を待つつもりだったんだけど，アメリカの仕事仲間がせっかちでね．先週はてんてこまいだったよ．
レナ▶それじゃ，私から話を聞く必要はもうないってわけ？
パパ▶とんでもない．ビムはまだ試作品だよ．もっと改良しなければならないよ．

本当に素敵な試作品ね，とレナは思いました．ならば旅行に連れてくればよかった…

最後に

著者らの数学の冒険を助けてくれたみなさんにここで感謝したいと思います．家族のみんな，友人，同僚，シュプリンガー・フェアラークの編集部のみなさん，その他大勢のみなさん．また本書の初版や第二版の読者にも感謝申し上げます．読者からのメールや手紙，電話が，本書の改編の手がかりを与えてくれました．最後に，ウェブサイトから転載の許可を与えてくれた方々にお礼を申し上げます．URLや参考文献はテキストの中で触れました．これに加えて以下の関係者の方々への感謝を記させていただきます．

©Bayrische Schifffahrt GmbH, Foto Christian Prager   p. 310
©Der Tagesspiegel   p. 25
©Deutsche Telekom AG   p. 115
©Fremdenverkehrsamt München   p. 6, 20, 21, 55, 56, 68, 77, 99, 102, 110, 141, 145, 173, 199
©Procter & Gamble Inc.   p. 303
©tz München   p. 105
©www.bmw.de   p. 67
©www.handwerkstag-sachsen.de/berufsbilder/   p. 242
©www.mvg-mobil.de/fotoarchiv.htm   p. 91
©www.spiel-und-autor.de/Spielbesprechungen/Zug%20um%20Zug.html   p. 263
©www.tsp.gatech.edu/sweden/tours/relief2.htm   p. 307
©www.tsp.gatech.edu/world/images/world30.html   p. 309
©www.viamichelin.com   p. 8, 9, 34, 93

訳者あとがき

　本書は数学と日常生活の関わりを，グラフ理論を例に解き明かした「物語」である．物語を書き上げたのはドイツ数学会の会長（当時）と気鋭の若手のコンビである．二人は，読者の側に特別な数学知識を要求せず，また複雑な数式の展開も避けつつ物語を展開させている．しかし読者は，本書を通読した後，大学の情報科学で必要とされる基本知識を身に付けていることに気がつくことだろう．

　物語は，数学の苦手なドイツ人高校生レナが，父親からパソコンを贈ってもらったことに始まる．ところが，このパソコンにはある秘密が隠されていた．人と会話ができる「最新のソフトウェア」であるビムが密かにインストールされていたのである．そしてレナとビムとの出会いから物語は進んでいくのである．

　レナの「数学が一体何の役に立つの」という素朴な疑問を受けて，ビムは，彼女の故郷である北国ハンブルクへの最短のドライブルートや，彼女が日常利用しているミュンヘン交通網を例に，その背景にある数学的理論，すなわちグラフ理論の解説を始める．さらには数学理論を現実に応用するための「アルゴリズム」についても説明していく．普通の数学書ならば抽象的で理解しにくい内容も，ビムの具体的かつ当意即妙な話術にかかると，数学嫌いのレナにも自然と飲み込めていくのである．

　やがて話題は，グラフ理論の「創始者」ともいえるオイラーの業績へ及んでいく．ビムは，有名な「ケーニヒスベルクの橋」の問題の背景とオイラーの出した答えを，レナと彼女のボーイフレンドであるヤンの二人に丁寧に解き明かしていく．「橋」の問題は，さらに現代のゴミ収集車の「最適な」作業ルートの設計方法に通じるものである．そしてついには，難解な「巡回セールスマン問題」や「組合せ理論」が，そもそもなぜ「難解」であるのか，その理由をも二人は理解するに至るのである．こうしてレナとヤンは，数学に対する苦手意識を克服していく．

　一方，我々読者もまた，レナとビム，そしてヤンらの織りなす物語を通して，グラフ理論とその応用分野を理解していくことになる．読者は，時には

数学あるいはコンピュータの発展の背景にある数学者たちの努力や逸話を垣間見るであろう．さらにはビムが何者であるのか，なぜレナのパソコンに忍び込んでいたのか，推理を重ねることもあろう．そしてレナと両親との間の微妙なやりとりや，ボーイフレンドであるヤンとの関係にやきもきもするであろう．

このように，本書はグラフ理論を中心とした数学の解説書であると同時に，女子高生レナを主人公とした「青春小説」でもある．気構えることなく，純粋に物語として楽しんで読むこともできるのである．読み終えた時，読者は物語に対する深い満足感をえると同時に，グラフ理論と情報科学の基礎をも習得できている．それが本書の特色である．

原書のタイトルは Das Geheimnis des kürzesten Weges（最短経路の秘密）である．原著者の詳細はカバーにも紹介があるので，ここでは繰り返さない．訳出にあたっては，「物語」であることを念頭におき，平易な日本語になるよう心がけたつもりである．また，やや込み入った数学的解説では，読みやすさを重視して，かなり大胆に意訳した場面もある．読者の皆さんの判断を仰ぎたいと思う．

なお，本書には多くの URL が引用されているが，原著者のまえがきにも書かれているとおり，本書の刊行後もそれらのサイトへのアクセスが可能かどうかは定かではない．しかし，本書の内容を参考に，ぜひ自ら検索サイトを利用して，最新の情報を探してみてほしい．読者はそこに本書を補足する内容や，新しい知見や情報をえることができるかもしれない．さらには，本書を通して培った知識を発展させることも可能であろう．

最後になるが，シュプリンガー・ジャパンの皆さんには大変お世話になった．ここに記して感謝したい．

2007 年 11 月 　　　　　　　　　　　　　　　　　　　　　　　　石田基広

索　引

■数字，欧文先頭和文索引
1-木, 267

FOR ループ, 59

NP 問題, 240
n の階乗, 194

WHILE ループ, 64

■和文索引
●あ行
アップデート, 63
アルゴリズム, 12
　　　効率的な——, 74

ウォーンスドルフの規則, 217

オイラー, 151
オイラー小路, 166
オイラー的, 166
オイラー閉路, 166
オンライン問題, 194

●か行
改良的ヒューリスティック解法, 262
回路, 73
緩和法, 265

木, 112
近似解, 96

クック, 246
組合せ最適化, 301, 308
組合せの爆発, 42
組合せ問題, 189
グラフ, 21
　　　有向——, 30

クルスカルのアルゴリズム, 137

計算量理論, 78
決定問題, 238
ケーニヒスベルクの橋の問題, 150
限界値
　　　下限, 265
　　　上限, 264

弧, 29
構成的ヒューリスティック解法, 262
弧の重み, 32

●さ行
最短経路問題, 12
最長経路問題, 35
最隣接ヒューリスティック解法, 259

次数, 156
　　　出——, 208
　　　入——, 208
充足可能性問題, 246
シュタイナー木問題, 139
巡回セールスマン問題, 253
巡回路問題, 253
証明
　　　間接——, 118
　　　完全帰納法による——, 157
　　　帰納法の仮定, 159
　　　帰納法の出発点, 159
　　　帰納法のステップ, 161
　　　背理法による——, 118

正四面体, 229
正十二面体, 229
正多面体, 229
正二十面体, 229
正八面体, 229

正六面体, 229
全域木, 114
　　　—問題, 116
全域有効木, 142

操業橋渡し運行, 184

●た行
ダイクストラ, 69
ダイグラフ, 33
楕円, 98
多重グラフ, 28
多面体, 295
多面体的組合せ論, 289
ダンツィク, 301

中国の郵便配達員問題, 201
チューリング, 79
　　　—テスト, 80
　　　—マシン, 79

●な行
二次の処理時間, 90

根, 113

ノード, 22
ノード挿入法, 262
ノードの重み, 34

●は行
葉, 113
バックトラッキング法, 216
ハミルトン, 227
ハミルトン経路の問題, 235

ハミルトン閉路, 225
ハミルトン路, 224
ハミルトン路の問題, 235

非閉路的, 112
ヒューリスティック, 218

負の長さの閉路, 73
プラトンの正多面体, 229
分枝, 282
分枝限定法, 286

閉路, 73
辺, 22
辺の重み, 32

●ま行
前処理, 103
マッチング問題, 196
マトロイド, 138

●や行
輸送問題, 194

欲張りアルゴリズム, 133

●ら行
ループ, 30

連結, 24
　　　強—, 208
　　　二重—, 139

●わ行
割り当て問題, 190

【著者】
P. グリッツマン（Peter Gritzmann）
TU München, Zentrum Mathematik, 80290 München, Deutschland.
1954年生まれ．ミュンヘン工科大学数学教授．専門は離散数学で，経済学や物理学，物質科学，言語学，医学など幅広い分野に役立つ応用幾何学の研究にも携わり，アレキサンダー・フォン・フンボルト財団のフェオドール・リネン研究奨励補助金やマックス・プランク研究賞を授与されている．2002年から2003年まで，ドイツ数学会（DMV）の会長．

R. ブランデンベルク（René Brandenberg）
TU München, Zentrum Mathematik, 80290 München, Deutschland.
1970年生まれ．ミュンヘン工科大学数学センター研究助手．トゥリアー大学で応用数学を専攻し，同大学にて応用幾何学に関する論文で学位を取得．また離散数学の問題に関連するオンライン・ソフトウェアライブラリの開発や管理にも携わっている．

【訳者】
石田　基広（いしだ　もとひろ）
徳島大学大学院社会産業理工学研究部教授
専門：計量言語学，応用統計学
著書：『とある弁当屋の統計技師』（共立出版），『Rによるテキストマイニング入門』（森北出版）など．
訳書：『Rの基礎とプログラミング技法』，『Rで学ぶベイズ統計学入門』（石田和枝と共訳）［以上，丸善出版］など．

最短経路の本　レナのふしぎな数学の旅

　　　　　　　　　平成24年1月20日　発　　　行
　　　　　　　　　令和3年1月10日　第4刷発行

訳　者　　石　田　基　広

編　集　　シュプリンガー・ジャパン株式会社

発行者　　池　田　和　博

発行所　　丸善出版株式会社
　　　　　〒101-0051 東京都千代田区神田神保町二丁目17番
　　　　　編集：電話(03)3512-3263／FAX(03)3512-3272
　　　　　営業：電話(03)3512-3256／FAX(03)3512-3270
　　　　　https://www.maruzen-publishing.co.jp

© Maruzen Publishing Co., Ltd., 2012

印刷・株式会社 加藤文明社／製本・株式会社 松岳社

ISBN 978-4-621-06136-7　C3041　　　　　Printed in Japan

本書の無断複写は著作権法上での例外を除き禁じられています．

本書は，2007年12月にシュプリンガー・ジャパン株式会社より出版された同名書籍を再出版したものです．